2016 年版

注册消防工程师资格考试辅导用书

消防安全案例分析
通 关 考 典

主　　编　刘双跃　刘天琪
副 主 编　胡　欢
参编人员（按姓氏笔画排序）
刘小芬　刘秋岑　刘俊林　吴　情
张砚书　郝向宇　费雪良　韩中华

北　京
冶 金 工 业 出 版 社
2016

内 容 提 要

本书内容共分三部分。第一部分依照最新注册消防工程师辅导教材《消防安全案例分析》的内容，进行了考点的梳理和总结，细化至每个小节，有利于考生摸清知识脉络、掌握考试重点。第二部分将辅导教材中的例题进行了解析。第三部分将2015年注册消防工程师资格考试考题进行了详解，有利于考生摸清命题规律，掌握复习思路。

本书的读者对象为参加注册消防工程师资格考试的考生和相关专业的工程技术人员和管理人员。

图书在版编目(CIP)数据

消防安全案例分析通关考典/刘双跃，刘天琪主编. —北京：冶金工业出版社，2016. 8

ISBN 978-7-5024-7345-7

Ⅰ. ①消…　Ⅱ. ①刘…　②刘…　Ⅲ. ①消防—安全管理—案例—资格考试—自学参考资料　Ⅳ. ①TU998. 1

中国版本图书馆 CIP 数据核字(2016) 第 217937 号

出 版 人　谭学余
地　　址　北京市东城区嵩祝院北巷 39 号　邮编　100009　电话　(010)64027926
网　　址　www. cnmip. com. cn　电子信箱　yjcbs@ cnmip. com. cn
责任编辑　杨　敏　美术编辑　吕欣童　版式设计　彭子赫
责任校对　李　娜　责任印制　牛晓波
ISBN 978-7-5024-7345-7
冶金工业出版社出版发行；各地新华书店经销；固安华明印业有限公司印刷
2016 年 8 月第 1 版，2016 年 8 月第 1 次印刷
787mm × 1092mm　1/16；14. 25 印张；345 千字；218 页
35. 00 元

冶金工业出版社　投稿电话　(010)64027932　投稿信箱　tougao@cnmip. com. cn
冶金工业出版社营销中心　电话　(010)64044283　传真　(010)64027893
冶金书店　地址　北京市东四西大街 46 号(100010)　电话　(010)65289081(兼传真)
冶金工业出版社天猫旗舰店　yjgycbs. tmall. com

前　言

注册消防工程师考试是由人力资源和社会保障部、公安部消防局共同组织实施的职业资格考试。一级注册消防工程师资格实行全国统一大纲、统一命题、统一组织的考试制度。为了满足广大参加注册消防工程师资格考试考生的应试复习需要，便于考生准确理解考试大纲的要求，尽快掌握复习要点，提高应考人员的答题能力，提升复习效率，特编写本书。

本书为注册消防工程师资格考试复习参考书，完全依照《注册消防工程师资格考试大纲》的要求编写，内容涵盖了考试大纲要求的各类知识点。全书以2016年版注册消防工程师资格考试辅导教材为依托，依照章节顺序，逐步细化考试内容，并结合现行相关设计规范和技术标准，将教材中重点、难点做了准确、全面的总结。本书充分考虑了试题的命题思路和方向，对各科目考点加以梳理，去粗（无效考点）存精（重要考点），删繁就简，有利于考生把握知识脉络，将书读“薄”。

本书包括建筑防火案例分析考点总结与例题解析、消防设施应用案例分析考点总结与例题解析、消防安全评估案例分析考点总结与例题解析、消防安全管理案例分析考点总结与例题解析、2015年试题详解。本书力求突出知识重点，方便考生复习，增强考生应试能力，帮助考生在有限的复习时间内达到最理想的复习效果。

衷心希望本书的出版能对考生通过考试起到积极的指导和促进作用，并希望广大考生顺利通过考试。

由于时间仓促，编者水平有限，书中的不足和疏漏之处恳请广大读者批评、指正。

编　者

2016年7月

目　录

第一篇　建筑防火案例分析考点总结及例题解析

第二篇 消防设施应用案例分析考点总结及例题解析

第一篇

建筑防火案例分析考点总结及例题解析

第一章　生产和储存物品的火灾危险性分类

第一节　生产的火灾危险性分类

生产火灾危险性分类方法

国内主要依据现行国家标准《建筑设计防火规范》(GB 50016—2014)，根据生产中使用或产生的物质性质及其数量等因素，把生产的火灾危险性分为5类，其分类及举例见《消防安全技术实务》(以下简称《实务》) 表2-2-1 生产的火灾危险性分类及举例。

第二节　储存物品的火灾危险性分类

储存物品的火灾危险性分类方法

按《建筑设计防火规范》(GB 50016—2014)，储存物品的火灾危险性分为五类，其分类及举例见《实务》表2-2-3 储存物品的火灾危险性分类及举例。

第二章 建筑分类与耐火等级

第一节 建筑分类

一、建筑高度的计算

建筑高度的计算应符合下列规定：

(1) 建筑屋面为坡屋面时，建筑高度应为建筑室外设计地面至其檐口与屋脊的平均高度。

(2) 建筑屋面为平屋面（包括有女儿墙的平屋面）时，建筑高度应为建筑室外设计地面至其屋面面层的高度。

(3) 同一座建筑有多种形式的屋面时，建筑高度应按上述方法分别计算后，取其中最大值。

(4) 对于台阶式地坪，当位于不同高程地坪上的同一建筑之间有防火墙分隔，各自有符合规范规定的安全出口，且可沿建筑的两个长边设置贯通式或尽头式消防车道时，可分别计算各自的建筑高度。否则，应按其中建筑高度最大者确定该建筑的建筑高度。

(5) 局部突出屋顶的瞭望塔、冷却塔、水箱间、微波天线间或设施、电梯机房、排风和排烟机房以及楼梯出口小间等辅助用房占屋面面积不大于1/4者，可不计入建筑高度。

(6) 对于住宅建筑，设置在底部且室内高度不大于2.2m的自行车库、储藏室、敞开空间，室内外高差或建筑的地下或半地下室的顶板面高出室外设计地面的高度不大于1.5m的部分，可不计入建筑高度。

二、建筑层数的计算

建筑层数应按建筑的自然层数计算，下列空间可不计入建筑层数：

(1) 室内顶板面高出室外设计地面的高度不大于1.5m的地下或半地下室。

(2) 设置在建筑底部且室内高度不大于2.2m的自行车库、储藏室、敞开空间。

(3) 建筑屋顶上突出的局部设备用房、出屋面的楼梯间等。

三、按建筑使用性质分类

按建筑使用性质，可分为民用建筑、工业建筑及农业建筑。

(1) 民用建筑。按照《建筑设计防火规范》(GB 50016—2014)，根据民用建筑高度和层数又可分为单层、多层民用建筑和高层民用建筑。

(2) 工业建筑。工业建筑是指工业生产性建筑。

（3）农业建筑。农业建筑是指农副产业生产建筑。

四、按建筑高度分类

按建筑高度可分为单层、多层建筑和高层建筑两类。

（1）单层、多层建筑。27m 以下的住宅建筑、建筑高度不超过 24m（或已超过 24m 但为单层）的公共建筑和工业建筑。

（2）高层建筑。建筑高度大于 27m 的住宅建筑和其他建筑高度大于 24m 的非单层建筑。我国对建筑高度超过 100m 的高层建筑，称为超高层建筑。

五、体育建筑等级分类

体育建筑是指作为体育竞技、体育教学、体育娱乐和体育锻炼等活动使用的建筑物。

体育馆是指配备有专门设备且能够进行球类、室内田径、冰上运动、体操（技巧）、武术、拳击、击剑、举重、摔跤、柔道等单项或多项室内竞技比赛和训练的体育建筑，主要由比赛和练习场地、看台和辅助用房及设施组成。

体育建筑等级根据其使用要求分为特级、甲级、乙级和丙级。

第二节　建筑耐火等级要求

一、厂房和仓库的耐火等级

（1）单层、多层丙类厂房和多层丁、戊类厂房的耐火等级不应低于三级。

（2）使用或产生丙类液体的厂房和有火花、赤热表面、明火的丁类厂房，其耐火等级均不应低于二级，当为建筑面积不大于 $500m^2$ 的单层丙类厂房或建筑面积不大于 $1000m^2$ 的单层丁类厂房时，可采用三级耐火等级的建筑。

（3）高架仓库、高层仓库、甲类仓库、多层乙类仓库和储存可燃液体的多层丙类仓库，其耐火等级不应低于二级。

（4）单层乙类仓库，单层丙类仓库，储存可燃固体的多层丙类仓库和多层丁、戊类仓库，其耐火等级不应低于三级。

（5）甲、乙类厂房和甲、乙、丙类仓库内的防火墙，其耐火极限不应低于 4. 00h。

二、民用建筑的耐火等级

（1）民用建筑的耐火等级分为一、二、三、四级。

（2）民用建筑的耐火等级是为了便于根据建筑自身结构的防火性能来确定该建筑的其他防火要求。

（3）一些性质重要、火灾扑救难度大、火灾危险性大的民用建筑，还应达到最低耐火等级要求。

（4）建筑高度大于 100m 的民用建筑，其楼板的耐火极限不应低于 2. 00h。

（5）一、二级耐火等级建筑的屋面板应采用不燃材料。

三、车库的防火分类和耐火等级

(1) 车库的防火分类分为四类。

(2) 地下汽车库、半地下汽车库、高层汽车库的耐火等级应为一级。

(3) 甲、乙类物品运输车的汽车库、修车库和Ⅰ类的汽车库、修车库的耐火等级应为一级。

(4) Ⅱ、Ⅲ类的汽车库、修车库的耐火等级不应低于二级。

(5) Ⅳ类的汽车库、修车库的耐火等级不应低于三级。

四、体育建筑耐火等级

不同等级体育建筑结构设计使用年限和耐火等级应符合相关规定。其中，特级体育建筑耐火等级不低于一级，甲、乙、丙级不低于二级。特级体育建筑主体结构设计使用年限大于100年，甲、乙级体育建筑主体结构设计使用年限为50～100年，丙级体育建筑主体结构设计使用年限为25～50年。

第三章　总平面布局和平面布置

第一节　建筑防火间距

一、防火间距的确定原则

防火间距的确定原则包括：①防止火灾蔓延；②保障灭火救援场地需要；③节约土地资源；④防火间距的计算。

二、厂房的防火间距

（1）除《建筑设计防火规范》(GB 50016—2014）另有规定外，厂房之间及其与乙、丙、丁、戊类仓库，民用建筑等的防火间距不应小于相关规定。

（2）甲类厂房与重要公共建筑、明火或散发火花地点之间的防火间距。

（3）厂房外附设有化学易燃物品设备的防火间距。

（4）厂区围墙与厂区内建筑之间的防火间距。

三、民用建筑的防火间距

民用建筑之间的防火间距不应小于相关规定。

四、液体、气体储罐（区）和可燃材料堆场防火间距的一般规定

（1）甲、乙、丙类液体储罐区，液化石油气储罐区，可燃、助燃气体储罐区和可燃材料堆场等，应布置在城市（区域）的边缘或相对独立的安全地带，并宜布置在城市（区域）全年最小频率风向的上风侧。

（2）甲、乙、丙类液体储罐（区）宜布置在地势较低的地带。

（3）液化石油气储罐（区）宜布置在地势平坦、开阔等不易积存液化石油气的地带。

（4）甲、乙、丙类液体储罐区，液化石油气储罐区，可燃、助燃气体储罐区和可燃材料堆场，应与装卸区、辅助生产区及办公区分开布置。

五、甲、乙、丙类液体储罐（区）的防火间距

甲、乙、丙类液体储罐（区）和乙、丙类液体桶装堆场与其他建筑的防火间距，不应小于相关规定。

六、甲、乙、丙类液体储罐之间的防火间距

甲、乙、丙类液体储罐之间的防火间距不应小于相关规定。

七、可燃液体储罐区防止液体流淌措施

储罐区应采取以下防止液体流淌措施：①甲、乙、丙类液体的地上式、半地下式储罐区，其每个防火堤内宜布置火灾危险性类别相同或相近的储罐。②沸溢性油品储罐不应与非沸溢性油品储罐布置在同一防火堤内。③地上式、半地下式储罐不应与地下式储罐布置在同一防火堤内。

八、防火堤的设置

甲、乙、丙类液体的地上式、半地下式储罐或储罐组，其四周应设置不燃性防火堤。防火堤的设置应符合下列规定：

（1）防火堤内的储罐布置不宜超过2排，单罐容量不大于1000m^3且闪点大于120℃的液体储罐不宜超过4排。

（2）防火堤的有效容量不应小于其中最大储罐的容量。

（3）防火堤内侧基脚线至立式储罐外壁的水平距离不应小于罐壁高度的一半，防火堤内侧基脚线至卧式储罐的水平距离不应小于3m。

（4）防火堤的设计高度应比计算高度高出0.2m，且应为1.0~2.2m，在防火堤的适当位置应设置便于灭火救援人员进出防火堤的踏步。

（5）沸溢性油品的地上式、半地下式储罐，每个储罐均应设置一个防火堤或防火隔堤。

（6）含油污水排水管应在防火堤的出口处设置水封设施，雨水排水管应设置阀门等封闭、隔离装置。

九、甲、乙、丙类液体储罐与铁路、道路的防火间距

甲、乙、丙类液体储罐与铁路、道路的防火间距应符合相关规定。

第二节 建筑平面布置

一、布置原则

（1）建筑内部某部位着火时，能限制火灾和烟气在（或通过）建筑内部和外部的蔓延，并为人员疏散、消防人员的救援和灭火提供保护。

（2）建筑物内部某处发生火灾时，减少对邻近（上下层、水平相邻空间）分隔区域受到强辐射热和烟气的影响。

（3）消防人员能方便进行救援、利用灭火设施进行作战活动。

（4）有火灾或爆炸危险的建筑设备设置部位，能防止对人员和贵重设备造成影响或危害；或采取措施防止发生火灾或爆炸，及时控制灾害的蔓延扩大。

（5）除为满足民用建筑使用功能所设置的附属库房外，民用建筑内不应设置生产车间和其他库房。

二、锅炉房、变压器室的布置

燃油或燃气锅炉、油浸电力变压器、充有可燃油的高压电容器和多油开关等，宜设置在建筑外的专用房间内；当确需贴邻民用建筑布置，应采用防火墙与所贴邻的建筑分隔，且不应贴邻人员密集场所，该专用房间的耐火等级不应低于二级；确需布置在民用建筑内时，不应布置在人员密集场所的上一层、下一层或贴邻，并应符合相关规定。

三、柴油发电机房的布置

柴油发电机房布置在民用建筑内时应符合下列规定：

(1) 宜布置在建筑物的首层及地下一、二层，不应布置在人员密集场所的上一层、下一层或贴邻。

(2) 应采用耐火极限不低于2.00h的防火隔墙和不低于1.50h的不燃性楼板与其他部位隔开，门应采用甲级防火门。

(3) 机房内设置储油间时，其总储存量不应大于1.0m^3，储油间应采用耐火极限不低于3.00h的防火隔墙与发电机房分隔；当必须在防火隔墙上开门时，应设置甲级防火门。

(4) 应设置火灾报警装置。

(5) 应设置与柴油发电机容量和建筑规模相适应的灭火设施，当建筑内其他部位设置自动喷水灭火系统时，机房内应设置自动喷水灭火系统。

四、消防控制室的布置

消防控制室的设置应符合下列规定：①单独建造的消防控制室，其耐火等级不应低于二级。②附设在建筑物内的消防控制室，宜设置在建筑物内首层或地下一层，并宜布置在靠外墙部位，且应采用耐火极限不低于2.00h的防火隔墙和不低于1.50h的楼板与其他部位隔开，疏散门应直通室外或安全出口。③严禁与消防控制室无关的电气线路和管路穿过。④不应设置在电磁场干扰较强及其他可能影响消防控制设备工作的设备用房附近。

五、消防设备用房布置

(1) 附设在建筑物内的消防设备用房，应采用耐火极限不低于2.00h的隔墙和1.50h的楼板与其他部位隔开。

(2) 独立建造的消防水泵房的耐火等级不应低于二级；附设在建筑内的消防水泵房，不应设置在地下三层及以下，或地下室内地面与室外出入口地坪高差大于10m的地下楼层中；疏散门应直通室外或安全出口。

(3) 通风、空调机房和变配电室开向建筑内的门应采用甲级防火门，消防控制室和其他设备房间开向建筑内的门应采用乙级防火门。消防水泵房的门应采用甲级防火门。

(4) 电梯机房与普通电梯机房之间应采用耐火极限不低于2.00h的隔墙分开，如隔墙上开门，应设甲级防火门。

六、人员密集场所的布置

(1) 观众厅、会议厅、多功能厅的布置：建筑内的观众厅、会议厅、多功能厅等人员密集场所，宜布置在首层或二、三层；设置在三级耐火等级的建筑内时，不应布置在三层及以上楼层。当必须设在其他楼层时，应符合相关规定。

（2）歌舞娱乐放映游艺场所的布置：歌舞厅、卡拉OK厅（含具有卡拉OK功能的餐厅）、夜总会、录像厅、放映厅、桑拿浴室（除洗浴部分外）、游艺厅（含电子游艺厅）、网吧等歌舞娱乐放映游艺场所，宜布置在建筑的首层或二、三层的靠外墙部位，不宜布置在袋形走道的两侧和尽端，并应采用耐火极限不低于2.00h的防火隔墙和不低于1.00h的不燃性楼板与其他场所隔开，设置在厅、室墙上的门和该场所与建筑内其他部位相通的门应采用乙级防火门。确需设置在其他楼层时，应符合相关规定。

（3）电影院、剧场、礼堂的布置：剧场、电影院、礼堂宜设置在独立的建筑内；采用三级耐火等级建筑时，不应超过2层；确需设置在其他民用建筑内时，应至少设置1个独立的安全出口和疏散楼梯，并应符合相关规定。

（4）商店、展览建筑的布置：①商店建筑、展览建筑采用三级耐火等级建筑时，不应超过2层；采用四级耐火等级建筑时，应为单营业厅、展览厅；设置在三级耐火等级的建筑内时，应布置在首层或二层；设置在四级耐火等级的建筑内时，应布置在首层。②营业厅、展览厅不应设置在地下三层及以下楼层。地下或半地下营业厅、展览厅不应经营、储存和展示甲类、乙类火灾危险性物品。

七、特殊场所的布置

（1）老年人建筑及儿童活动场所的布置：①老年人建筑及托儿所、幼儿园的儿童用房和儿童游乐厅等儿童活动场所宜设置在独立的建筑内，且不应设置在地下或半地下。②当设置在一、二级耐火等级的建筑内时，应设置在建筑物的首层或二、三层。③当设置在三级耐火等级建筑内时，应设置在首层及二层。④当设置在四级耐火等级的建筑内时，应设置在首层。⑤设置在高层建筑内时，应设置独立的安全出口和疏散楼梯；设置在单、多层建筑内时，宜设置独立的安全出口和疏散楼梯。

（2）医院和疗养院的住院部分的布置：①医院和疗养院的住院部分不应设置在地下或半地下。②医院和疗养院的住院部分采用三级耐火等级时，不应超过2层；采用四级耐火等级建筑时，应为单层；设置在三级耐火等级的建筑内时，应布置在首层或二层；设置在四级耐火等级的建筑内时，应布置在首层。③医院和疗养院的病房楼内相邻护理单元之间应采用耐火极限不低于2.00h的防火隔墙分隔，隔墙上的门应采用乙级防火门，设置在走道上的防火门应采用常开防火门。

八、住宅建筑及设置商业服务网点的住宅建筑的布置

（1）设置商业服务网点的住宅建筑，其居住部分与商业服务网点之间应采用耐火极限不低于2.00h且无门、窗、洞口的防火隔墙和不低于1.50h的不燃性楼板完全分隔，住宅部分和商业服务网点部分的安全出口和疏散楼梯应分别独立设置。

（2）商业服务网点中每个分隔单元之间应采用耐火极限不低于2.00h且无门、窗、洞口的防火隔墙相互分隔，当每个分隔单元任一层建筑面积大于200m^2时，该层应设置2个安全出口或疏散门。每个分隔单元内的任一点至最近直通室外的出口的直线距离不应大于现行国家标准《建筑设计防火规范》（GB 50016—2014）第5.5.17条表5.5.17中有关多层

其他建筑位于袋形走道两侧或尽端的疏散门至最近安全出口的最大直线距离，室内楼梯的距离可按其水平投影长度的1.50倍计算。

九、工业建筑附属用房的布置

（1）办公室、休息室的布置：①不应设置在甲、乙类厂房内。②在丙类厂房内设置的办公室、休息室，应采用耐火极限不低于2.50h的防火隔墙和1.00h的楼板与厂房隔开，并应至少设置一个独立的安全出口。③甲、乙类仓库内严禁设置办公室、休息室等，且不应贴邻建造。④在丙、丁类仓库内设置的办公室、休息室，应采用耐火极限不低于2.50h的防火隔墙和1.00h的楼板与库房隔开，并应设置独立的安全出口。⑤员工宿舍严禁设置在厂房、仓库内。

（2）液体中间储罐的布置：厂房中的丙类液体中间储罐应设置在单独房间内，其容积不应大于$5m^3$。设置该中间储罐的房间，应采用耐火极限不低于3.00h的防火隔墙和1.50h的楼板与其他部位分隔，房间的门应采用甲级防火门。

（3）附属仓库的布置：①厂房内设置不超过一昼夜需要量的甲、乙类中间仓库时，中间仓库应靠外墙布置，并应采用防火墙和耐火极限不低于1.50h的不燃性楼板与其他部分隔开。②厂房内设置丙类仓库时，必须采用防火墙和耐火极限不低于1.50h的楼板与厂房隔开，设置丁、戊类仓库时，应采用耐火极限不低于2.00h的防火隔墙和1.00h的楼板与其他部位隔开。

十、汽车库布置的一般规定

（1）在进行车库选址和总平面设计时，应根据城市规划要求，合理确定车库的位置、防火间距、消防车道和消防水源等。

（2）车库不应布置在易燃、可燃液体或可燃气体的生产装置区和储存区内。

（3）汽车库不应与甲、乙类厂房、仓库贴邻或组合建造。

（4）汽车库不应与托儿所、幼儿园、中小学校的教学楼、老年人建筑、病房楼等组合建造；当确需组合建造时，应符合相关要求。

（5）当车库与其他建筑物贴邻或附设在其他建筑物内时，应按《汽车库、修车库、停车场设计防火规范》（GB 50067—2014）第5章的有关规定进行防火分隔。

第四章 防火防烟分区与分隔

第一节 防 火 分 区

一、厂房的防火分区

（1）厂房的防火分区面积应根据其生产的火灾危险性类别、厂房的层数和厂房的耐火等级等因素确定。各类厂房的防火分区的最大允许建筑面积符合《实务》表2-5-1的要求。

（2）对于一些特殊的工业建筑，防火分区的面积可适当扩大，但必须满足规范的相关要求。

（3）厂房内设置自动灭火系统时，每个防火分区的最大允许建筑面积可按《实务》表2-5-1的规定增加1.0倍。当丁、戊类的地上厂房内设置自动灭火系统时，每个防火分区的最大允许建筑面积不限。厂房内局部设置自动灭火系统时，其防火分区的增加面积可按该局部面积的1.0倍计算。

二、仓库的防火分区

（1）甲、乙类仓库不应附设在建筑物的地下室和半地下室内。仓库的层数和面积应符合《实务》表2-5-2的规定。

（2）仓库内设置自动灭火系统时，除冷库的防火分区外，每座仓库的最大允许占地面积和每个防火分区的最大允许建筑面积可按《实务》表2-5-2的规定增加1.0倍。

三、民用建筑的防火分区

（1）除《建筑设计防火规范》(GB 50016—2014）另有规定外，不同耐火等级建筑的允许建筑高度或层数、防火分区最大允许建筑面积应符合《实务》表2-5-3的规定。

（2）一、二级耐火等级建筑内的营业厅、展览厅，当设置自动灭火系统和火灾自动报警系统并采用不燃或难燃装修材料时，每个防火分区的最大允许建筑面积可适当增加，并应符合相关规定。

（3）总建筑面积大于20000m^2的地下或半地下商店，应采用无门、窗、洞口的防火墙、耐火极限不低于2.00h的楼板分隔为多个建筑面积不大于2000m^2的区域。相邻区域确需局部连通时，应采用符合规定的下沉式广场等室外开敞空间、防火隔间、避难走道、防烟楼梯间等方式进行连通。

四、人民防空工程防火分区

（1）防火分区之间一般应采用防火墙进行分隔，但有时使用上采用防火墙进行分隔有困难，因此需要采用其他分隔措施，采用防火卷帘分隔是其中措施之一。

（2）为了防止火灾的扩大和蔓延，使火灾控制在一定的范围内，减少火灾所带来的损失，人防工程应划分防火分区，防火分区从安全出口处的防火门范围内划分。

（3）人防工程内的水泵房、水池、厕所、盥洗间等因无可燃物或可燃物甚少，不易产生火灾危险，在划分防火分区时，可将此类房间的面积不计入防火分区的面积之内。

（4）柴油发电机房、锅炉房与各自配套的储油间、水泵间、风机房等，它们均使用液体或气体燃料，所以规定应独立划分防火分区。

（5）对人防工程内设置旅店、病房、员工宿舍做出了严格的规定，独立的防火分区，且疏散楼梯不得与其他防火分区的疏散楼梯共用，实际上构成了一个独立的工程，目的是与其他防火分区彻底分开，确保人员的安全。

（6）防火分区的划分，既要从限制火灾的蔓延和减少经济损失，又要结合人防工程的使用要求不能过小的角度综合考虑，并做到与相关防火规范相一致。

（7）避难走道由于采取了具体的防火措施，所以它属于安全区域，不需要划分防火分区，在条文中也不作规定。

（8）人防工程内的商业营业厅、展览厅等，从当前实际需要以及人防工程防护单元的划分看，面积控制在2000m^2 较为合适。

（9）电影院、礼堂的观众厅作为一个防火分区最大建筑面积不超过1000m^2。

（10）溜冰馆的冰场、游泳馆的游泳池、射击馆的靶道区和保龄球馆的球道区等因无可燃物或无人员停留，故可不计入防火分区面积之内。

五、体育建筑的防火分区

根据《体育建筑设计规范》（JGJ 31—2003）和《建筑设计防火规范》（GB 50016—2014）的规定，体育馆的防火分区划分应符合以下要求：①体育建筑的防火分区尤其是比赛大厅、训练厅和观众休息厅等大空间处应结合建筑布局、功能分区和使用要求加以划分。②体育馆的比赛场地和观众看台之间无法进行分隔，因此可以作为一个防火分区考虑。③一、二级耐火等级体育馆地上建筑防火分区的最大允许建筑面积为2500m^2。

六、汽车库防火分区

（1）汽车库每个防火分区的最大允许建筑面积应符合相关规定。

（2）设置自动灭火系统的汽车库，每个防火分区的最大允许建筑面积可按相关规定增加1.0倍。

（3）附设在汽车库、修车库内的消防控制室、自动灭火系统的设备室、消防水泵房和排烟、通风空气调节机房等，应采用防火隔墙和耐火极限不低于1.50h的不燃烧性楼板相互隔开或与相邻部位分隔。

（4）除敞开式汽车库、斜楼板式汽车库以外的多层、高层、地下汽车库，汽车坡道两侧应用防火墙与停车区隔开，坡道的出入口应采用水幕、防火卷帘或设置甲级防火门等措施与停车区隔开，当汽车库和汽车坡道上均设置自动灭火系统时，可不受此限。

第二节 防火分隔

一、防火隔间的设置

防火隔间的设置应符合下列规定：①防火隔间的建筑面积不应小于6.0m^2。②防火隔间的门应采用甲级防火门。③不同防火分区通向防火隔间的门不应计入安全出口，门的最小间距不应小于4m。④防火隔间内部装修材料的燃烧性能应为A级。⑤不应用于除人员通行外的其他用途。

二、功能区域分隔

（1）歌舞娱乐放映游艺场所。

1）歌舞娱乐放映游艺场所相互分隔的独立房间应是独立的防火分隔单元。

2）当其布置在地下或四层及以上楼层时，一个厅、室的建筑面积不应大于200m^2。

3）厅、室之间及与建筑的其他部位之间，应采用耐火极限不低于2.00h的防火隔墙和不低于1.00h的不燃性楼板分隔，设置在厅、室墙上的门和该场所与建筑内其他部位相通的门均应采用乙级防火门。

（2）人员密集场所。

1）会议厅、多功能厅等人员密集的厅、室布置在四层及以上楼层时，一个厅、室的疏散门不应少于2个，建筑面积不宜大于400m^2；设置在高层建筑内时，应设置火灾自动报警系统和自动喷水灭火系统等自动灭火系统。

2）剧场、电影院、礼堂设置在一、二级耐火等级的其他民用建筑内时，应采用耐火极限不低于2.00h的防火隔墙和甲级防火门与其他区域分隔；布置在四层及以上楼层时，一个厅、室的疏散门不应少于2个且每个观众厅的建筑面积不宜大于400m^2；设置在三级耐火等级的建筑内时，不应布置在三层及以上楼层；设置在地下或半地下时，宜设置在地下一层，不应设置在地下三层及以下楼层；设置在高层建筑内时应设置自动喷水灭火系统和火灾自动报警系统等消防设施。

（3）医院、疗养院建筑。

1）医院、疗养院建筑指医院或疗养院内的病房楼、门诊楼、手术部或疗养楼、医技楼等直接为病人提供诊查、治疗和休养服务的建筑。

2）按照规范要求划分防火分区后，还需对病房楼的每个防火分区根据面积大小和疏散路线进一步分隔，以便将火灾控制在更小的区域内。

3）医院和疗养院的病房楼内相邻护理单元之间应采用耐火极限不低于2.00h的防火隔墙分隔，隔墙上的门应采用乙级防火门，设置在走道上的防火门应采用常开防火门。

（4）住宅。

1）住宅建筑的火灾危险性与其他功能的建筑有较大差别，需独立建造。

2）当将住宅与其他功能场所空间组合在同一座建筑内时，需在水平与竖直方向采取防火分隔措施与其他部分分隔，并使各自的疏散设施相互独立、互不连通。

3）住宅建筑与其他使用功能的建筑合建时，应符合相关规定。

三、设备用房分隔

(1) 附设在建筑内的消防控制室、灭火设备室、消防水泵房和通风空气调节机房、变配电室等，应采用耐火极限不低于2.00h的防火隔墙和不低于1.50h的楼板与其他部位分隔。

(2) 设置在丁、戊类厂房内的通风机房应采用耐火极限不低于1.00h的防火隔墙和不低于0.50h的楼板与其他部位分隔。

(3) 通风空气调节机房和变配电室开向建筑内的门应采用甲级防火门，消防控制室和其他设备房开向建筑内的门应采用乙级防火门。

四、中庭防火分隔

在建筑物内设置中庭时，防火分区的建筑面积应按上下层相连通的建筑面积叠加计算。当中庭相连通的建筑面积之和大于一个防火分区的最大允许建筑面积时，应符合下列规定：

(1) 中庭应与周围相连通的空间进行防火分隔。

(2) 高层建筑内的中庭回廊应设置自动喷水灭火系统和火灾自动报警系统。

(3) 中庭应设置排烟设施。

(4) 中庭内不应布置可燃物。

五、玻璃幕墙防火分隔

玻璃幕墙的防火措施有以下几方面要求：

(1) 应在每层楼板外沿设置高度不低于1.2m的实体墙或挑出宽度不小于1.0m、长度不小于开口宽度的防火挑檐。

(2) 住宅建筑外墙上相邻户开口之间的墙体宽度不应小于1.0m。

(3) 幕墙与每层楼板交界处的水平缝隙和隔墙处的垂直缝隙，应该用防火封堵材料严密填实。

(4) 实体墙、防火挑檐和隔板的耐火极限和燃烧性能，均不应低于相应耐火等级建筑外墙的要求。

(5) 需要注意的是，当玻璃幕墙遇到防火墙时，应遵循防火墙的设置要求。

六、管道井防火分隔

楼梯间、电梯井、采光天井、通风管道井、电缆井、垃圾井等竖井串通各层的楼板，形成竖向连通孔洞，其烟囱效应十分危险。这些竖井应该单独设置，以防烟火在竖井内蔓延。高层建筑各种竖井的防火设计需符合相关要求。

七、医疗建筑防火分隔

医疗建筑内的手术室或手术部、产房、重症监护室、贵重精密医疗装备用房、储藏间、实验室、胶片室等，附设在建筑内的托儿所、幼儿园的儿童用房和儿童游乐厅等儿童活动场所、老年人活动场所，应采用耐火极限不低于2.00h的防火隔墙和1.00h的楼板与其他场所或部位分隔，墙上必须设置的门、窗应采用乙级防火门、窗。

八、防火隔墙的设置部位

建筑内的下列部位应采用耐火极限不低于2.00h的防火隔墙与其他部位分隔，墙上的门、窗应采用乙级防火门、窗，确有困难时，可采用防火卷帘，但应符合《建筑设计防火规范》(GB 50016—2014) 第6.5.3条的规定：①甲、乙类生产部位和建筑内使用丙类液体的部位。②厂房内有明火和高温的部位。③甲、乙、丙类厂房（仓库）内布置有不同火灾危险性类别的房间。④民用建筑内的附属库房，剧场后台的辅助用房。⑤除居住建筑中套内的厨房外，宿舍、公寓建筑中的公共厨房和其他建筑内的厨房。⑥附设在住宅建筑内的机动车库。

九、管道空隙防火封堵

（1）防烟、排烟、供暖、通风和空气调节系统中的管道及建筑内的其他管道，在穿越防火隔墙、楼板和防火分区处的孔隙应采用防火封堵材料封堵。

（2）防火封堵材料，均要符合国家有关标准《防火膨胀密封件》(GB 16807—2009) 和《防火封堵材料》(GB 23864—2009) 等的要求。

（3）风管穿过防火隔墙、楼板和防火墙时，穿越处风管上的防火阀、排烟防火阀两侧各2.0m范围内的风管应采用耐火风管或风管外壁应采取防火保护措施，且耐火极限不应低于该防火分隔体的耐火极限。

（4）建筑内受高温或火焰作用易变形的管道，在贯穿楼板部位和穿越防火隔墙的两侧宜采取阻火措施。

十、室外敞开空间防火分隔

用于防火分隔的下沉式广场等室外开敞空间，应符合下列规定：

（1）分隔后的不同区域通向下沉式广场等室外开敞空间的开口最近边缘之间的水平距离不应小于13m。

（2）下沉式广场等室外开敞空间内应设置不少于1部直通地面的疏散楼梯。

（3）确需设置防风雨篷时，防风雨篷不应完全封闭，四周开口部位应均匀布置，开口的面积不应小于该空间地面面积的25%，开口高度不应小于1.0m。

第三节 防火分隔设施与措施

一、防火墙的设置要求

防火墙是防止火灾蔓延至相邻区域且耐火极限不低于3.00h的不燃性墙体。防火墙是分隔水平防火分区或防止建筑间火灾蔓延的重要分隔构件，对于减少火灾损失具有重要作用。能在火灾初期和灭火过程中，将火灾有效地限制在一定空间内，阻断火灾在防火墙一侧蔓延到另一侧。在设置时应满足相关要求。

二、防火卷帘的设置要求

（1）除中庭外，当防火分隔部位的宽度不大于30m时，防火卷帘的宽度不应大于

10m；当防火分隔部位的宽度大于 30m 时，防火卷帘的宽度不应大于该部位宽度的 1/3，且不应大于 20m。

（2）防火卷帘应具有火灾时靠自重自动关闭的功能；不应采用水平、侧向防火卷帘。

（3）除另有规定外，防火卷帘的耐火极限不应低于规范对所设置部位墙体的耐火极限要求。

（4）防火卷帘应具有防烟性能，与楼板、梁、墙、柱之间的空隙应采用防火封堵材料封堵。

（5）需在火灾时自动降落的防火卷帘，应具有信号反馈的功能。

（6）其他要求，应符合现行国家标准《防火卷帘》(GB 14102—2005）的规定。

（7）防火卷帘的耐火极限不应低于 3. 00h。

三、防火门窗的定义

（1）防火门是指具有一定耐火极限，且在发生火灾时能自行关闭的门。

（2）防火窗是指隔离和阻止火势蔓延的窗，按照安装方法可分为固定窗扇与活动窗扇两种。

四、防火门的防火要求

（1）疏散通道上的防火门应向疏散方向开启，并在关闭后应能从任一侧手动开启。

（2）除管井检修门和住宅的户门外，防火门应能自动关闭。

（3）除允许设置常开防火门的位置外，其他位置的防火门均应采用常闭防火门。

（4）为保证分区间的相互独立，设在变形缝附近的防火门，应设在楼层较多的一侧，并保证防火门开启时门扇不跨越变形缝，防止烟火通过变形缝蔓延。

（5）防火门关闭后应具有防烟性能。

（6）甲、乙、丙级防火门应符合现行国家标准《防火门》(GB 12955—2008）的规定。

（7）安全出口位于防火分区分隔处时，应采用甲级防火门分隔；当采用防火卷帘时，必须在旁边设置甲级防火门。

（8）疏散门是供人员疏散用，包括设置在人防工程内各房间通向疏散走道的门或安全出口的门。

（9）人员频繁出入的防火门，采用常开的防火门，在发生火灾时，应具有自行关闭和信号反馈的功能；人员不频繁出入或正常情况下不出入人员的防火门，正常情况下可处于关闭状态，采用常闭防火门。

（10）防护门、防护密闭门或密闭门不便于紧急情况下开启，故明确规定，在公共场所不得采用具有防火功能的防护门、防护密闭门或密闭门代替。

（11）要求常开的防火门具有信号反馈功能，是为了使消防值班人员能知道常开防火门的开启情况。

五、防火窗的防火要求

（1）防火窗的耐火极限与防火门相同。

（2）防火窗应符合现行国家标准《防火窗》(GB 16809—2008）的有关规定。

第五章 安全疏散

第一节 安全疏散基本参数

一、人员密度计算

（1）商场。商店的疏散人数应按每层营业厅的建筑面积乘以相关规定的人员密度计算。对于建材商店、家具和灯饰展示建筑，其人员密度可按相关规定值的30%确定。

（2）歌舞娱乐放映游艺场所。录像厅的疏散人数应根据厅、室的建筑面积按不小于1.0人/m^2计算；其他歌舞娱乐放映游艺场所的疏散人数应根据厅、室的建筑面积按不小于0.5人/m^2计算。

二、疏散宽度指标

百人宽度指标是每百人在允许疏散时间内，以单股人流形式疏散所需的疏散宽度。

$$\text{百人宽度指标}=\frac{\text{单股人流宽度}\times 100}{\text{疏散时间}\times\text{每分钟每股人流通过人数}}$$

三、厂房的疏散宽度

厂房内疏散楼梯、走道、门的各自总净宽度，应根据疏散人数按每100人的最小疏散净宽度不小于相关规定计算确定。

四、高层民用建筑的疏散宽度

高层民用建筑的疏散外门、走道和楼梯的各自总宽度，应按1m/百人计算确定。公共建筑内安全出口和疏散门的净宽度不应小于0.90m，疏散走道和疏散楼梯的净宽度不应小于1.10m。

五、体育馆的疏散宽度

体育馆供观众疏散的所有内门、外门、楼梯和走道的各自总宽度，应按相关规定计算确定。

六、电影院、礼堂、剧场的疏散宽度

剧院、电影院、礼堂、体育馆等人员密集的公共场所的疏散走道、疏散楼梯、疏散出口或安全出口的各自总宽度应根据其通过人数和相关疏散净宽度指标计算确定，并应符合

下列规定：①观众厅内疏散走道的净宽度，应按每百人不小于0.6m的净宽度计算，且不应小于1.0m。②在布置疏散走道时，横走道之间的座位排数不宜超过20排；纵走道之间的座位数，剧院、电影院、礼堂等每排不宜超过22个，体育馆每排不宜超过26个。

七、住宅建筑的疏散宽度

（1）住宅建筑的户门、安全出口、疏散走道和疏散楼梯的各自总净宽度应经计算确定，且户门和安全出口的净宽度不应小于0.90m，疏散走道、疏散楼梯和首层疏散外门的净宽度不应小于1.10m。

（2）建筑高度不大于18m的住宅中一边设置栏杆的疏散楼梯，其净宽度不应小于1.0m。

八、其他民用建筑

除剧场、电影院、礼堂、体育馆外的其他公共建筑的房间疏散门，安全出口、疏散走道和疏散楼梯的各自总宽度，应按相关要求计算确定。

（1）当疏散人数不等时，疏散楼梯总净宽度应按该层及以上各楼层人数最多的一层人数计算，地下建筑中上层楼梯的总净宽度应按该层及以下人数最多一层的人数计算。

（2）地下或半地下人员密集的厅、室和歌舞娱乐放映游艺场所，其房间疏散门、疏散走道、安全出口和疏散楼梯的各自总宽度，应按每100人不小于1.00m计算确定。

（3）办公建筑的门洞口宽度不应小于1.00m，高度不应小于2.10m。

（4）首层外门的总宽度应按该层及以上人数最多的一层人数计算确定，不供楼上人员疏散的外门，可按本层人数计算确定。

九、人防工程安全疏散的一般规定

（1）人防工程处在地下，每个防火分区安全出口数量不应少于2个。

（2）当人防工程的规模有2个或2个以上的防火分区时，有可能满足不了一个防火分区有两个出口都通向室外的疏散出口、直通室外的疏散楼梯间或避难走道，故规定每个防火分区要确保有一个，相邻防火分区上设置的连通口可作为第二安全出口。

（3）规定通向室外的疏散出口、直通室外的疏散楼梯间或避难走道等疏散出口的宽度之和不应小于《人民防空工程设计防火规范》(GB 50098—2009）第5.1.6条规定的安全出口总宽度的70%。

（4）人防工程的地下各层一般是由若干个防火分区组成，人员疏散是按每个防火分区分别计算，当相邻防火分区共用一个非相邻防火分区之间的安全出口时，该安全出口的宽度可分别计算到各相邻防火分区安全出口的总宽度内。

（5）竖井爬梯疏散比较困难，故对建筑面积和容纳人数都有严格限制，增加了防火分区通向竖井处设置有不低于乙级的常闭防火门，用来阻挡烟气进入竖井。

（6）通风和空调机室、排风排烟室、变配电室、库房等建筑面积不超过200m^2的房间，如设置为独立的防火分区，可只设置一个通向相邻防火分区的防火门。

（7）对于建筑面积不大于50m^2的房间，一般人员数量较少，疏散比较容易，所以可设置一个疏散出口。

（8）歌舞娱乐放映游艺场所内的房间如果设置在袋形走道的两侧或尽端，不利于人员疏散。

（9）安全出口宜按不同方向分散设置，目的是为了避免因为安全出口之间距离太近形成人员疏散集中在一个方向，造成人员拥挤。

（10）人员从着火的防火分区全部疏散出该防火分区的时间要求在3min内完成。

（11）人员密集的厅、室以及歌舞娱乐放映游艺场所，疏散宽度指标的规定与相关规范相一致。

十、厂房、仓库的安全疏散距离

安全疏散距离包括两个部分：一是房间内最远点到房门的疏散距离；二是从房门到疏散楼梯间或外部出口的距离。我国规范采用限制安全疏散距离的办法来保证疏散行动时间。厂房内任一点到最近的安全出口的直线距离不应大于《实务》表2-6-9的规定。

十一、公共建筑的安全疏散距离

直通疏散走道的房间疏散门至最近安全出口的距离应符合相关规定。

（1）建筑中开向敞开式外廊的房间疏散门至安全出口的直线距离可按相关规定增加5m。

（2）楼梯间应在首层直通室外，确有困难时，可在首层采用扩大的封闭楼梯间或防烟楼梯间前室。

（3）房间内任一点至该房间直通疏散走道的疏散门的距离，不应大于袋形走道两侧或尽端的疏散门至最近安全出口的距离。

（4）一、二级耐火等级建筑内疏散门或安全出口不少于2个的观众厅、展览厅、多功能厅、餐厅、营业厅，其室内任一点至最近疏散门或安全出口的直线距离不应大于30m。

十二、住宅建筑的安全疏散距离

住宅建筑直通疏散走道的户门至最近安全出口的距离应符合下列规定：

（1）设置敞开式外廊的建筑，开向该外廊的房间疏散门至安全出口的最大距离可按相关规定增加5m。

（2）建筑内全部设置自动喷水灭火系统时，其安全疏散距离可比规定值增加25%。

（3）直通疏散走道的户门至最近未封闭的楼梯间的距离，当房间位于两个楼梯间之间时，应按相关规定减少5m；当房间位于袋形走道两侧或尽端时，应按相关规定减少2m。

（4）跃廊式住宅户门至最近安全出口的距离，应从户门算起，小楼梯的一段距离可按其1.50倍水平投影计算。

第二节 安全出口与疏散出口

一、疏散门

疏散门是人员安全疏散的主要出口。其设置应满足下列要求：

(1) 疏散门应向疏散方向开启，但人数不超过60人的房间且每樘门的平均疏散人数不超过30人时，其门的开启方向不限。

(2) 民用建筑及厂房的疏散门应采用向疏散方向开启的平开门。

(3) 当开向疏散楼梯或疏散楼梯间的门完全开启时，不应减小楼梯平台的有效宽度。

(4) 人员密集场所内平时需要控制人员随意出入的疏散门和设置门禁系统的住宅、宿舍、公寓建筑的外门，应保证火灾时不需使用钥匙等任何工具即能从内部打开。

(5) 人员密集的公共场所、观众厅的入场门、疏散出口不应设置门槛，且紧靠门口内外各1.4m范围内不应设置台阶，疏散门应为推闩式外开门。

(6) 高层建筑直通室外的安全出口上方，应设置挑出宽度不小于1.0m的防护挑檐。

二、疏散内门及疏散外门的要求

疏散内门及疏散外门应符合下列要求：

(1) 疏散门的净宽度不应小于1.4m，并应向疏散方向开启。

(2) 疏散门不得做门槛，在紧靠门口1.4m范围内不应设置踏步。

(3) 疏散门应采用推闩外开门，不应采用推拉门，转门不得计入疏散门的总宽度。

三、人员密集的公共场所、观众厅疏散门的设置要求

(1) 人员密集的公共场所、观众厅的疏散门不应设置门槛，其净宽度不应小于1.40m，且紧靠门口内外各1.40m范围内不应设置踏步。

(2) 人员密集的公共场所的室外疏散通道的净宽度不应小于3.00m，并应直接通向宽敞地带。

四、剧场、电影院、礼堂和体育馆疏散门数量的设置要求

剧场、电影院、礼堂和体育馆的观众厅或多功能厅，其疏散门的数量应经计算确定且不应少于2个，并应符合相关规定。

五、剧场、电影院、礼堂和体育馆疏散走道、疏散楼梯、疏散门、安全出口的各自总净宽度的设置要求

剧场、电影院、礼堂、体育馆等场所的疏散走道、疏散楼梯、疏散门、安全出口的各自总净宽度，应符合相关规定：

(1) 观众厅内疏散走道的净宽度应按每100人不小于0.60m计算，且不应小于1.00m；边走道的净宽度不宜小于0.80m。

(2) 布置疏散走道时，横走道之间的座位排数不宜超过20排；纵走道之间的座位数：剧场、电影院、礼堂等，每排不宜超过22。

(3) 剧场、电影院、礼堂等场所供观众疏散的所有内门、外门、楼梯和走道的各自总净宽度，应根据疏散人数按每100人的最小疏散净宽度不小于相关规定计算确定。

(4) 体育馆供观众疏散的所有内门、外门、楼梯和走道的各自总净宽度，应根据疏散人数按每100人的最小疏散净宽度不小于相关规定计算确定。

(5) 有等场需要的入场门不应作为观众厅的疏散门。

六、安全出口设置的基本要求

（1）安全出口是供人员安全疏散用的楼梯间、室外楼梯的出入口或直通室内外安全区域的出口。

（2）建筑内的安全出口和疏散门应分散布置，每座建筑或每个防火分区的安全出口数目不应少于2个。

（3）一、二级耐火等级公共建筑内，当一个防火分区的安全出口全部直通室外确有困难时，符合相关规定的防火分区可利用通向相邻防火分区的甲级防火门作为安全出口。

（4）地下或半地下仓库的安全出口不应少于2个；当建筑面积不大于100m^{2}时，可设置1个安全出口。

七、公共建筑安全出口的设置要求

（1）公共建筑内每个防火分区或一个防火分区的每个楼层，其安全出口的数量应经计算确定，且不应少于2个。

（2）一、二级耐火等级公共建筑内的安全出口全部直通室外确有困难的防火分区，可利用通向相邻防火分区的甲级防火门作为安全出口，但应符合相关要求。

（3）公共建筑内的客、货电梯宜设置电梯候梯厅，不宜直接设置在营业厅、展览厅、多功能厅等场所内。

（4）除《建筑设计防火规范》（GB 50016—2014）另有规定外，公共建筑内疏散门和安全出口的净宽度不应小于0.90m，疏散走道和疏散楼梯的净宽度不应小于1.10m。

（5）高层公共建筑内楼梯间的首层疏散门、首层疏散外门、疏散走道和疏散楼梯的最小净宽度应符合相关规定。

八、厂房、仓库安全出口的设置要求

（1）厂房、仓库的安全出口应分散布置。每个防火分区、1个防火分区的每个楼层，相邻2个安全出口最近边缘之间的水平距离不应小于5m。

（2）厂房、仓库符合相关条件时，可设置1个安全出口。

（3）需要特别提出的是，地下、半地下建筑每个防火分区的安全出口数目不应少于2个。

（4）每座仓库的安全出口不应少于2个。

九、汽车库、修车库安全出口的设置要求

（1）汽车库、修车库的人员安全出口和汽车疏散出口应分开设置。

（2）除室内无车道且无人员停留的机械式汽车库外，汽车库、修车库内每个防火分区的人员安全出口不应少于2个，Ⅳ类汽车库和Ⅲ、Ⅳ类的修车库可设1个。

（3）汽车库室内任一点至最近安全出口的疏散距离不应超过45m，当设置自动灭火系统时，其距离不应超过60m，对于单层或设在建筑物首层的汽车库，室内任一点至室外出口的距离不应超过60m。

（4）汽车库、修车库的汽车疏散出口应布置在不同的防火分区内，且整个汽车库、修

车库的汽车疏散出口总数不应少于 2 个，但符合相关条件的可设 1 个。

（5）汽车疏散坡道的宽度，单车道不应小于 3.0m，双车道不应小于 5.5m。

（6）除室内无车道且无人员停留的机械式汽车库外，相邻两个汽车疏散出口之间的水平距离不应小于 10m；毗邻设置的两个汽车坡道应采用防火隔墙隔开。

十、看台的安全出口和走道

（1）安全出口应均匀布置，独立的看台至少应有两个安全出口，且体育馆每个安全出口的平均疏散人数不宜超过 400～700 人，体育场每个安全出口的平均疏散人数不宜超过 1000～2000 人。

（2）观众席走道的布局应与观众席各分区容量相适应，与安全出口联系顺畅。

（3）安全出口和走道的有效总宽度均应按不小于相关规定计算。

（4）每个安全出口和走道的有效宽度除应符合计算外，还应符合相关规定。

十一、疏散出口设置的基本要求

（1）疏散出口包括安全出口和疏散门。疏散门是直接通向疏散走道的房间门、直接开向疏散楼梯间的或室外的门，不包括套间内的隔间门或住宅套内的房间门。安全出口是疏散出口的一个特例。

（2）民用建筑应根据建筑的高度、规模、使用功能和耐火等级等因素合理设置安全疏散设施。安全出口、疏散门的位置、数量和宽度应满足人员安全疏散的要求。

（3）对于一些人员密集的场所，如剧院、电影院和礼堂的观众厅，其疏散出口数目应经计算确定，且不应少于 2 个。

（4）体育馆的观众厅，其疏散出口数目应经计算确定，且不应少于 2 个，每个疏散出口的平均疏散人数不宜超过 400～700 人。

（5）高层建筑内设有固定座位的观众厅、会议厅等人员密集场所，观众厅每个疏散出口的平均疏散人数不应超过 250 人。

第三节 疏散走道与避难走道

一、疏散走道的基本要求

疏散走道的设置应满足以下要求：①走道应简捷，并按规定设置疏散指示标志和诱导灯。②在 1.8m 高度内不宜设置管道、门垛等突出物，走道中的门应向疏散方向开启。③尽量避免设置袋形走道。④疏散走道的宽度应符合相关要求。办公建筑的走道最小净宽应满足相关要求。⑤疏散走道在防火分区处应设置常开甲级防火门。

二、避难走道的设置要求

避难走道是指采用防烟措施且两侧设置耐火极限不低于 3.00h 的防火隔墙，用于人员安全通行至室外的走道。避难走道的设置应符合相关规定。

第四节 疏散楼梯与楼梯间

一、疏散楼梯间的一般要求

（1）楼梯间应能天然采光和自然通风，并宜靠外墙设置。靠外墙设置时，楼梯间及合用前室的窗口与两侧门、窗洞口最近边缘之间的水平距离不应小于1.0m。

（2）楼梯间内不应设置烧水间、可燃材料储藏室。

（3）封闭楼梯间、防烟楼梯间及其前室，不应设置卷帘。

（4）楼梯间内不应有影响疏散的凸出物或其他障碍物。

（5）楼梯间内不应敷设或穿越甲、乙、丙类液体的管道。

（6）除通向避难层错位的疏散楼梯外，建筑中的疏散楼梯间在各层的平面位置不应改变。

（7）用作丁、戊类厂房内第二安全出口的楼梯可采用金属梯，但净宽度不应小于0.90m，倾斜角度不应大于45°。

（8）疏散用楼梯和疏散通道上的阶梯不宜采用螺旋楼梯和扇形踏步。必须采用时，踏步上下两级所形成的平面角度不应大于10°，且每级离扶手250mm处的踏步深度不应小于220mm。

（9）除住宅建筑套内的自用楼梯外，地下、半地下室与地上层不应共用楼梯间，必须共用楼梯间时，在首层应采用耐火极限不低于2.00h的不燃烧体隔墙和乙级防火门将地下、半地下部分与地上部分的连通部位完全分隔，并应有明显标志。

（10）踏步深度不应小于0.28m，踏步高度不应大于0.16m，楼梯最小宽度不得小于1.2m，转折楼梯平台深度不应小于楼梯宽度。直跑楼梯的中间平台深度不应小于1.2m。

（11）建筑的楼梯间宜通至屋面，通向屋面的门或窗应向外开启。

（12）自动扶梯和电梯不应计作安全疏散设施。

（13）直通建筑内附设汽车库的电梯，应在汽车库部分设置电梯候梯厅，并应采用耐火极限不低于2.00h的防火隔墙和乙级防火门与汽车库分隔。

二、地下或半地下建筑（室）疏散楼梯间的规定

（1）除通向避难层错位的疏散楼梯外。建筑内的疏散楼梯间在各层的平面位置不应改变。

（2）除住宅建筑套内的自用楼梯外，地下或半地下建筑（室）的疏散楼梯间，应符合相关规定。

三、住宅建筑疏散楼梯的设置要求

（1）住宅建筑的疏散楼梯设置应符合相关规定。

（2）住宅单元的疏散楼梯，当分散设置确有困难且任一户门至最近疏散楼梯间入口的距离不大于10m时，可采用剪刀楼梯间，但应符合相关规定。

四、汽车库、修车库疏散楼梯的规定

汽车库、修车库的疏散楼梯应符合下列规定：

（1）除建筑高度超过32m的高层汽车库、室内地面与室外出入口地坪的高差大于10m的地下汽车库应采用防烟楼梯间外，其他汽车库、修车库均应采用封闭楼梯间。

（2）地下、半地下汽车库和高层汽车库以及设在高层建筑裙房内的汽车库，其楼梯间、前室的门应采用乙级防火门。

（3）楼梯间和前室的门应向疏散方向开启。

（4）疏散楼梯的宽度不应小于1.1m。

五、疏散楼梯的平面布置

在进行疏散楼梯的平面布置时，应满足下列防火要求：①疏散楼梯宜设置在标准层（或防火分区）的两端。②疏散楼梯宜靠近电梯设置。③疏散楼梯宜靠外墙设置。

六、疏散楼梯的竖向布置

（1）疏散楼梯应保持上下畅通。

（2）应避免不同的人流路线相互交叉。

七、封闭楼梯间的适用范围

（1）多层公共建筑的疏散楼梯，除与敞开式外廊直接相连的楼梯间外，均应采用封闭楼梯间。

（2）高层建筑的裙房、建筑高度不超过32m的二类高层建筑、建筑高度大于21m且不大于33m的住宅建筑，其疏散楼梯间应采用封闭楼梯间。当住宅建筑的户门为乙级防火门时，可不设置封闭楼梯间。

（3）高层厂房和甲、乙、丙类多层厂房的疏散楼梯应采用封闭楼梯间或室外楼梯。

八、封闭楼梯间的设置要求

封闭楼梯间除应满足楼梯间的设置要求外，还应满足以下四方面：

（1）不能自然通风或自然通风不能满足要求时，应设置机械加压送风系统或采用防烟楼梯间。

（2）除楼梯间的出入口和外窗外，楼梯间的墙上不应开设其他门、窗、洞口。

（3）高层建筑、人员密集的公共建筑、人员密集的多层丙类厂房，以及甲、乙类厂房，其封闭楼梯间的门应采用乙级防火门，并应向疏散方向开启；其他建筑可采用双向弹簧门。

（4）楼梯间的首层可将走道和门厅等包括在楼梯间内形成扩大的封闭楼梯间，但应采用乙级防火门等与其他走道和房间分隔。

九、防烟楼梯间

（1）防烟楼梯间的类型：①带阳台或凹廊的防烟楼梯间。②带前室的防烟楼梯间。

（2）防烟楼梯间的适用范围：①一类高层建筑及建筑高度大于32m的二类高层建筑。②建筑高度大于33m的住宅建筑。③建筑高度大于32m且任一层人数超过10人的高层厂房。④当地下层数为3层及3层以上，以及地下室内地面与室外出入口地坪高差大于10m时。

（3）防烟楼梯间的设置要求。防烟楼梯间除应满足疏散楼梯的设置要求外，还应满足相关要求。

十、室外疏散楼梯的构造要求

室外楼梯作为疏散楼梯应符合下列规定：①栏杆扶手的高度不应小于1.1m，楼梯的净宽度不应小于0.9m。②倾斜度不应大于45°。③楼梯和疏散出口平台均应采用不燃材料制作。平台的耐火极限不应低于1.00h，楼梯段的耐火极限不应低于0.25h。④通向室外楼梯的门宜采用乙级防火门，并应向室外开启；门开启时，不得占用楼梯平台的有效宽度。⑤除疏散门外，楼梯周围2.0m内的墙面上不应设置其他门、窗洞口，疏散门不应正对楼梯段。

十一、剪刀楼梯

剪刀楼梯应采取下列防火措施：①剪刀楼梯应具有良好的防火、防烟能力，应采用防烟楼梯间，并分别设置前室。②为确保剪刀楼梯两条疏散通道的功能，其梯段之间应设置耐火极限不低于1.00h的实体墙分隔。③楼梯间内的加压送风系统不应合用。

第五节 避难层（间）

一、避难层

封闭式避难层周围设有耐火的围护结构（外墙、楼板），室内设有独立的空调和防排烟系统，如在外墙上开设窗口时，应采用防火窗。避难层的设计包括：①避难层的设置条件及避难人员面积指标；②避难层的设置数量；③避难层的防火构造要求；④避难层的安全疏散；⑤通风与防排烟系统；⑥灭火设施；⑦消防专线电话和应急广播设备。

二、高层病房楼避难间的设置要求

高层病房楼应在二层及以上各楼层和洁净手术部设置避难间。避难间应符合下列规定：

（1）避难间服务的护理单元不应超过2个。

（2）避难间兼作其他用途时，应保证人员的避难安全，且不得减少可供避难的净面积。

（3）应靠近楼梯间。

（4）应设置消防专线电话和消防应急广播。

（5）避难间的入口处应设置明显的指示标志。

（6）应设置直接对外的可开启窗口或独立的机械防烟设施。

三、公共建筑避难层（间）的设置要求

建筑高度大于100m的公共建筑，应设置避难层（间）。避难层（间）应符合下列规定：

（1）第一个避难层（间）的楼地面至灭火救援场地地面的高度不应大于50m，两个避难层（间）之间的高度不宜大于50m。

（2）通向避难层（间）的疏散楼梯应在避难层分隔、同层错位或上下层断开。

（3）避难层（间）的净面积应能满足设计避难人数避难的要求。

（4）避难层可兼作设备层。

（5）避难层应设置消防电梯出口。

（6）应设置消火栓和消防软管卷盘。

（7）应设置消防专线电话和应急广播。

（8）在避难层（间）进入楼梯间的入口处和疏散楼梯通向避难层（间）的出口处，应设置明显的指示标志。

（9）应设置直接对外的可开启窗口或独立的机械防烟设施，外窗应采用乙级防火窗。

第六节　逃生疏散辅助设施

消防应急照明和疏散指示标志

建筑内疏散照明的地面最低水平照度应符合下列规定：①对于疏散走道，不应低于1.0lx。②对于人员密集场所、避难层（间），不应低于3.0lx；对于病房楼或手术部的避难间，不应低于10.0lx。③对于楼梯间、前室或合用前室、避难走道，不应低于5.0lx。

第六章 建 筑 电 气

一、消防电源及其配电

建筑内消防应急照明和灯光疏散指示标志的备用电源的连续供电时间应符合下列规定：①建筑高度大于100m的民用建筑，不应小于1.5h。②医疗建筑、老年人建筑、总建筑面积大于100000m^2的公共建筑和总建筑面积大于20000m^2的地下、半地下建筑，不应少于1.0h。③其他建筑，不应少于0.5h。

二、电力线路及电器装置

（1）架空电力线与甲、乙类厂房（仓库），可燃材料堆垛，甲、乙、丙类液体储罐，液化石油气储罐，可燃、助燃气体储罐的最近水平距离应符合相关规定。

（2）35kV及以上架空电力线与单罐容积大于200m^3或总容积大于1000m^3液化石油气储罐（区）的最近水平距离不应小于40m。

三、工业和商业用气设备

（1）用气设备应有熄火保护装置；大中型用气设备应有防爆装置、热工检测仪表和自动控制系统。

（2）用气设备的安装场所应能满足其正常使用和检修的要求。

（3）当工业和商业用气设备设置在地下室、半地下室时，应有机械通风、燃气泄漏报警器、自动切断等连锁控制装置和泄爆装置。

（4）当使用鼓风机向燃烧器供给空气进行预混燃烧时，应在计量装置后的燃气管道上加装止回阀或安全泄压装置。

（5）经过改造的用气设备应进行检测，合格后方可使用。

第七章 建筑防爆

第一节 爆炸危险性厂房、库房的布置

一、爆炸危险性厂房、库房的布置

(1) 总平面布局要求。

1) 有爆炸危险的甲、乙类厂房、库房宜独立设置。

2) 有爆炸危险的厂房、库房与周围建筑物、构筑物应保持一定的防火间距。

3) 有爆炸危险的厂房平面布置最好采用矩形，与主导风向应垂直或夹角不小于45°。

4) 防爆厂房宜单独设置，相邻两个厂房之间不应直接有门相通，以避免爆炸冲击波的影响。

(2) 平面和空间布置。

1) 中间仓库：①厂房内设置甲、乙类中间仓库时，其储量不宜超过一昼夜的需要量。②中间仓库应靠外墙布置，并应采用防火墙和耐火极限不低于1.50h的不燃性楼板与其他部位分隔。

2) 办公室、休息室：①甲、乙类厂房内不应设置办公室、休息室。②有爆炸危险的甲、乙类生产厂房和仓库，要采用有一定抗爆强度的防爆墙。

3) 有爆炸危险的部位：①有爆炸危险的甲、乙类生产部位，宜设置在单层厂房靠外墙的泄压设施或多层厂房顶层靠外墙的泄压设施附近。②单层厂房中如某一部分用于有爆炸危险的甲、乙类生产，要求甲、乙类生产部位靠外墙设置。③多层厂房中某一部分或某一层为有爆炸危险的甲、乙类生产时，应将其设置在最上一层靠外墙的部位。④在厂房中，危险性大的车间和危险性小的车间之间，应用坚固的防火墙隔开。⑤生产、使用或储存相同爆炸物品的房间应尽量集中在一个区域。

4) 其他平面和空间布置：①厂房内不宜设置地沟。②使用和生产甲、乙、丙类液体厂房的管、沟不应和相邻厂房的管、沟相通，该厂房的下水道应设置隔油设施。③甲、乙、丙类液体仓库应设置防止液体流散的设施。

二、厂房和仓库的防爆

有爆炸危险区域内的楼梯间、室外楼梯或有爆炸危险的区域与相邻区域连通处，应设置门斗等防护措施。门斗的隔墙应为耐火极限不应低于2.00h的防火隔墙，门应采用甲级防火门并应与楼梯间的门错位设置。

第二节 爆炸危险性建筑的构造防爆

一、泄压面积计算

根据《建筑设计防火规范》(GB 50016—2014)，有爆炸危险的甲、乙类厂房，其泄压面积宜按 $A = 10CV^{2/3}$ 计算，但当厂房的长径比大于 3 时，宜将该建筑划分为长径比小于等于 3 的多个计算段，各计算段中的公共截面不得作为泄压面积。

二、泄压设施的选择

泄压设施可为轻质屋面板、轻质墙体和易于泄压的门窗，但宜优先采用轻质屋面板，不应采用普通玻璃。泄压构件和泄压面积应满足相关要求。

三、抗爆

防爆窗的窗框应用角钢板制作，窗玻璃应选用抗爆强度高、爆炸时不易破碎的安全玻璃。如夹层内由两层或多层窗用平板玻璃，以聚乙烯醇缩丁醛塑料作衬片，在高温下加压粘合而成的安全玻璃，抗爆强度高，一旦受爆炸波击破能借助塑料的黏合作用，不会导致因玻璃碎片抛出而引起伤害。

第三节 爆炸危险环境电气防爆

一、电气防爆基本措施

(1) 宜将正常运行时产生火花、电弧和危险温度的电气设备和线路，布置在爆炸危险性较小或没有爆炸危险的环境内。

(2) 采用防爆的电气设备。在满足工艺生产及安全的前提下，应减少防爆电气设备的数量。

(3) 按有关电力设备接地设计技术规程规定的一般情况不需要接地的部分，在爆炸危险区域内仍应接地，电气设备的金属外壳应可靠接地。

(4) 设置漏电火灾报警和紧急断电装置。在电气设备可能出现故障之前，采取相应补救措施或自动切断爆炸危险区域电源。

(5) 安全使用防爆电气设备。正确划分爆炸危险环境类别，正确选型、安装防爆电气设备，正确维护、检修防爆电气设备。

(6) 散发较空气重的可燃气体、可燃蒸气的甲类厂房以及有粉尘、纤维爆炸危险的乙类厂房，应采用不发火花的地面。

二、爆炸性混合物的分类

爆炸性物质可分为以下 3 类：① Ⅰ类：矿井甲烷。② Ⅱ类：爆炸性气体混合物。③ Ⅲ类：爆炸性粉尘。

第八章　建筑设备防火防爆

第一节　通风与空调系统防火防爆

一、通风、空调系统的防火防爆原则

（1）甲、乙类生产厂房中排出的空气不应循环使用，以防止排出的含有可燃物质的空气重新进入厂房，增加火灾危险性。

（2）甲、乙类生产厂房用的送风和排风设备不应布置在同一通风机房内，且其排风设备也不应和其他房间的送、排风设备布置在一起。

（3）通风和空气调节系统的管道布置，横向宜按防火分区设置，竖向不宜超过5层，以构成一个完整的建筑防火体系，防止和控制火灾的横向、竖向蔓延。

（4）厂房内有爆炸危险的场所的排风管道，严禁穿过防火墙和有爆炸危险的房间隔墙等防火分隔物，以防止火灾通过风管道蔓延扩大到建筑的其他部分。

（5）民用建筑内存放容易起火或爆炸物质的房间，设置排风设备时应采用独立的排风系统，且其空气不应循环使用。

（6）排除含有比空气轻的可燃气体与空气的混合物时，其排风管道应顺气流方向向上坡度敷设，以防在管道内局部积聚而形成有爆炸危险的高浓度气体。

（7）排风口设置的位置应根据可燃气体、蒸气的密度不同而有所区别。

（8）可燃气体管道和甲、乙、丙类液体管道不应穿过通风管道和通风机房，也不应沿通风管道的外壁敷设，以防甲、乙、丙类液体管道发生火灾事故时，火情沿着通风管道蔓延扩散。

（9）含有燃烧和爆炸危险粉尘的空气，在进入排风机前应先采用不产生火花的除尘器进行净化处理。

（10）处理有爆炸危险粉尘的排风机、除尘器应与其他一般风机、除尘器分开设置，且应按单一粉尘分组布置，这是因为不同性质的粉尘在一个系统中，容易发生火灾爆炸事故。

（11）净化有爆炸危险粉尘的干式除尘器和过滤器，宜布置在厂房之外的独立建筑内，且与所属厂房的防火间距不应小于10m，以免粉尘一旦爆炸波及厂房扩大灾害损失。

（12）含有有爆炸危险的粉尘和碎屑的除尘器、过滤器和管道，均应设有泄压装置，以防一旦发生爆炸造成更大的损害。

（13）甲、乙、丙类生产厂房的送、排风管道宜分层设置，以防止火灾从起火层通过管道向相邻层蔓延扩散。

（14）排除有燃烧、爆炸危险的气体、蒸气和粉尘的排风管道应采用易于导除静电的金属管道，应明装不应暗设，不得穿越其他房间，且应直接通到室外的安全处，尽量远离明火和人员通过或停留的地方。

（15）通风管道不宜穿过防火墙和不燃性楼板等防火分隔物。

二、通风、空调设备防火防爆措施

根据《建筑设计防火规范》（GB 50016—2014）、《人民防空工程设计防火规范》（GB 50098—2009）和《汽车库、修车库、停车场设计防火规范》（GB 50067—2014）的有关规定，建筑的通风、空调系统的设计应符合相关要求。

第二节 燃油、燃气设施防火防爆

柴油发电机防火防爆措施

根据《建筑设计防火规范》（GB 50016—2014）规定，柴油发电机房布置在民用建筑内时应符合下列规定：①宜布置在首层或地下一、二层，不应布置在人员密集场所的上一层、下一层或贴邻。②应采用耐火极限不低于2.00h的不燃烧体隔墙和1.50h的不燃烧体楼板与其他部位隔开，门应采用甲级防火门。③机房内设置储油间时，其总储存量不应大于$1m^3$，储油间应采用防火墙与发电机间分隔。④应设置火灾报警装置。⑤应设置与柴油发电机容量和建筑规模相适应的灭火设施，当建筑内其他部位设置自动喷水灭火系统时，柴油发电机房也应设置自动喷水灭火系统。⑥设置在建筑物内的柴油发电机，其进入建筑物内的燃料供给管道应符合相关规定。

第三节 锅炉房防火防爆

锅炉房防火防爆措施

（1）在总平面布局中，锅炉房应选择在主体建筑的下风或侧风方向，且应考虑到由于明火或烟囱飞火，对周围的甲、乙类生产厂房，易燃物品和重要物资仓库，易燃液体储罐，以及稻草和露天粮、棉、木材堆场等部位必须保持的防火间距，可以根据现行国家标准《建筑设计防火规范》（GB 50016—2014）的有关规定确定，一般为25～50m。

（2）锅炉房宜独立建造，但确有困难时可贴邻民用建筑布置，但应采用防火墙隔开，且不应贴邻人员密集场所。燃油或燃气锅炉受条件限制必须布置在民用建筑内时，不应布置在人员密集场所的上一层、下一层或贴邻，并应符合相关规定。

（3）锅炉房为多层建筑时，每层至少应有两个出口，分别设在两侧，并设置安全疏散楼梯直达各层操作点。锅炉房前端的总宽度不超过12m，面积不超过$200m^2$的单层锅炉房，可以开一个门。

（4）锅炉的燃料供给管道应在进入建筑物前和设备间内的管道上设置自动和手动切断阀。

（5）油箱间、油泵间、油加热间应用防火墙与锅炉间及其他房间隔开，门窗应对外开启，不得与锅炉间相连通，室内的电气设备应为防爆型。

（6）锅炉房电力线路不宜采用裸线或绝缘线明敷，应采用金属管或电缆布线，且不宜沿锅炉烟道、热水箱和其他载热体的表面敷设，电缆不得在煤场下通过。

第九章　建筑装修、保温材料防火

第一节　装修材料的分类与分级

一、按使用部位和功能分类

装修材料按使用部位和功能可分为以下几类：①顶棚装修材料；②墙面装修材料；③地面装修材料；④隔断装修材料；⑤固定家具；⑥装饰织物；⑦其他装饰材料。

二、装修材料的分级

现行国家标准《建筑材料及制品燃烧性能分级》(GB 8624—2012)，将建筑内部装修材料按燃烧性能划分为 A 级、B1 级、B2 级和 B3 级四级。

三、多孔或泡沫状塑料防火要求

多孔或泡沫状塑料极易燃烧，而且燃烧时会产生大量对人体有害的烟气。但这种材料往往会作为吸声材料而用于室内装修，特别是在会议室、多功能厅、歌舞厅的装修中，埋下严重火灾隐患。为此，消防技术规范规定：当顶棚或墙面局部采用多孔或泡沫状塑料时，其厚度不应大于 15mm，且面积不得超过该房间顶棚或墙面面积的 10%。

第二节　装修防火的要求

一、装修防火的通用要求

建筑内部装修中，对某些部位装修材料的防火要求具有一定的共性。因此，对这些具有共性的方面提出通用性技术要求：①消防控制室的顶棚和墙面应采用 A 级装修材料。②疏散走道和安全出口门厅的顶棚应采用 A 级装修材料，其他装修应采用不低于 B1 级的装修材料。③防烟分区的挡烟垂壁，其装修材料应采用 A 级装修材料。④建筑内部的变形缝（包括沉降缝、温度伸缩缝、抗震缝等）两侧的基层应采用 A 级材料，表面装修应采用不低于 B1 级的装修材料。⑤建筑内部消火栓的门不应被装饰物遮掩。⑥建筑内部的配电箱不应直接安装在低于 B1 级的装修材料上。⑦灯饰所用材料的燃烧性能等级不应低于 B1 级。⑧公共建筑内部不宜设置采用 B3 级装饰材料制成的壁挂、雕塑、模型、标本。

二、特殊功能部位与用房的装修防火要求

对于一些人员密集场所、火灾危险性大的场所，其装修应当按照从严要求的原则采取

防火措施。

(1) 歌舞娱乐放映游艺场所。当歌舞厅、卡拉OK厅（含具有卡拉OK功能的餐厅）、夜总会、录像厅、放映厅、桑拿浴室（除洗浴部分外）、游艺厅（含电子游艺厅）、网吧等歌舞娱乐放映游艺场所设置在一、二级耐火等级建筑的四层及四层以上时，室内装修的顶棚材料应采用A级装修材料，其他部位应采用不低于B1级的装修材料；当设置在地下一层时，室内装修的顶棚、地面材料应采用A级装修材料，其他部位应采用不低于B1级的装修材料。

(2) 共享空间。建筑物设有上下层相连通的中庭、走马廊、敞开楼梯、自动扶梯时，其连通部位的顶棚、墙面应采用A级装修材料，其他部位应采用不低于B1级的装修材料。

(3) 无窗房间。除地下建筑外，无窗房间内部装修材料的燃烧性能等级，除A级外，应在原规定基础上提高一级。

(4) 图书室、资料室、档案室和存放文物的房间。这类房间的顶棚、墙面应采用A级装修材料，地面应使用不低于B1级的装修材料。

(5) 特殊贵重设备用房。顶棚和墙面应采用A级装修材料，地面及其他装修应用不低于B1级的装修材料。

(6) 设备机房内部所有装修均应采用A级装修材料。

(7) 建筑物内厨房的顶棚、墙面、地面这几个部位应采用A级装修材料。

(8) 常使用明火的餐厅、科研实验室的装修材料的燃烧性能等级，除A级外，应比同类建筑物的要求提高一级。

(9) 建筑内部装修不应遮挡消防设施、疏散指示标志及安全出口。

第三节 民用建筑装修防水

一、设有自动消防设施的允许放宽条件

在安装自动喷水灭火系统的建筑中，初期火灾的扑灭率高达80%。因此，宜从合理经济的角度出发统筹考虑。除歌舞、娱乐、放映、游艺场所外，当单层、多层民用建筑需进行内部装修的空间内装有自动灭火系统时，除顶棚外，其内部装修材料的燃烧性能等级可在相关规定的基础上降低一级；当同时装有火灾自动报警装置和自动灭火系统时，其顶棚装修的燃烧性能等级可在相关规定的基础上降低一级，其他部位装修材料的燃烧性能等级可不受限制。

二、高层公共建筑基准要求

高层民用建筑内部各部位装修材料的燃烧性能等级不应低于相关规定。

现在许多大、中城市中的高层综合建筑，不再是单一用于居住、办公等，而是集合了多重使用功能，如有些高层建筑内含有小型的电影放映厅、报告厅、会议厅、餐厅等。在这些地方，人员密度大且流动性大，因此对这些部位的装修有特别的规定。

三、高层公共建筑允许放宽条件

(1) 局部放宽——很多高层建筑都建有裙房，且裙房的使用功能比较复杂，其内部装修若与整栋建筑取同一标准，在实际操作中有一定困难。

(2) 设有自动消防设施的放宽——除歌舞娱乐放映游艺场所、100m 以上的高层民用建筑及座位数大于 800 个的观众厅、会议厅、顶层餐厅外，当设有火灾自动报警装置和自动灭火系统时，除顶棚外，其内部装修材料的燃烧性能等级可在相关基础上降低一级。

四、地下民用建筑基准要求

(1) 地下民用建筑一般是指建于土层之中的并且无法直接自然采光照明的建筑。地下建筑可分为民用、军事、工业和交通等类型。

(2) 地下民用建筑，由于其建筑的特点，一旦发生火灾，人员的疏散以及救援都十分困难，且火灾发生时烟气运动方向与人员疏散方向是一致的，因此为确保人员疏散的安全与畅通，地下民用建筑内部各部位的装修材料的燃烧性能等级除应符合相关规定外，还特别规定地下民用建筑的疏散走道和安全出口的门厅，其顶棚、墙面和地面的装修应采用 A 级装修材料。

第四节　建筑外保温系统防火

建筑保温系统防火的通用要求

(1) 采用内保温系统的建筑外墙，其保温系统应符合相关要求。

(2) 采用外保温系统的建筑外墙，其保温材料应符合相关要求。

(3) 建筑外墙采用保温材料与两侧墙体构成无空腔复合保温结构时，该结构体的耐火极限应符合有关技术规范的规定；当保温材料的燃烧性能为 B1、B2 级时，保温材料两侧的墙体应采用不燃材料且厚度均不应小于 50mm。

(4) 建筑的外墙外保温系统应采用不燃材料在其表面设置防护层，防护层应将保温材料完全包覆。

(5) 建筑外墙外保温系统与基层墙体、装饰层之间的空腔，应在每层楼板处采用防火封堵材料封堵。

(6) 建筑的屋面外保温系统，当屋面板的耐火极限不低于 1.00h 时，保温材料的燃烧性能不应低于 B2 级；当屋面板的耐火极限低于 1.00h 时，不应低于 B1 级。

(7) 电气线路不应穿越或敷设在燃烧性能为 B1 或 B2 级的保温材料中；确需穿越或敷设时，应采取穿金属管并在金属管周围采用不燃隔热材料进行防火隔离等防火保护措施。

(8) 建筑外墙的装饰层应采用燃烧性能为 A 级的材料；若建筑高度不大于 50m 时，则可采用 B1 级材料。

第五节 体育建筑装修防火

室内装修

根据《体育建筑设计规范》(JGJ 31—2003) 的规定，体育馆比赛、训练部位的室内墙面和顶棚装修（包括吸声、隔热和保温处理），应采用不燃烧体材料。当此场所内设有自动灭火系统和火灾自动报警系统时，室内墙面和顶棚装修可采用难燃烧体材料。固定座位应采用烟密度指数50以下的难燃材料制作，地面可采用不低于难燃等级的材料制作。

第十章　灭火救援设施

第一节　消防车道

一、消防车道设置要求

（1）环形消防车道。

1）对于那些高度高、体量大、功能复杂、扑救困难的建筑应设环形消防车道。

2）环形消防车道至少应有两处与其他车道连通。

3）高层厂房、占地面积大于 $3000m^2$ 的甲、乙、丙类厂房和占地面积大于 $1500m^2$ 的乙、丙类仓库，应设置环形消防车道，确有困难时，应沿建筑物的两个长边设置消防车道。

4）设置环形消防车道时至少应有两处与其他车道连通，必要时还应设置与环形车道相连的中间车道，且道路设置应考虑大型车辆的转弯半径。

（2）穿过建筑的消防车道。

1）对于一些使用功能多、面积大、建筑长度长的建筑，当其沿街长度超过150m或总长度大于220m时，应在适当位置设置穿过建筑物的消防车道。

2）为了日常使用方便和消防人员快速便捷地进入建筑内院救火，有封闭内院或天井的建筑物，当其短边长度大于24m时，宜设置进入内院或天井的消防车道。

3）在穿过建筑物或进入建筑物内院的消防车道两侧，不应设置影响消防车通行或人员安全疏散的设施。

（3）尽头式消防车道：当建筑和场所的周边受地形环境条件限制，难以设置环形消防车道或与其他道路连通的消防车道时，可设置尽头式消防车道。

（4）消防水源地消防车道：供消防车取水的天然水源和消防水池应设置消防车道。消防车道边缘距离取水点不宜大于2m。

二、消防车道技术要求

（1）消防车道的净宽和净高。消防车道的净宽度和净空高度均不应小于4m，消防车道的坡度不宜大于8%。

（2）消防车道的荷载。轻、中系列消防车最大总质量不超过11t，重系列消防车的总质量为15～50t。

（3）消防车道的最小转弯半径。转弯半径应满足消防车转弯的要求；车道转弯处应考虑消防车的最小转弯半径，以便于消防车顺利通行。

（4）消防车道的回车场。回车场的面积不应小于12m×12m；对于高层建筑，回车场不宜小于 15m×15m；供重型消防车使用时，不宜小于 18m×18m。

（5）消防车道的间距。室外消火栓的保护半径在 150m 左右，按规定一般设在城市道路两旁，故消防车道的间距应为 160m。

（6）消防车道与建筑之间不应设置妨碍消防车操作的树木、架空管线等障碍物。

（7）消防车道靠建筑外墙一侧的边缘距离建筑外墙不宜小于 5m。

三、体育馆的消防车道

根据《体育建筑设计规范》(JGJ 31—2003）的规定，体育建筑周围消防车道应环通；当因各种原因消防车不能按规定靠近建筑物时，应采取相关措施满足对火灾扑救的需要。

第二节 消防登高面、消防救援场地和灭火救援窗

一、消防登高面的确定

（1）对于高层建筑，应根据建筑的立面和消防车道等情况，合理确定建筑的消防登高面。

（2）建筑物与消防车登高操作场地相对应的范围内，应设置直通室外的楼梯或直通楼梯间的入口，方便救援人员快速进入建筑展开灭火和救援。

二、消防车登高操作场地的规定

消防车登高操作场地应符合下列规定：

（1）场地与厂房、仓库、民用建筑之间不应设置妨碍消防车操作的树木、架空管线等障碍物和车库出入口。

（2）场地的长度和宽度分别不应小于 15m 和 10m。对于建筑高度大于 50m 的建筑，场地的长度和宽度分别不应小于 20m 和 10m。

（3）场地及其下面的建筑结构、管道和暗沟等，应能承受重型消防车的压力。

（4）场地应与消防车道连通，场地靠建筑外墙一侧的边缘距离建筑外墙不宜小于 5m，且不应大于 10m，场地的坡度不宜大于 3%。

三、消防救援场地的设置要求

（1）最小操作场地面积。消防登高场地应结合消防车道设置。考虑到举高车的支腿横向跨距不超过 6m，同时考虑普通车（宽度为 2. 5m）的交会以及消防队员携带灭火器具的通行，一般以 10m 为妥。

（2）场地与建筑的距离。根据火场经验和登高车的操作，一般距建筑 5m，最大距离可由建筑高度、举高车的额定工作高度确定。

（3）操作场地荷载计算。作为消防车登高操作场地，由于需承受 30～50t 举高车的重量，对中后桥的荷载也需 26t，故从结构上考虑应做局部处理。

（4）操作空间的控制。应根据高层建筑的实际高度，合理控制消防登高场地的操作空间，场地与建筑之间不应设置妨碍消防车操作的架空高压电线、树木、车库出入口等障

碍，同时要避开地下建筑内设置的危险场所等的泄爆口。

四、灭火救援窗的设置要求

厂房、仓库、公共建筑的外墙应每层设置可供消防救援人员进入的窗口。窗口的净高度和净宽度均不应小于1.0m，下沿距室内地面不宜大于1.2m，间距不宜大于20m，且每个防火分区不应少于2个，设置位置应与消防车登高操作场地相对应。窗口的玻璃应易于破碎，并应设置可在室外识别的明显标志。

第三节 消防电梯

一、消防电梯的设置范围

（1）建筑高度大于33m的住宅建筑。

（2）一类高层公共建筑和建筑高度大于32m的二类高层公共建筑。

（3）设置消防电梯的建筑的地下或半地下室，埋深大于10m且总建筑面积大于3000m^2的其他地下或半地下建筑（室）。

（4）符合相关条件的建筑可不设置消防电梯。

二、消防电梯的设置要求

（1）消防电梯应分别设置在不同的防火分区内，且每个防火分区不应少于1台。

（2）建筑高度大于32m且设置电梯的高层厂房（仓库），每个防火分区内宜设置1台消防电梯。

（3）消防电梯应具有防火、防烟、防水功能。

（4）消防电梯应设置前室或与防烟楼梯间合用的前室。设置在仓库连廊、冷库穿堂或谷物筒仓工作塔内的消防电梯，可不设置前室。

（5）消防电梯井、机房与相邻电梯井、机房之间应设置耐火极限不低于2.00h的防火隔墙，隔墙上的门应采用甲级防火门。

（6）在扑救建筑火灾过程中，建筑内有大量消防废水流散，电梯井内外要考虑设置排水和挡水设施，并设置可靠的电源和供电线路，以保证电梯可靠运行。

（7）为了满足消防扑救的需要，消防电梯应选用较大的载重量，一般不应小于800kg，且轿厢尺寸不宜小于1.5m×2m。这样，火灾时可以将一个战斗班的（8人左右）消防队员及随身携带的装备运到火场，同时可以满足用担架抢救伤员的需要。

（8）消防电梯的供电应为消防电源并设备用电源，在最末级配电箱自动切换，动力与控制电缆、电线、控制面板应采取防水措施；在首层的消防电梯入口处应设置供消防队员专用的操作按钮，使之能快速回到首层或到达指定楼层；电梯轿厢内部应设置专用消防对讲电话，方便队员与控制中心联络。

（9）电梯轿厢的内部装修应采用不燃材料。

（10）除前室的出入口、前室内设置的正压送风口和《建筑设计防火规范》（GB 50016—2014）第5.5.27条规定的户门外，前室内不应开设其他门、窗、洞口。

（11）前室或合用前室的门应采用乙级防火门，不应设置卷帘。

第四节 直升机停机坪

直升机停机坪的设置要求

建筑高度大于100m且标准层建筑面积大于2000m²的公共建筑，其屋顶宜设置直升机停机坪或供直升机救助的设施。

（1）起降区的基本要求包括起降区面积的大小、起降区场地的耐压强度、起降区的标志。

（2）设置待救区与出口。待救区应设置不少于2个通向停机坪的出口，每个出口的宽度不宜小于0.90m，其门应向疏散方向开启。

（3）夜间照明。停机坪四周应设置航空障碍灯，并应设置应急照明，以保障夜间的起降。

（4）设置灭火设备。在停机坪的适当位置应设置消火栓，用于扑救避难人员携带来的火种，以及直升机可能发生的火灾。

第十一章　加油加气站防火

第一节　加油加气站的分类等级

一、汽车加油站的等级分类

汽车加油站按站中汽油、柴油储存罐的容积规模划分为三个等级：一级、二级、三级。

二、加油与 CNG 加气合建站的等级划分

加油与 CNG 加气合建站划分为三个等级，应符合相关规定。

第二节　加油加气站的防火设计要求

一、站址选择

（1）加油加气站的站址选择，应符合城乡规划、环境保护和防火安全的要求，并应选在交通便利的地方。

（2）加油站、加油加气合建站的汽油设备与站外建（构）筑物的安全间距，不应小于相关规定。

二、柴油设备与站外建（构）筑物的安全间距

加油站、加油加气合建站的柴油设备与站外建（构）筑物的安全间距，不应小于相关规定。

三、加油加气站内设施之间的防火距离

加油加气站内设施之间的防火距离，不应小于相关规定。

四、平面布局

（1）车辆入口和出口应分开设置。

（2）站区内停车位和道路应符合相关规定。

（3）在加油加气合建站内，宜将柴油罐布置在 LPG 储罐或 CNG 储气瓶（组）、LNG 储罐与汽油罐之间。

（4）加油加气作业区内，不得有“明火地点”或“散发火花地点”。

（5）柴油尾气处理液加注设施的布置，应符合相关规定。

五、油罐的设置

除橇装式加油装置所配置的防火防爆油罐外，加油站的汽油罐和柴油罐应埋地设置，严禁设在室内或地下室内。

六、加油加气站建（构）筑物的设置

（1）加油加气作业区内的站房及其他附属建筑物的耐火等级不应低于二级。当罩棚顶棚的承重构件为钢结构时，其耐火极限可为 0.25h。

（2）站房可由办公室、值班室、营业室、控制室、变配电间、卫生间和便利店等组成，站房内可设非明火餐厨设备。

第十二章　人民防空工程防火

一、防火分区

（1）防火分区的划分。人防工程内采用防火墙划分防火分区，当采用防火墙确有困难时，可采用防火卷帘等防火分隔设施分隔。防火分区应在各安全出口处的防火门范围内划分；与柴油发电机房或锅炉房配套的水泵间、风机房、储油间等，应与柴油发电机房或锅炉房一起划分为一个防火分区；防火分区的划分宜与防护单元相结合。

（2）防火分区建筑面积。①丙、丁、戊类物品库房防火分区建筑面积应符合相关规定。②人防工程内商业营业厅、展览厅、电影院和礼堂的观众厅、溜冰馆、游泳馆、射击馆、保龄球馆等防火分区建筑面积应符合相关规定。

二、其他防火分隔要求

（1）消防控制室、消防水泵房、排烟机房、灭火剂储瓶室、变配电室、通信机房、通风和空调机房、可燃物存放量平均值超过30kg/m^2 火灾荷载密度的房间等，应采用耐火极限不低于2h 的隔墙和1.5h 的楼板与其他场所隔开，墙上如设门应设置常闭的甲级防火门。

（2）柴油发电机房的储油间，墙上应设置常闭的甲级防火门，并应设置高150mm 的不燃烧、不渗漏的门槛，地面不得设置地漏。

（3）同一防火分区内厨房、食品加工等用火用电用气场所，墙上应设置不低于乙级的防火门，人员频繁出入的防火门应设置火灾时能自动关闭的常开式防火门。

（4）歌舞娱乐放映游艺场所，一个厅、室的建筑面积不应大于200m^2，且应采用耐火极限不低于2h 的隔墙和1.5h 的楼板与其他场所隔开，隔墙上如设门应设置不低于乙级的防火门。

（5）电影院、礼堂的观众厅与舞台之间的墙耐火极限不应低于2.5h，电影院放映室（卷片室）应采用耐火极限不低于1h 的隔墙与其他部位隔开，观察窗和放映孔应设置阻火闸门。

（6）人防工程中允许使用的可燃气体和丙类液体管道，除可穿过柴油发电机房、燃油锅炉房的储油间与机房间的防火墙外，严禁穿过防火分区之间的防火墙；当其他管道需要穿过防火墙时，应采用防火封堵材料将管道周围的空隙紧密填塞。

（7）人防工程位于防火分区分隔处安全出口的门应为甲级防火门，当使用功能上确实需要采用防火卷帘分隔时，应在其旁设置与相邻防火分区的疏散走道相通的甲级防火门。人员频繁出入的防火门，应采用能在火灾时自动关闭的常开式防火门；平时需要控制人员随意出入的防火门，应设置火灾时不需使用钥匙等任何工具即能从内部易于打开的常闭防火门，并应在明显位置设置标识和使用提示；其他部位的防火门，宜选用常闭的防火门；

采用防护门、防护密闭门、密闭门代替甲级防火门时，其耐火性能应符合甲级防火门的要求且不得用于平战结合公共场所的安全出口处。

三、安全疏散设施

（1）安全出口设置要求：人防工程每个防火分区的安全出口数量不应少于两个。人防工程有两个或两个以上防火分区相邻，可将相邻防火分区之间防火墙上设置的防火门作为安全出口。

（2）安全疏散距离：人防工程内的安全疏散距离根据人员密度不同、疏散人员类型不同、工程类型不同及照明条件不同可有一定幅度的变化。

（3）疏散宽度：人防工程安全出口、疏散楼梯和疏散走道的最小净宽应符合相关规定。

第十三章　本篇例题解析

案例1　木器厂房防火案例分析

一、情景描述（辅导教材案例1）

某木器厂房，共2层，采用钢筋混凝土结构，耐火等级二级，每层划分为一个防火分区，建筑面积均为8000m²，共设置4部不靠外墙且疏散楼梯净宽度均为1.10m的防烟楼梯间。该厂房总平面布局及周边厂房、仓库等的相关信息如图1-1-1所示。该厂房内首层东侧设有建筑面积为500m²的独立办公、休息区，采用耐火极限2.50h的防火隔墙、耐火极限1.00h的楼板和乙级防火门与其他部位分隔，且设有1个独立的安全出口；地上二层南侧设有一间靠外墙布置、建筑面积为60m²的中间仓库，其采用防火墙和耐火极限1.50h的不燃性楼板与其他部位分隔，储存主要成分均为甲苯和二甲苯的油漆和稀释剂；地上二

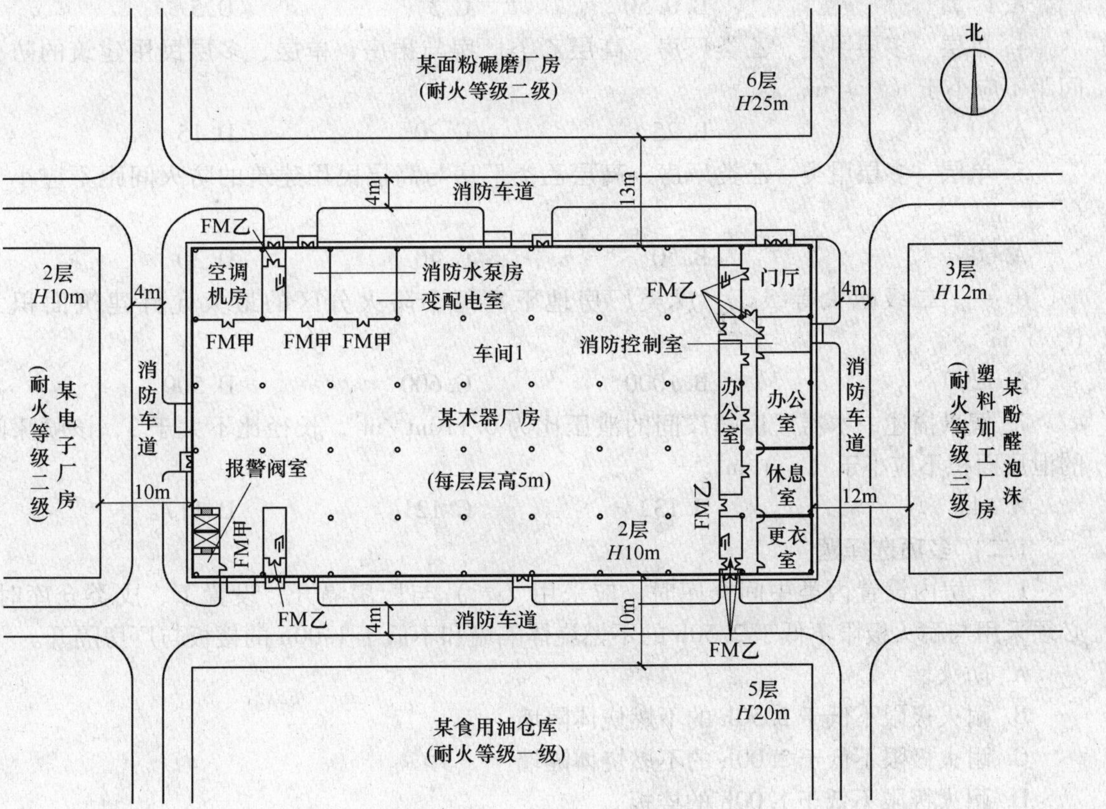

图1-1-1　建筑总平面图

层南侧设有一间靠外墙布置，建筑面积为300m^2 的喷漆间，其采用耐火极限 0.50h 的防火隔墙与其他部位分隔；中间仓库、喷漆间与其他部位之间均分别设置门斗，门斗的隔墙为耐火极限2.00h 的防火隔墙，门斗两侧的门均采用甲级防火门；地上二层设有 4 个车间，车间之间通过净宽度均为1.40m 的疏散走道分隔，疏散走道两侧均采用耐火极限 1.00h 的不燃烧体隔墙；除首层外门净宽度均为1.20m 外，其他门的净宽度均为0.90m；厂房内任一点到最近安全出口的直线距离均不大于60m。该厂房按现行有关国家工程建设消防技术标准配置了室内外消火栓给水系统、自动喷水灭火系统等消防设施及器材。

二、思考题

（一）单项选择题

1. 下列（ ）的生产火灾危险性分类为丙类。

A. 油浸变压器室　B. 氧气站　C. 锅炉房　D. 石棉加工车间

2. 一级耐火等级单层丙类厂房每个防火分区的最大允许建筑面积为（ ）m^2。

A. 不限　B. 8000　C. 6000　D. 4000

3. 厂房内的丙类液体中间储罐应设置在单独房间内，其容积不应大于（ ）m^3。设置该中间储罐的房间，应采用耐火极限不低于3.00h 的防火隔墙和不低于1.50h 的楼板与其他部位分隔，房间的门应采用甲级防火门。

A. 1　B. 0.50　C. 3　D. 5

4. 单层、多层甲类、乙类厂房，高层乙类厂房与裙房，单层、多层民用建筑的防火间距不应小于（ ）m。

A. 30　B. 25　C. 20　D. 15

5. 单层、多层甲类、乙类厂房，高层乙类厂房与高层民用建筑的防火间距不应小于（ ）m。

A. 60　B. 50　C. 40　D. 30

6. 一、二级耐火等级丁、戊类厂房地下室每个防火分区的最大允许建筑面积为（ ）m^2。

A. 1200　B. 1000　C. 600　D. 500

7. 情景描述中木器厂房喷漆间的泄压比为0.110m^2/m^3，长径比不大于3，该喷漆间的泄压面积不应小于（ ）m^2。

A. 144　B. 132　C. 121　D. 117

（二）多项选择题

1. 厂房内设置丙类中间仓库时，应采用（ ）与厂房隔开，设置丁、戊类仓库时，必须采用与耐火极限不低于2.50h 的不燃烧体隔墙和不低于1.00h 的楼板与厂房隔开。

A. 防火墙

B. 耐火极限不低于2.50h 的不燃烧体隔墙

C. 耐火极限不低于2.00h 的不燃烧体隔墙

D. 耐火极限不低于1.00h 的楼板

E. 耐火极限不低于1.50h 的楼板

2. 以下（　　）生产的火灾危险性类别属于丙类。

A. 甲醇合成厂房　　B. 乙炔站　　C. 煤油灌装间　　D. 沥青加工厂房

E. 印刷厂房

3.（　）每个防火分区的最大允许建筑面积不限。

A. 一级耐火等级单层丙类厂房　　B. 一、二级耐火等级单层丁类厂房

C. 一、二级耐火等级多层丁类厂房　　D. 一、二级耐火等级单层戊类厂房

E. 一、二级耐火等级多层戊类厂房

（三）分析题

一栋拟建三级耐火等级厂房受选址条件所限，与其相邻的一栋已建三级耐火等级的多层办公楼之间的防火间距仅为12m，问：两者之间的防火间距不应小于多少米？如防火间距不足，可采取哪些防火技术措施解决并说明原因。

【参考答案与解析】

（一）单项选择题

1. **答案：**A 【解析】见《实务》第二篇第二章第一节，表2-2-1 生产的火灾危险性分类及举例。

2. **答案：**A 【解析】见《实务》第二篇第五章第一节，表2-5-1 厂房的层数和每个防火分区的最大允许建筑面积。

3. **答案：**D 【解析】见《实务》第二篇第四章第三节，液体中间储罐的布置：厂房中的丙类液体中间储罐应设置在单独房间内，其容积不应大于5m^3。设置该中间储罐的房间，应采用耐火极限不低于3.00h的防火隔墙和1.50h的楼板与其他部位分隔，房间的门应采用甲级防火门。

4. **答案：**B 【解析】见《实务》第二篇第四章第二节，表2-4-1 厂房之间及与乙、丙、丁、戊类仓库、民用建筑等的防火间距。

5. **答案：**B 【解析】见《实务》第二篇第四章第二节，表2-4-1 厂房之间及与乙、丙、丁、戊类仓库、民用建筑等的防火间距。

6. **答案：**B 【解析】见《实务》第二篇第五章第一节，表2-5-1 厂房的层数和每个防火分区的最大允许建筑面积。

7. **答案：**A 【解析】见《实务》第二篇第八章第三节，泄压面积计算相关内容，$A=10CV^{2/3}$，式中A为泄压面积（m^2）；V为厂房的容积（m^3）；C为厂房容积为1000m^3时的泄压比（m^2/m^3）。$A=10\times0.11\times(300\times5)^{2/3}=144$。

（二）多项选择题

1. **答案：**AE 【解析】见《实务》第二篇第四章第三节，附属仓库的布置：厂房内设置丙类仓库时，必须采用防火墙和耐火极限不低于1.50h的楼板与厂房隔开，设置丁、戊类仓库时，应采用耐火极限不低于2.00h的防火隔墙和1.00h的楼板与其他部位隔开。

2. **答案：**DE 【解析】见《实务》第二篇第二章第一节，表2-2-1 生产的火灾危险性分类及举例。

3. **答案：**ABCDE 【解析】见《实务》第二篇第五章第一节，表2-5-1 厂房的层数和

每个防火分区的最大允许建筑面积。

（三）分析题

答案： 通常情况下，该厂房与办公楼之间的防火间距不应小于 14m，可采取以下防火技术措施解决防火间距不足的问题：

（1）降低该厂房的生产火灾危险性，将其生产火灾危险性类别降至戊类后，该厂房与办公楼之间的最小防火间距为 8m（单层、多层戊类厂房与民用建筑的防火间距可按《建筑设计防火规范》(GB 50016—2014）第 5. 2. 2 条的规定执行）。

（2）对该厂房进行结构改造，提高其耐火等级，使其耐火等级不低于二级后，该厂房与多层办公楼之间的最小防火间距为 12m。

（3）对办公楼进行结构改造，提高其耐火等级，使其耐火等级不低于二级后，该厂房与多层办公楼之间的最小防火间距为 12m。

（4）对该厂房和办公楼进行结构改造，使其耐火等级均不低于二级的同时，将这两栋建筑中的相邻较高一面外墙改造为无门、窗、洞口的防火墙，或将比相邻较低一座建筑屋面高 15m 及以下范围内的外墙改造为无门、窗、洞口的防火墙后，其防火间距不限。

（5）对该厂房和办公楼进行结构改造，使其耐火等级均不低于二级的同时，将这两栋建筑中的相邻较低一面外墙改造为防火墙，且较低建筑屋顶无天窗或洞口、屋顶的耐火极限不低于 1. 00h；或将相邻较高一面外墙改造为防火墙，且其墙上开口部位采取防火措施（如门、窗等开口部位设置甲级防火门、窗或防火分隔水幕或按《建筑设计防火规范》(GB 50016—2014）第 6. 5. 3 条的规定设置防火卷帘）后，该厂房与多层办公楼之间的最小防火间距为 4m。

（6）拆除防火间距内的原建筑。

【解析】 根据《实务》第二篇第四章第二节表 2-4-1 厂房之间及与乙、丙、丁、戊类仓库、民用建筑等的防火间距可知防火间距不应小于 14m；见《实务》第二篇第四章第二节，防火间距不足时的消防技术措施。当防火间距由于场地等原因，难以满足国家有关消防技术规范的要求时，可根据建筑物的实际情况，采取以下几种措施补救：①改变建筑物的生产和使用性质，尽量降低建筑物的火灾危险性，改变房屋部分结构的耐火性能，提高建筑物的耐火等级。②调整生产厂房的部分工艺流程，限制库房内储存物品的数量，提高部分构件的耐火极限和燃烧性能。③将建筑物的普通外墙改造为防火墙或减少相邻建筑的开口面积，如开设门窗，应采用防火门窗或加防火水幕保护。④拆除部分耐火等级低、占地面积小、使用价值低且与新建筑物相邻的原有陈旧建筑物。⑤设置独立的室外防火墙。在设置防火墙时，应兼顾通风排烟和破拆扑救，切忌盲目设置，顾此失彼。

案例 2 毛皮制品仓库防火案例分析

一、情景描述（辅导教材案例 2）

某储存毛皮制品仓库，框架结构，地上 3 层，地下 1 层，占地面积 $9600m^2$，总建筑面积 3 万平方米。该仓库总平面布局及周边厂房、仓库等的相关信息如图 1-2-1 所示。地上建筑每层均划分 4 个防火分区，每个防火分区的建筑面积均为 $2400m^2$；地下一层划分为两个防火分区，每个防火分区建筑面积均为 $600m^2$；首层西北侧设有独立的办公、休息区，建筑面积为 $300m^2$，采用耐火极限 2.50h 的防火隔墙、耐火极限 1.00h 的楼板和乙级防火门与其他部位分隔，并设有 1 个独立的安全出口。该仓库按现行有关国家工程建设消防技术标准配置了室内外消火栓给水系统、自动喷水灭火系统等消防设施及器材。

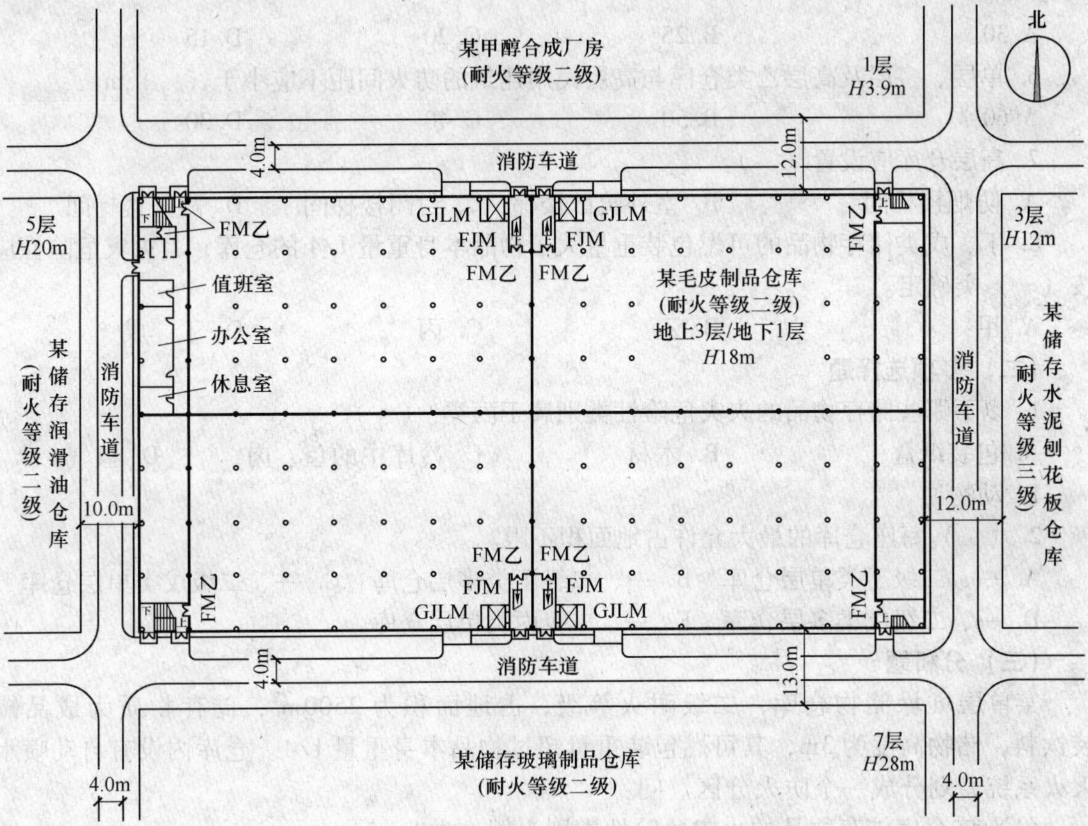

图 1-2-1　建筑总平面图

二、思　考　题

(一) 单项选择题

1. 仓库内严禁设置(　　)。

A. 员工宿舍　　B. 办公室　　C. 休息室　　D. 会议室

2. 每座仓库的安全出口不应少于 2 个，当一座仓库的占地面积小于或等于(　　)m^2 时，可设置 1 个安全出口。

A. 300　　B. 200　　C. 100　　D. 400

3. 仓库内每个防火分区通向疏散走道、楼梯或室外的出口不宜少于2个，当防火分区的建筑面积小于或等于（ ）m^2时，可设置1个出口。

A. 300 B. 200 C. 100 D. 400

4. 地下、半地下仓库或仓库的地下室、半地下室的安全出口不应少于2个，当建筑面积小于或等于（ ）m^2时，可设置1个安全出口。

A. 300 B. 200 C. 100 D. 400

5. 单层、多层及高层乙类仓库与裙房和单层、多层民用建筑的防火间距不应小于（ ）m。

A. 30 B. 25 C. 20 D. 15

6. 单层、多层及高层乙类仓库与高层民用建筑的防火间距不应小于（ ）m。

A. 60 B. 50 C. 40 D. 30

7. 高层仓库应设置（ ）。

A. 防烟楼梯间 B. 室外疏散楼梯 C. 封闭楼梯间 D. 敞开楼梯间

8. 丁、戊类储存物品的可燃包装重量大于物品本身重量1/4的仓库，其火灾危险性应按（ ）类确定。

A. 甲 B. 乙 C. 丙 D. 丁、戊

（二）多项选择题

1. 以下哪些储存物品的火灾危险性类别属于丙类？（ ）

A. 包装纸盒 B. 木材 C. 冷库中的鱼、肉 D. 氢气

E. 动物油

2. （ ）每座仓库的最大允许占地面积不限。

A. 一、二级丁类单层仓库 B. 一、二级丁类多层仓库 C. 一、二级戊类单层仓库

D. 一、二级戊类多层仓库 E. 一、二级丙类单层仓库

（三）分析题

某单层堆垛储物仓库，二级耐火等级，占地面积为2500m^2，储存物质为成品罐装饮料，储物高度为3m，其可燃包装重量超过物品本身重量1/4。仓库内设有自动喷水灭火系统，划分成一个防火分区。问：

（1）该仓库储存物品的火灾危险性类别为哪一类？

（2）该仓库防火分区划分是否恰当？为什么？

【参考答案与解析】

（一）单项选择题

1. **答案**：A 【解析】见《实务》第二篇第四章第三节，工业建筑附属用房布置：员工宿舍严禁设置在厂房、仓库内。

2. **答案**：A 【解析】见《实务》第二篇第六章第二节，厂房、仓库安全出口的设置要求：厂房、仓库的安全出口应分散布置。每个防火分区、1个防火分区的每个楼层，相邻2个安全出口最近边缘之间的水平距离不应小于5m。厂房、仓库符合下列条件时，可设置1个安全出口。

（1）甲类厂房，每层建筑面积不超过 $100m^2$，且同一时间的生产人数不超过 5 人。

（2）乙类厂房，每层建筑面积不超过 $150m^2$，且同一时间的生产人数不超过 10 人。

（3）丙类厂房，每层建筑面积不超过 $250m^2$，且同一时间的生产人数不超过 20 人。

（4）丁、戊类厂房，每层建筑面积不超过 $400m^2$，且同一时间内的生产人数不超过 30 人。

（5）地下、半地下厂房或厂房的地下室、半地下室，其建筑面积不大于 $50m^2$ 且经常停留人数不超过 15 人。

（6）一座仓库的占地面积不大于 $300m^2$ 或防火分区的建筑面积不大于 $100m^2$。

（7）地下、半地下仓库或仓库的地下室、半地下室，建筑面积不大于 $100m^2$。

3. **答案**：C 【解析】见《实务》第二篇第六章第二节，厂房、仓库安全出口的设置要求。

4. **答案**：C 【解析】见《实务》第二篇第六章第二节，厂房、仓库安全出口的设置要求。

5. **答案**：B 【解析】见《实务》第二篇第四章第二节，表 2-4-3 乙、丙、丁、戊类仓库之间及其与民用建筑之间的防火间距。

6. **答案**：B 【解析】见《实务》第二篇第四章第二节，表 2-4-3 乙、丙、丁、戊类仓库之间及其与民用建筑之间的防火间距。

7. **答案**：C 【解析】见《建筑设计防火规范》（GB 50016—2104）3. 8. 7 条高层仓库的疏散楼梯应采用封闭楼梯间。

8. **答案**：C 【解析】见《实务》第二篇第二章第二节，丁、戊类储存物品仓库的火灾危险性，当可燃包装重量大于物品本身重量1/4或可燃包装体积大于物品本身体积的 1/2 时，应按丙类确定。

（二）多项选择题

1. **答案**：ABCE 【解析】见《实务》第二篇第二章第二节，表 2-2-3 储存物品的火灾危险性分类及举例。

2. **答案**：ABCD 【解析】见《实务》第二篇第五章第一节，表 2-5-2 仓库的层数和面积。

（三）分析题

答案：（1）该仓库储存物品的火灾危险性类别为丙类 2 项。

（2）恰当。该仓库为二级耐火等级的丙类 2 项单层仓库，其防火分区最大允许建筑面积为 $1500m^2$；设有自动喷水灭火系统后，其防火分区最大允许建筑面积为 $3000m^2$。因此，可以划分为一个防火分区。

【解析】（1）见《实务》第二篇第二章第二节，根据表 2-2-3 储存物品的火灾危险性分类及举例可知该仓库储存物品的火灾危险性类别为丙类 2 项。

（2）见《实务》第二篇第五章第一节，根据表 2-5-2 仓库的层数和面积可知丙类 2 项单层仓库其防火分区最大允许建筑面积为 $1500m^2$。当仓库内设置自动灭火系统时，除冷库的防火分区外，每座仓库的最大允许占地面积和每个防火分区的最大允许建筑面积可按表 2-5-2 的规定增加 1. 0 倍。

案例 3　歌舞厅防火案例分析

一、情景描述（辅导教材案例 3）

某商业中心地上 4 层、地下 1 层，耐火等级一级，建筑屋面为坡屋面，建筑室外设计地面至其檐口的高度为 20m，建筑室外设计地面至其屋脊的高度为 24m，局部突出屋顶的冷却塔、水箱间、电梯机房以及楼梯出口小间等辅助用房的建筑面积为 600m^2，每层建筑面积均为 1 万平方米，每层均设有防烟楼梯间、封闭楼梯间、室外疏散楼梯、电梯和自动扶梯，每层均按有关国家工程建设消防技术标准配置了自动喷水灭火系统、火灾自动报警系统等消防设施及器材，该商业中心的相关信息如图 1-3-1 所示。某歌舞厅位于该商业中心的地下一层至地上四层，每层歌舞厅的厅、室总建筑面积均为 3000m^2，位于地下一层和地上四层的每个厅、室的建筑面积均不大于 200m^2。

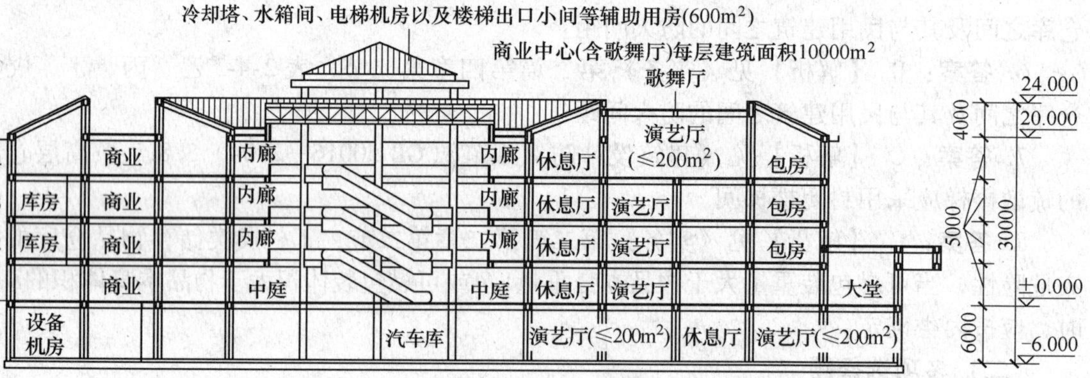

图 1-3-1　建筑剖面图

二、思　考　题

（一）单项选择题

1. 安装在钢龙骨上燃烧性能达到 B1 级的纸面石膏板、矿棉吸声板，可作为（　）级装修材料使用。

A. A　　B. B1　　C. B2　　D. B3

2. 设置在四层的歌舞娱乐游艺放映场所内建筑面积不大于（　）m^2 且经常停留人数不超过 15 人的房间，可设置一个疏散门。

A. 50　　B. 60　　C. 65　　D. 75

3. 该歌舞厅位于地下一层至地上四层的疏散走道、安全出口、疏散楼梯的各自所需总净宽度，及首层外门所需总净宽度均分别不应小于（　）m。

A. 15　　B. 9. 75　　C. 11. 25　　D. 10. 75

4. 人员密集的公共场所的室外疏散小巷的净宽度不应小于（ ）m，并应直接通向宽敞地带。

A. 3　　B. 2　　C. 1　　D. 0.75

（二）多项选择题

1. 根据《公共娱乐场所消防安全管理规定》（中华人民共和国公安部令第39号）的规定，公共娱乐场所不得设置在（ ），不得毗连重要仓库或者危险品库，不得在居民住宅楼内改建公共娱乐场所。

A. 文物古建筑　　B. 博物馆、图书馆　　C. 展览馆

D. 公寓楼　　E. 办公楼

2. 当歌舞娱乐游艺放映场所必须设置在建筑的地上一、二、三层以外的其他楼层时，应符合下列要求：（ ）。

A. 不应设置在地下二层及其以下层；当设置在地下一层时，地下一层地面与室外出入口地坪的高差不应大于10m

B. 一个厅、室的建筑面积不应大于200m²

C. 一个厅、室的出口不少于2个；但建筑面积不大于50m²的地上房间和建筑面积不大于50m²且经常停留人数不超过15人的地下房间，均可设置1个出口

D. 应设置防烟、排烟设施，火灾自动报警系统和自动喷水灭火系统

E. 疏散走道和主要疏散路径的地面上增设能保持视觉连续的灯光疏散指示标志或蓄光疏散指示标志

3. 建筑内部装修应积极采用不燃性材料和难燃性材料，尽量避免采用在燃烧时产生大量浓烟或有毒气体的材料。装修材料按其使用部位和功能，可划分为（ ）及装饰织物、其他装饰材料共计七类。

A. 顶棚装修材料　　B. 墙面装修材料　　C. 地面装修材料

D. 隔断装修材料　　E. 固定家具

【参考答案与解析】

（一）单项选择题

1. **答案**：A 【解析】见《实务》第二篇第十章第一节，常用装修材料等级规定：若按我国建筑材料的分级方法检测，纸面石膏板和矿棉吸声板大部分无法达到A级材料的要求。但若将其划入B1级的材料范畴，在很大程度上又限制了它们的使用与推广。因此，考虑到纸面石膏板和矿棉吸声板用量极大这一客观实际情况，以及根据现行国家标准《建筑设计防火规范》（GB 50016—2014）有关贴在钢龙骨上的纸面石膏板为非燃烧材料的条文，可将安装在钢龙骨上燃烧性能达到B1级的纸面石膏板、矿棉吸声板作为A级装修材料使用。

2. **答案**：A 【解析】见《实务》第二篇第四章第三节，歌舞娱乐放映游艺场所布置要求：歌舞厅、卡拉OK厅（含具有卡拉OK功能的餐厅）、夜总会、录像厅、放映厅、桑拿浴室（除洗浴部分外）、游艺厅（含电子游艺厅）、网吧等歌舞娱乐放映游艺场所（以下简称歌舞娱乐放映游艺场），宜布置在建筑的首层或二、三层的靠外墙部位，不宜布置在袋形走道的两侧和尽端，并应采用耐火极限不低于2.00h的防火隔墙和不低于1.00h

的不燃性楼板与其他场所隔开，设置在厅、室墙上的门和该场所与建筑内其他部位相通的门应采用乙级防火门。确需设置在其他楼层时，应符合下列规定：

（1）不应设置在地下二层及二层以下，设置在地下一层时，地下一层地面与室外出入口地坪的高差不应大于10m。

（2）布置在地下或四层及以上楼层时，一个厅、室的建筑面积不应超过$200m^2$。面积按厅室建筑面积计算，这里的"一个厅、室"是指歌舞娱乐放映游艺场所中一个相互分隔的独立单元。

（3）布置在地下或四层及以上楼层时，一个厅、室的出口不应少于两个，当一个厅、室的建筑面积小于$50m^2$时，且经常停留人数不超过15人时，可设置一个出口。

（4）应设置火灾自动报警系统和自动喷水灭火系统及防排烟设施等。

3. **答案：**A 【解析】见《实务》第二篇第六章第一节，歌舞娱乐放映游艺场所人员密度要求：录像厅的疏散人数应根据厅、室的建筑面积按不小于1.0人/m^2计算；其他歌舞娱乐放映游艺场所的疏散人数应根据厅、室的建筑面积按不小于0.5人/m^2计算。其他民用建筑疏散宽度要求：地下或半地下人员密集的厅、室和歌舞娱乐放映游艺场所，其房间疏散门、疏散走道、安全出口和疏散楼梯的各自总宽度，应按每100人不小于1.00m计算确定。疏散人数$=3000\times0.5=1500$，疏散宽度$=1500\div100=15$。

4. **答案：**A 【解析】见《实务》第二篇第六章第一节，其他民用建筑疏散宽度要求：人员密集的公共场所，如营业厅、观众厅、礼堂、电影院、剧场和体育馆的观众厅，公共娱乐场所中的出入大厅、舞厅，候机（车、船）厅及医院的门诊大厅等面积较大，同一时间聚集人数较多的场所，疏散门的净宽度不应小于1.4m，室外疏散小巷的净宽度不应小于3.0m。

（二）多项选择题

1. **答案：**AB 【解析】《公共娱乐场所消防安全管理规定》（公安部令第39号）第七条 公共娱乐场所不得设置在文物古建筑和博物馆、图书馆建筑内，不得毗连重要仓库或者危险物品仓库；不得在居民住宅楼内改建公共娱乐场所。

2. **答案：**ABCDE 【解析】见《实务》第二篇第四章第三节，歌舞娱乐放映游艺场所布置要求。

见《实务》第二篇第六章第六节，疏散指示标志设置场所：

1）公共建筑、建筑高度大于54m的住宅建筑，高层厂房（仓库）及甲、乙、丙类单层、多层厂房，应沿疏散走道和在安全出口、人员密集场所的疏散门的正上方设置灯光疏散指示标志。

2）下列建筑或场所应在其内疏散走道和主要疏散路线的地面上增设能保持视觉连续的灯光疏散指示标志或蓄光疏散指示标志：①总建筑面积超过$8000m^2$的展览建筑。②总建筑面积超过$5000m^2$的地上商店。③总建筑面积超过$500m^2$的地下、半地下商店。④歌舞、娱乐、放映、游艺场所。⑤座位数超过1500个的电影院、剧院，座位数超过3000个的体育馆、会堂或礼堂。

3. **答案：**ABCDE 【解析】见《实务》第二篇第十章第一节，装修材料按使用部位和功能可分为以下几类：①顶棚装修材料；②墙面装修材料；③地面装修材料；④隔断装修材料；⑤固定家具；⑥装饰织物；⑦其他装饰材料。

案例4　购物中心防火案例分析

一、情景描述（辅导教材案例4）

某大型购物中心地上6层，地下1层，建筑高度为24m，其总平面布局及周边民用建筑等的相关信息如图1-4-1所示。该购物中心地下一层的主要使用功能为设备用房、物业管理用房和商店营业厅；其中，设备用房区域建筑面积为$2000m^2$，划分为一个防火分区；物业管理用房区域建筑面积为$1000m^2$，划分为一个防火分区；商店营业厅（均销售建材）区域建筑面积为2.2万平方米，采用不开设门、窗、洞口的防火墙分隔成1万平方米和1.2万平方米两部分，并采用下沉式广场将其局部连通，按建筑面积不大于$2000m^2$划分为11个防火分区。该购物中心首层至地上六层每层的使用功能均为销售百货和服装鞋帽的商店营业厅，每层建筑面积均为2万平方米，首层按建筑面积不大于1万平方米划分为两个防火分区，地上二层至地上六层每层均按建筑面积不大于$5000m^2$划分为4个防火分区。该建筑按现行有关国家工程建设消防技术标准配置了室内外消火栓给水系统、自动喷水灭火系统、排烟设施和火灾自动报警系统等消防设施及器材。

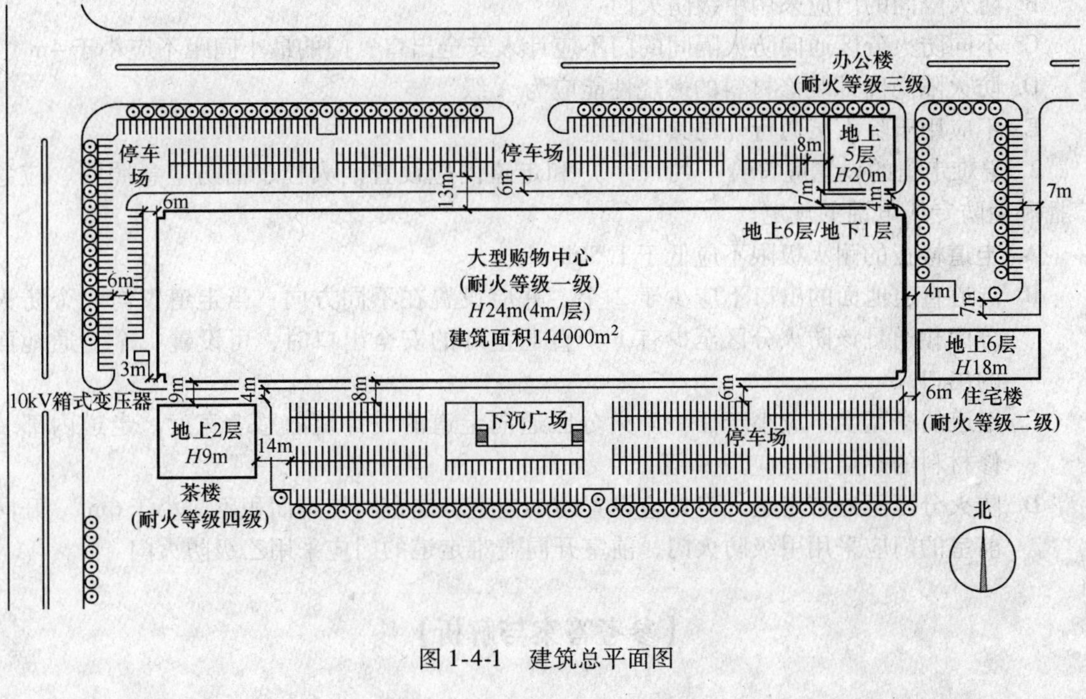

图1-4-1　建筑总平面图

二、思　考　题

（一）单项选择题

1. 情景描述中大型购物中心地上二层至地上六层各层疏散楼梯所需的最小设计总净

宽度分别不应小于（ ）m。

A. 110.50、115.50、120、120、120 B. 86、78、60、60、60

C. 55.25、57.75、60、60、60 D. 77.35、80.85、84、84、84

2. 当情景描述中大型购物中心营业厅的疏散门不能直通安全出口时，应采用长度不大于（ ）m 的疏散走道通至最近的安全出口。

A. 30 B. 20 C. 12.5 D. 10

3. 情景描述中大型购物中心营业厅内任一点至最近疏散门或安全出口的直线距离（ ）。

A. 不宜大于 30m B. 不宜大于 37.5m C. 不应大于 30m D. 不应大于 37.5m

4. 地下商店营业厅不应设置在地下（ ）层及其以下各层。

A. 一 B. 二 C. 三 D. 四

5. 情景描述中大型购物中心地下一层安全出口所需的最小设计总净宽度不应小于（ ）m。

A. 110.50 B. 86 C. 66 D. 39.6

（二）多项选择题

1. 防火隔间的设置应符合下列（ ）规定。

A. 防火隔间的建筑面积不应小于 $6m^2$

B. 防火隔间的门应采用甲级防火门

C. 不同防火分区通向防火隔间的门不应计入安全出口，门的最小间距不应小于 4m

D. 防火隔间内部装修材料的燃烧性能应为 A 级

E. 不应用于除人员通行外的其他用途

2. 避难走道的设置应符合下列（ ）和走道内应设置消火栓、消防应急照明、应急广播和消防专线电话的规定。

A. 走道楼板的耐火极限不应低于 1.50h

B. 走道直通地面的出口不应少于 2 个，并应设置在不同方向；当走道仅与一个防火分区相通且该防火分区至少有 1 个直通室外的安全出口时，可设置 1 个直通地面的出口

C. 走道的净宽度不应小于任一防火分区通向走道的设计疏散总净宽度，走道内部装修材料的燃烧性能应为 A 级

D. 防火分区至避难走道入口处应设置防烟前室，前室的使用面积不应小于 $6m^2$。开向前室的门应采用甲级防火门，前室开向避难走道的门应采用乙级防火门

【参考答案与解析】

（一）单项选择题

1. **答案：**B 【解析】见《实务》第二篇第六章第一节，商店的疏散人数应按每层营业厅的建筑面积乘以表 2-6-1 规定的人员密度计算。对于建材商店、家具和灯饰展示建筑，其人员密度可按表 2-6-1 中规定值的 30% 确定。

见《实务》第二篇第六章第一节，高层民用建筑的疏散外门、走道和楼梯的各自总宽

度，应按1m/百人计算确定。

地上二层疏散楼梯最小设计总净宽度：

$$20000 \times 0.43 \div 100 \times 1.00 = 86\text{m}$$

地上三层疏散楼梯最小设计总净宽度：

$$20000 \times 0.39 \div 100 \times 1.00 = 78\text{m}$$

地上四层及以上疏散楼梯最小设计总净宽度：

$$20000 \times 0.30 \div 100 \times 1.00 = 60\text{m}$$

2. **答案**：C　【解析】见《实务》第二篇第六章第一节，公共建筑的安全疏散距离：一、二级耐火等级建筑内疏散门或安全出口不少于2个的观众厅、展览厅、多功能厅、餐厅、营业厅，其室内任一点至最近疏散门或安全出口的直线距离不应大于30m；当该疏散门不能直通室外地面或疏散楼梯间时，应采用长度不大于10m的疏散走道通至最近的安全出口。当该场所设置自动喷水灭火系统时，室内任一点至最近安全出口的安全疏散距离可增加25%。本题中$10 \times (1+25\%) = 12.5\text{m}$，故选C。

3. **答案**：D　【解析】见《实务》第二篇第六章第一节，公共建筑的安全疏散距离。$30 \times (1+25\%) = 37.5$。

4. **答案**：C　【解析】见《实务》第二篇第四章第三节，商店、展览建筑平面布置：商店建筑、展览建筑采用三级耐火等级建筑时，不应超过2层；采用四级耐火等级建筑时，应为单层。营业厅、展览厅设置在三级耐火等级的建筑内时，应布置在首层或二层；设置在四级耐火等级的建筑内时，应布置在首层。营业厅、展览厅不应设置在地下三层及以下楼层。地下或半地下营业厅、展览厅不应经营、储存和展示甲类、乙类火灾危险性物品。

5. **答案**：D　【解析】见《实务》第二篇第六章第一节，疏散人数：$22000 \times 0.6 \times 0.3 = 3960$，安全出口最小设计总净宽度$= 3960 \div 100 \times 1 = 39.6\text{m}$。

（二）多项选择题

1. **答案**：ABCDE　【解析】《建筑设计防火规范》（GB 50016—2014）6.4.13条防火隔间的设置应符合下列规定：①防火隔间的建筑面积不应小于6.0m^2。②防火隔间的门应采用甲级防火门。③不同防火分区通向防火隔间的门不应计入安全出口，门的最小间距不应小于4m。④防火隔间内部装修材料的燃烧性能应为A级。⑤不应用于除人员通行外的其他用途。

2. **答案**：ABCDE　【解析】见《实务》第二篇第六章第三节，避难走道的设置应符合下列规定：①避难走道楼板的耐火极限不应低于1.50h。②避难走道直通地面的出口不应少于2个，并应设置在不同方向；当走道仅与1个防火分区相通且该防火分区至少有1个直通室外的安全出口时，可设置1个直通地面的出口。③避难走道的净宽度不应小于任一防火分区通向走道的设计疏散总净宽度。④避难走道内部装修材料的燃烧性能应为A级。⑤避难防火分区至避难走道入口处应设置防烟前室，前室的使用面积不应小于6.0m^2，开向前室的门应采用甲级防火门，前室开向避难走道的门应采用乙级防火门。⑥避难走道内应设置消火栓、消防应急照明、应急广播和消防专线电话。

案例 5　体育馆防火案例分析

一、情景描述（辅导教材案例 5）

为承办每年全省高校运动会，某高校新建一栋体育馆，由主体建筑和附属建筑两部分组成，主体建筑为比赛馆，附属建筑为训练馆，建筑高度为 23m，总建筑面积为 1.7 万平方米。采用框架及大跨度钢屋架结构体系，耐火等级二级，该体育馆的相关信息如图 1-5-1 所示。比赛馆为单层大空间建筑，可容纳观众席 4446 个，其中固定席 3514 个，活动席 932 个；其比赛场地共设有 8 个净宽均为 2.20m 的疏散门，其中两个疏散门与比赛馆直通室外的门厅连通，6 个疏散门与附属建筑的疏散走道连通；其观众厅共设有 12 个净宽均为 2.20m 的疏散门，其中 6 个疏散门与比赛馆直通室外的门厅连通，6 个疏散门与附属建筑地上一层屋顶室外平台连通；比赛场地和观众厅内任何一点到达疏散出口的距离均不超过 30m。训练馆地上 2 层，局部 1 层，内设有篮球、游泳、乒乓球、健身等训练用房，设有两部楼梯净宽均为 1.40m 的敞开疏散楼梯间。该体育馆共设有 6 个防火分区；其中，最大一个防火分区的使用功能为比赛场地及观众厅，其建筑面积为 $5000m^2$；每个防火分区均至少设有两个安全出口。该体育馆按现行有关国家工程建设消防技术标准配置了室内外消火栓给水系统、自动喷水灭火系统等消防设施及器材。

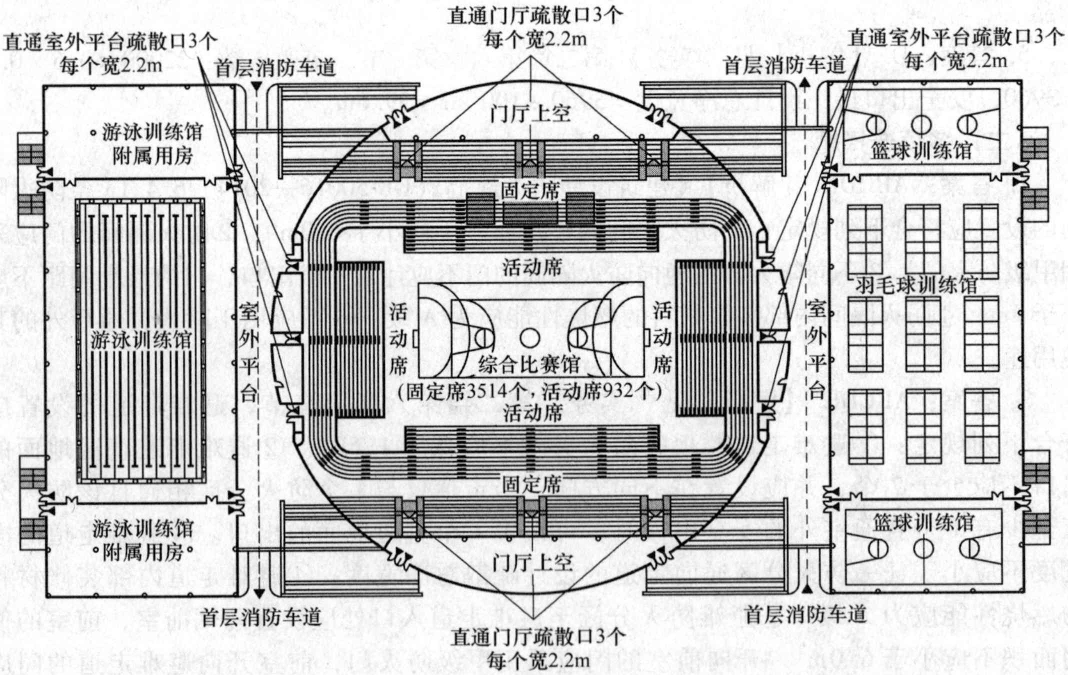

图 1-5-1　建筑平面图

二、思 考 题

单项选择题

1. 观众厅、比赛厅或训练厅的安全出口应设置（　）。

A. 甲级防火门　　B. 乙级防火门　　C. 丙级防火门　　D. 丁级防火门

2. 比赛训练大厅的顶棚内可根据顶棚结构、检修要求、顶棚高度等因素设置马道，其宽度不应小于（　）m。

A. 0. 65　　B. 0. 70　　C. 0. 75　　D. 0. 80

3. 体育馆疏散门的净宽度不应小于（　）m。

A. 1. 10　　B. 1. 20　　C. 1. 30　　D. 1. 40

4. 体育馆固定座位应采用烟密度指数（　）以下的难燃材料制作。

A. 5　　B. 10　　C. 20　　D. 50

5. 比赛和训练建筑的灯控室、声控室、配电室、发电机房、空调机房、重要库房、消防控制室等部位采用耐火极限不低于（　）h 的墙体和耐火极限不小于 1. 50h 的楼板与其他部位分隔，门、窗的耐火极限不应低于 1. 50h。

A. 2. 00　　B. 1. 50　　C. 2. 50　　D. 3. 00

【参考答案与解析】

单项选择题

1. **答案：**B 【解析】《体育建筑设计规范》(JGJ 31—2003) 8. 1. 3 条防火分区应符合下列要求：①体育建筑的防火分区尤其是比赛大厅、训练厅和观众休息厅等大空间处应结合建筑布局、功能分区和使用要求加以划分，并应报当地公安消防部门认定。②观众厅、比赛厅或训练厅的安全出口应设置乙级防火门。③位于地下室的训练厅应按规定设置足够的安全出口。

2. **答案：**A 【解析】《体育建筑设计规范》(JGJ 31—2003) 8. 1. 7 条比赛训练大厅的顶棚内可根据顶棚结构、检修要求、顶棚高度等因素设置马道，其宽度不应小于 0. 65m，马道应采用不燃烧体材料，其垂直交通可采用钢质梯。

3. **答案：**D 【解析】见《实务》第二篇第六章第一节，其他民用建筑疏散宽度要求。

4. **答案：**D 【解析】《体育建筑设计规范》(JGJ 31—2003) 8. 1. 5 条用于比赛、训练部位的室内墙面装修和顶棚（包括吸声、隔热和保温处理），应采用不燃烧体材料。当此场所内设有火灾自动灭火系统和火灾自动报警系统时，室内墙面和顶棚装修可采用难燃烧体材料。固定座位应采用烟密度指数 50 以下的难燃材料制作，地面可采用不低于难燃等级的材料制作。

5. **答案：**A 【解析】《体育建筑设计规范》(JGJ 31—2003) 8. 1. 8 条比赛和训练建筑的灯控室、声控室、配电室、发电机房、空调机房、重要库房、消防控制室等部位，应采取下列措施中的一种作为防火保护：①采用耐火极限不低于 2. 0h 的墙体和耐火极限不小于 1. 5h

的楼板同其他部位分隔。门、窗的耐火极限不应低于 1.2h。②设自动水喷淋灭火系统。当不宜设水系统时，可设气体自动灭火系统，但不得采用卤代烷 1211 或 1301 灭火系统。

案例 6　超高层办公楼防火案例分析

一、情景描述（辅导教材案例 8）

某市一栋地标性办公楼地上 108 层、地下 7 层，建筑高度为 428m，总建筑面积为 43.7 万平方米，耐火等级一级，屋顶设有直升机停机坪，共设置 8 个避难层，避难层相关信息如图 1-6-1 所示。该办公楼每层的每个防火分区均分别设置一台消防电梯。该办公楼按现行有关国家工程建设消防技术标准配置了室内外消火栓给水系统、自动喷水灭火系统和火灾自动报警系统等消防设施及器材。

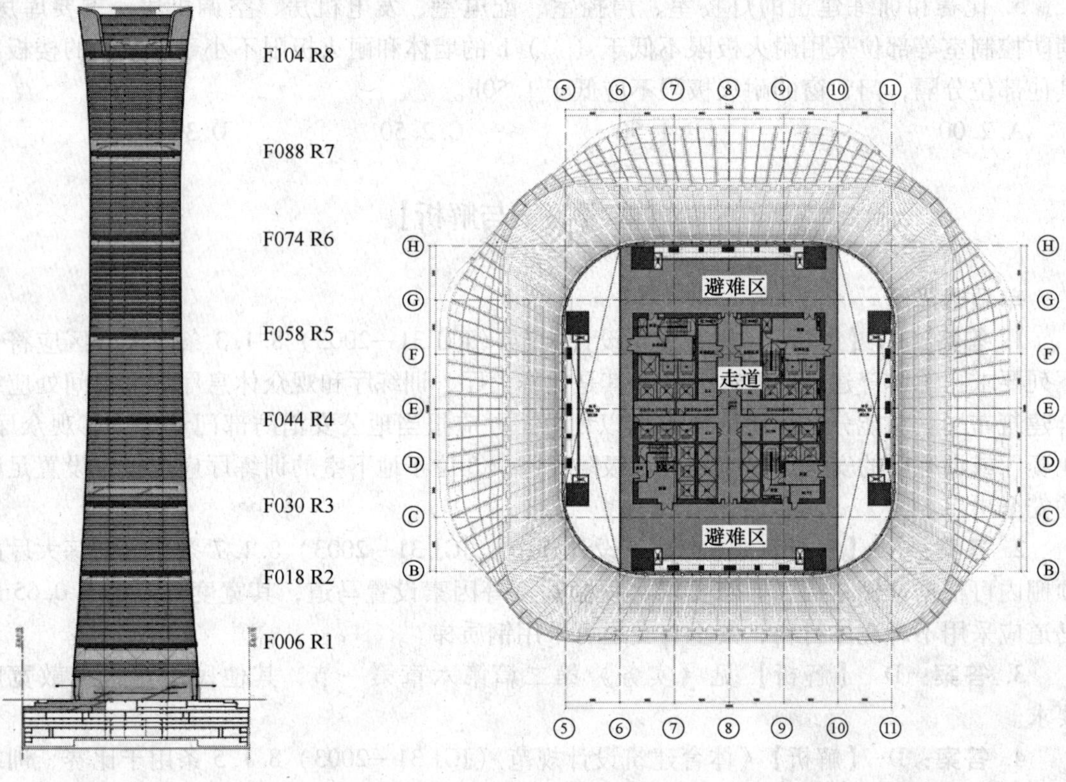

图 1-6-1　避难层布置示意图

二、思　考　题

单项选择题

1. 该办公楼位于地上 104 层的避难层按设计要求应满足 300 人避难的要求，该避难层的净面积不宜小于（　）m^2。

A. 60　　B. 50　　C. 70　　D. 80

2. 消防电梯间与防烟楼梯间合用前室的门应采用（　）。

A. 乙级防火门或具有停滞功能的防火卷帘　　B. 具有停滞功能的防火卷帘

C. 乙级防火门　　D. 甲级防火门

3. 通向避难层的防烟楼梯应在避难层（　），但人员均必须经避难层方能上下。

A. 同层错位或上下层断开

B. 分隔和同层错位

C. 分隔、同层错位或上下层断开

D. 分隔和上下层断开

4. 消防电梯井、机房与相邻其他电梯井、机房之间，应采用耐火极限不低于（　）h的防火墙隔开，当在隔墙上开门时，应设甲级防火门。

A. 2. 00　　B. 1. 00　　C. 1. 50　　D. 2. 50

5. 避难层应设有应急广播和应急照明，其供电时间不应小于（　）h，其地面最低水平照度不应低于3. 0lx。

A. 2　　B. 1. 50　　C. 1　　D. 0. 50

【参考答案与解析】

单项选择题

1. **答案**：A 【解析】见《实务》第二篇第六章第五节，避难人员面积指标：避难层（间）的净面积应能满足设计避难人数避难的要求，可按5人/m^2计算。本题中$300 \div 5 = 60m^2$，故选A。

2. **答案**：C 【解析】见《实务》第二篇第十一章第三节，消防电梯的设置要求：消防电梯应设置前室或与防烟楼梯间合用的前室，前室或合用前室的门应采用乙级防火门，不应设置卷帘。

3. **答案**：C 【解析】见《实务》第二篇第六章第五节，避难层的安全疏散：为保证避难层在建筑物起火时能正常发挥作用，避难层应至少有两个不同的疏散方向可供疏散。通向避难层的疏散楼梯应在避难层分隔、同层错位或上下层断开，这样楼梯间里的人都要经过避难层才能上楼或下楼，为疏散人员提供了继续疏散还是停留避难的选择机会。同时，上下层楼梯间不能相互贯通，以减弱楼梯间的“烟囱”效应。楼梯间的门宜向避难层开启，在避难层进入楼梯间的入口处应设置明显的指示标志。为了保障人员安全，消除或减轻人们的恐惧心理，在避难层应设应急照明，其供电时间不应小于1. 00h，照度不应低于1. 00lx。除避难间外，避难层应设置消防电梯出口。消防电梯是供消防人员灭火和救援使用的设施，在避难层必须停靠；而普通电梯因不能阻挡烟气进入，则严禁在避难层开设电梯门。

4. **答案**：A 【解析】见《实务》第二篇第十一章第三节，消防电梯的设置要求：消防电梯井、机房与相邻电梯井、机房之间应设置耐火极限不低于2. 00h的防火隔墙，隔墙上的门应采用甲级防火门。

5. **答案**：C 【解析】见《实务》第二篇第六章第五节，避难层的安全疏散。

案例7　高层病房楼防火案例分析

一、情景描述（辅导教材案例9）

某医院高层病房楼地上9层，地下1层，建筑高度为43.50m，总建筑面积为18545.60m²。框架剪力墙结构，采用玻璃幕墙作为外围护墙体，耐火等级一级，共设有290张病床，首层至地上九层设有一个中庭。地下一层的主要使用功能为餐厅、附属库房、消防水泵房、柴油发电机房、变配电室、燃油锅炉房、通风空调机房、自动灭火系统设备室等设备用房和汽车库，首层的主要使用功能为接待大厅、消防控制室、办公室和医务室，地上二层的主要使用功能为贵重精密医疗装备用房、重症监护室、胶片室和洁净手术部，地上三层至地上九层的主要使用功能为病房、医务室。该建筑的相关信息如图1-7-1所示。该建筑按现行有关国家工程建设消防技术标准配置了室内外消火栓给水系统、自动喷水灭火系统和火灾自动报警系统等消防设施及器材。

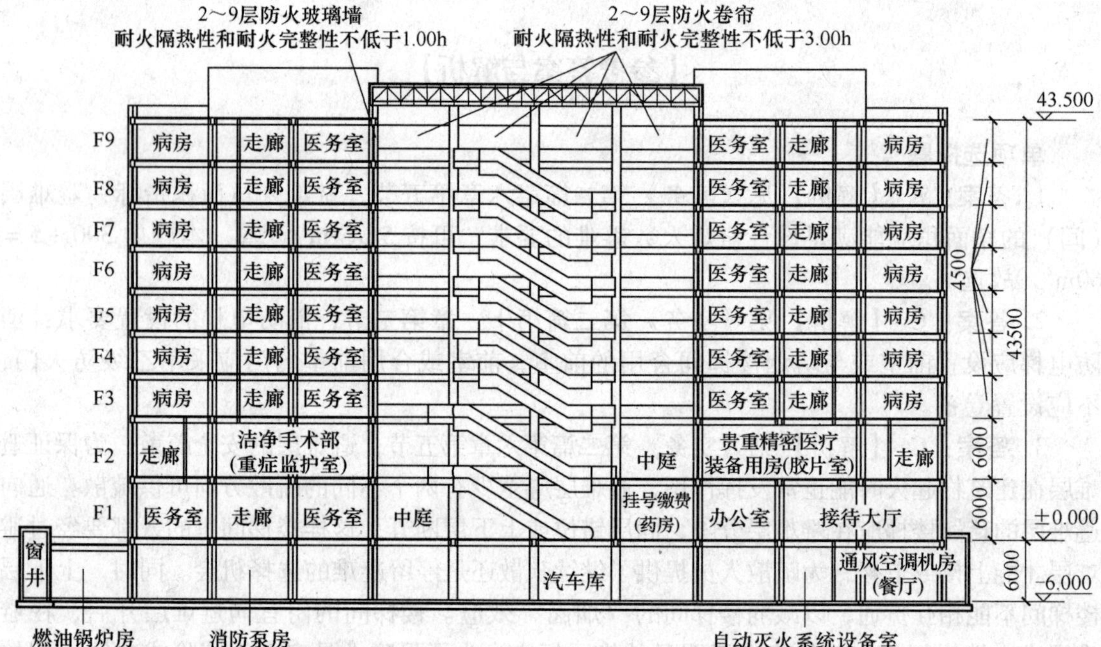

图1-7-1　建筑剖面图

二、思　考　题

（一）单项选择题

1. 风管穿过防火隔墙、楼板和防火墙时，穿越处风管上的防火阀、排烟防火阀两侧各（　）范围内的风管应采用耐火风管或风管外壁应采取防火保护措施，且耐火极限不应低于该防火分隔体的耐火极限。

A. 2.00m　　B. 1.50m　　C. 1.00m　　D. 0.50m

2. 设在变形缝处附近的防火门，应设在楼层较多的一侧，且门开启后（　）变形缝。

A. 不应跨越　　B. 严禁跨越　　C. 不宜跨越　　D. 可以跨越

（二）多项选择题

1. 建筑物内设置中庭时，其防火分区的建筑面积应按上下层相连通的建筑面积叠加计算；当叠加计算后的建筑面积大于一个防火分区的最大允许建筑面积时，中庭与周围相连通空间应采取（　）的防火分隔措施。

A. 采用防火隔墙时，其耐火极限不应低于1.00h

B. 采用防火玻璃墙时，其耐火隔热性和耐火完整性不应低于1.00h

C. 采用耐火完整性不低于1.00h的非隔热性防火玻璃墙时，应设置自动喷水灭火系统进行保护

D. 与中庭相连通的门、窗，应采用火灾时能自行关闭的甲级防火门、窗

E. 采用防火卷帘时，其耐火极限仅需不应低于3.00h

2. 设在疏散走道上的防火卷帘应在卷帘的两侧设置启闭装置，并应有（　）的功能。

A. 联动控制　　B. 手动控制　　C. 机械控制

D. 温控释放装置动作后卷帘应依自重下降关闭　　E. 电动

（三）判断题

1. 防火门应为向疏散方向开启的平开门，并在关闭后应能从任何一侧手动开启。（　）

2. 用于疏散的走道、楼梯间和前室的防火门，应具有自行关闭的功能。双扇和多扇防火门，还应具有按顺序关闭的功能。（　）

3. 常开的防火门，当发生火灾时，应具有自行关闭和信号反馈的功能。（　）

4. 防火门、防火窗应划分为甲、乙、丙三级，其耐火极限：甲级应为1.50h；乙级应为1.00h；丙级应为0.50h。（　）

5. 消防水泵房、通风空气调节机房和变配电室开向建筑内的门应采用甲级防火门。（　）

6. 防火挑檐的耐火极限和燃烧性能均不应低于相应耐火等级建筑外墙的要求。（　）

【参考答案与解析】

（一）单项选择题

1. **答案：**A　【解析】《建筑设计防火规范》(GB 50016—2014) 6.3.5条防烟、排烟、供暖、通风和空气调节系统中的管道及建筑内的其他管道，在穿越防火隔墙、楼板和防火墙处的孔隙应采用防火封堵材料封堵。风管穿过防火隔墙、楼板和防火墙时，穿越处风管上的防火阀、排烟防火阀两侧各2.0m范围内的风管应采用耐火风管或风管外壁应采取防火保护措施，且耐火极限不应低于该防火分隔体的耐火极限。

2. **答案：**A　【解析】见《实务》第二篇第五章第三节，防火门的防火要求：①疏散

通道上的防火门应向疏散方向开启，并在关闭后应能从任一侧手动开启。设置防火门的部位，一般为房间的疏散门或建筑某一区域的安全出口。建筑内设置的防火门既要能保持建筑防火分隔的完整性，又要能方便人员疏散和开启。因此，防火门的开启方式、开启方向等均要保证在紧急情况下人员能快捷开启，不会导致阻塞。②除管井检修门和住宅的户门外，防火门应能自动关闭；双扇防火门应具有按顺序关闭的功能。③除允许设置常开防火门的位置外，其他位置的防火门均应采用常闭防火门。常闭防火门应在门扇的明显位置设置“保持防火门关闭”等提示标志。为方便平时经常有人通行而需要保持常开的防火门，在发生火灾时，应具有自动关闭和信号反馈功能，如设置与报警系统联动的控制装置和闭门器等。④为保证分区间的相互独立，设在变形缝附近的防火门，应设在楼层较多的一侧，并保证防火门开启时门扇不跨越变形缝，防止烟火通过变形缝蔓延。⑤防火门关闭后应具有防烟性能。⑥甲、乙、丙级防火门应符合现行国家标准《防火门》(GB 12955—2008) 的规定。

（二）多项选择题

1. **答案：**ABCD 【解析】见《实务》第二篇第五章第二节，中庭建筑火灾的防火设计要求。

2. **答案：**ABD 【解析】防火卷帘应符合现行国家标准《防火卷帘》(GB 14102) 的规定。

（三）判断题

1. **答案：**× 【解析】见《实务》第二篇第五章第三节，防火门的防火要求。

2. **答案：**√ 【解析】见《实务》第二篇第五章第三节，防火门的防火要求。

3. **答案：**√ 【解析】见《实务》第二篇第五章第三节，防火门的防火要求。

4. **答案：**√ 【解析】甲、乙、丙级防火门应符合现行国家标准《防火门》(GB 12955—2008) 的规定。

5. **答案：**√ 【解析】见《实务》第二篇第四章第三节，消防设备用房布置：通风、空调机房和变配电室开向建筑内的门应采用甲级防火门，消防控制室和其他设备房间开向建筑内的门应采用乙级防火门。消防水泵房的门应采用甲级防火门。

6. **答案：**√ 【解析】见《实务》第二篇第五章第二节，玻璃幕墙防火分隔：实体墙、防火挑檐和隔板的耐火极限和燃烧性能，均不应低于相应耐火等级建筑外墙的要求。幕墙与每层楼板、隔墙处的缝隙的填充材料应采用防火封堵材料，以阻止火灾通过幕墙与墙体之间的空隙蔓延。

案例8 高层综合楼防火案例分析

一、情景描述（辅导教材案例11）

某市一栋综合楼，地上20层，地下4层，建筑高度为80m，采用框架剪力墙结构，总建筑面积为30万平方米，高层建筑主体与裙房之间设置防火墙，建筑主体各层建筑面积均大于1000m^2。该综合楼总平面布局及周边民用建筑等相关信息如图1-8-1所示。该综合楼地下三、四层均为人防层，其平时主要使用功能均为汽车库、室内有车道且有人员停留的机械式汽车库和储存可燃固体的附属库房；地下二层主要使用功能为展览厅、管理用房及燃气锅炉房、柴油发电机房、变配电室、通风空气调节机房、消防水泵房等设备用房；地下一层主要使用功能为消防控制室、管理用房、电影院及商场营业厅。主楼首层主要使用功能为大堂、咖啡厅、自助餐厅、商场营业厅和展览厅，地上二、三层主要使用功能为儿童游乐厅、展览厅、商场营业厅，地上四层至地上十九层主要使用功能为办公室，地上二十层主要使用功能为会议厅、多功能厅。裙房首层至地上六层主要使用功能为商场营业厅。该建筑按现行有关国家工程建设消防技术标准配置了室内外消火栓给水系统、自动喷水灭火系统和火灾自动报警系统等消防设施及器材。

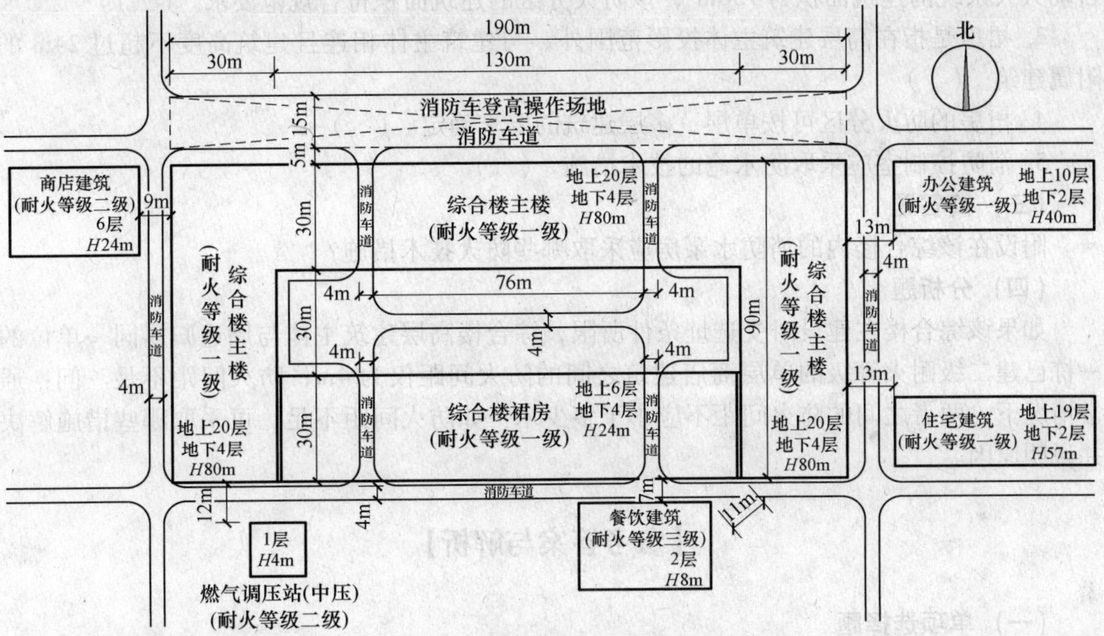

图 1-8-1　建筑总平面图

二、思 考 题

(一) 单项选择题

1. 该综合楼高层建筑主体内地上二层的商场营业厅，当设有火灾自动报警系统和自动灭火系统，且采用可燃烧或难燃烧材料装修时，其防火分区的允许最大建筑面积为(　) m^2。

A. 4000　　B. 3000　　C. 2000　　D. 1000

2. 附设在民用建筑内的电影院应采用耐火极限不低于（　）h 的防火隔墙和甲级防火门与其他区域分隔。

A. 2. 50　　B. 2. 00　　C. 1. 50　　D. 1. 00

3. 柴油发电机房应采用耐火极限不低于 2. 00h 的防火隔墙和不低于（　）h 的不燃性

楼板与其他部位分隔，门应采用甲级防火门。

A. 2.50　　B. 2.00　　C. 1.50　　D. 1.00

4. 建筑高度 24m 以上部分任一楼层建筑面积大于（　）m^2 的商店、展览建筑和其他多种功能组合建筑的建筑分类应为一类高层公共建筑。

A. 2500　　B. 2000　　C. 1500　　D. 1000

（二）判断题

1. 该综合楼的周围已设有环形消防车道，但因该建筑的沿街长度超过 150m，故还应在该建筑的适中位置设置穿过建筑的消防车道。（　）

2. 该综合楼地下二层使用功能为办公用房的防火分区的建筑面积为 900m^2，其中设置自动灭火系统的建筑面积为 750m^2，该防火分区的建筑面积符合规范要求。（　）

3. 裙房是指在高层建筑主体投影范围外，与建筑主体相连且建筑高度不超过 24m 的附属建筑。（　）

4. 裙房的防火分区可按单层、多层建筑的要求确定。（　）

5. 消防控制室应采取防水淹的技术措施。（　）

（三）简答题

附设在该综合楼内的消防水泵房应采取哪些防火技术措施？

（四）分析题

如果该综合楼在建设时受选址条件所限，综合楼高层建筑主体与周边归属同一单位的一栋已建二级耐火等级的单层商店建筑之间的防火间距仅为 4m，防火间距不足。问：通常情况下，两者之间的防火间距不应小于多少米？如防火间距不足，可采取哪些措施解决并说明原因。

【参考答案与解析】

（一）单项选择题

1. **答案**：A 【解析】见《实务》第二篇第五章第一节，民用建筑的防火分区：一、二级耐火等级建筑内的营业厅、展览厅，当设置自动灭火系统和火灾自动报警系统并采用不燃或难燃装修材料时，每个防火分区的最大允许建筑面积可适当增加，并应符合下列规定：①设置在高层建筑内时，不应大于 4000m^2。②设置在单层建筑内或仅设置在多层建筑的首层内时，不应大于 10000m^2。③设置在地下或半地下时，不应大于 2000m^2。

2. **答案**：B 【解析】见《实务》第二篇第五章第二节，剧场、电影院、礼堂设置在一、二级耐火等级的其他民用建筑内时，应采用耐火极限不低于 2.00h 的防火隔墙和甲级防火门与其他区域分隔；布置在四层及以上楼层时，一个厅、室的疏散门不应少于 2 个且每个观众厅的建筑面积不宜大于 400m^2；设置在三级耐火等级的建筑内时，不应布置在三层及以上楼层；设置在地下或半地下时，宜设置在地下一层，不应设置在地下三层及以下楼层；设置在高层建筑内时应设置自动喷水灭火系统和火灾自动报警系统等消防设施。

3. **答案**：C 【解析】《建筑设计防火规范》（GB 50016—2014） 5.4.13 条布置在民用建筑内的柴油发电机房应符合下列规定：①宜布置在首层或地下一、二层。②不应布置在人员密集场所的上一层、下一层或贴邻。③应采用耐火极限不低于 2.00h 的防火隔墙和

1.50h 的不燃性楼板与其他部位分隔，门应采用甲级防火门。④机房内设置储油间时，其总储存量不应大于 $1m^3$，储油间应采用耐火极限不低于 3.00h 的防火隔墙与发电机间分隔；确需在防火隔墙上开门时，应设置甲级防火门。⑤应设置火灾报警装置。⑥应设置与柴油发电机容量和建筑规模相适应的灭火设施，当建筑内其他部位设置自动喷水灭火系统时，机房内应设置自动喷水灭火系统。

4. **答案：**D 【解析】见《实务》第二篇第三章第一节，表 2-3-1 民用建筑的分类。

（二）判断题

1. **答案：**× 【解析】见《实务》第二篇第十一章第一节，穿过建筑的消防车道：对于一些使用功能多、面积大、建筑长度长的建筑，如 L 形、U 形、口形建筑，当其沿街长度超过 150m 或总长度大于 220m 时，应在适当位置设置穿过建筑物的消防车道。确有困难时，应设置环形消防车道。

2. **答案：**× 【解析】见《实务》第二篇第五章第一节，表 2-5-3 不同耐火等级民用建筑防火分区最大允许建筑面积，地下或半地下建筑（室）防火分区的最大允许建筑面积为 $500m^2$，当建筑内设置自动灭火系统时，防火分区最大允许建筑面积可按表 2-5-3 的规定增加 1.0 倍；局部设置时，防火分区的增加面积可按该局部面积的 1.0 倍计算。未设置自动灭火系统的建筑面积为 $900-750=150m^2$，$750\div2+150=525>500$，故不符合规范要求。

3. **答案：**√ 【解析】《建筑设计防火规范》(GB 50016—2014) 2.1.2 条裙房——在高层建筑主体投影范围外，与建筑主体相连且建筑高度不大于 24m 的附属建筑。

4. **答案：**× 【解析】见《实务》第二篇第五章第一节，民用建筑的防火分区：裙房与高层建筑主体之间设置防火墙，墙上开口部位采用甲级防火门分隔时，裙房的防火分区可按单层、多层建筑的要求确定。

5. **答案：**√ 【解析】《建筑设计防火规范》(GB 50016—2014) 8.1.8 条消防水泵房和消防控制室应采取防水淹的技术措施。

（三）简答题

答案：（1）附设在建筑内的消防水泵房，不应设置在地下三层及以下或室内地面与室外出入口地坪高差大于 10m 的地下楼层。

（2）消防水泵房的疏散门应直通室外或安全出口。

（3）消防水泵房应采用耐火极限不低于 2.00h 的防火隔墙和不低于 1.50h 的楼板与其他部位隔开，并应设甲级防火门。

（4）消防水泵房应采取防水淹的技术措施。

【解析】见《实务》第二篇第四章第三节，消防设备用房布置。

《建筑设计防火规范》(GB 50016—2014) 8.1.8 条消防水泵房和消防控制室应采取防水淹的技术措施。

（四）分析题

答案：通常情况下，综合楼主楼与单层商店之间的防火间距不应小于 9m，可采取以下措施解决防火间距不足的问题：

（1）将与单层商店相邻的一面综合楼高层建筑主体外墙改造为防火墙或将与单层商店相邻的一面比单层商店屋面高 15m 及以下范围内的建筑主体外墙改造为防火墙后，其防火间距不限。

（2）将单层商店改造为屋顶无天窗、屋面板的耐火极限不低于1.00h，且相邻综合楼高层建筑主体的一面外墙为防火墙后，其防火间距不应小于4m。

（3）将单层商店改造为屋顶不设天窗，相邻较高一面外墙高出较低一座建筑的屋面15m及以下范围内的开口部位设置甲级防火门、窗，或设置符合现行国家标准《自动喷水灭火系统设计规范（2005年版）》(GB 50084—2001）规定的防火分隔水幕或《建筑设计防火规范》(GB 50016—2014）第6.5.3条规定的防火卷帘时，其防火间距不应小于4m。

（4）拆除防火间距内的原建筑。

【解析】《建筑设计防火规范》(GB 50016—2014)。5.2.2条民用建筑之间的防火间距不应小于表5.2.2的规定（表5.2.2此处略)，与其他建筑的防火间距，除应符合本节规定外，尚应符合本规范其他章的有关规定。

注：①相邻两座单层、多层建筑，当相邻外墙为不燃性墙体且无外露的可燃性屋檐，每面外墙上无防火保护的门、窗、洞口不正对开设且该门、窗、洞口的面积之和不大于外墙面积的5%时，其防火间距可按本表的规定减少25%。

②两座建筑相邻较高一面外墙为防火墙，或高出相邻较低一座一、二级耐火等级建筑的屋面15m及以下范围内的外墙为防火墙时，其防火间距不限。

③相邻两座高度相同的一、二级耐火等级建筑中相邻任一侧外墙为防火墙，屋顶的耐火极限不低于1.00h时，其防火间距不限。

④相邻两座建筑中较低一座建筑的耐火等级不低于二级，相邻较低一面外墙为防火墙且屋顶无天窗，屋顶的耐火极限不低于1.00h时，其防火间距不应小于3.5m；对于高层建筑，不应小于4m。

⑤相邻两座建筑中较低一座建筑的耐火等级不低于二级且屋顶无天窗，相邻较高一面外墙高出较低一座建筑的屋面15m及以下范围内的开口部位设置甲级防火门、窗，或设置符合现行国家标准《自动喷水灭火系统设计规范》(GB 50084）规定的防火分隔水幕或本规范第6.5.3条规定的防火卷帘时。其防火间距不应小于3.5m；对于高层建筑，不应小于4m。

⑥相邻建筑通过连廊、天桥或底部的建筑物等连接时，其间距不应小于表5.2.2的规定。

⑦耐火等级低于四级的既有建筑，其耐火等级可按四级确定。

案例9　地下汽车库防火案例分析

一、情景描述（辅导教材案例13）

某汽车库地下3层，每层层高均为4m，每层建筑面积均为4000m²，每层均设有4部防烟楼梯间，共设有420个停车车位。地下三层主要使用功能为室内有车道且有人员停留的机械式汽车库和风机房，划分为两个防火分区，每个防火分区的建筑面积均为2000m²，每个防火分区均设有两部防烟楼梯间；地下二层主要使用功能为汽车库、消防水泵房、变配电室和风机房，地下一层主要使用功能为汽车库、风机房和消防控制室，地下一、二层每层均划分为一个防火分区。该汽车库的相关信息如图1-9-1所示。该汽车库按现行有关国家工程建设消防技术标准配置了室内外消火栓给水系统、自动喷水灭火系统、火灾自动报警系统、机械排烟系统和火灾补风系统等消防设施及器材。

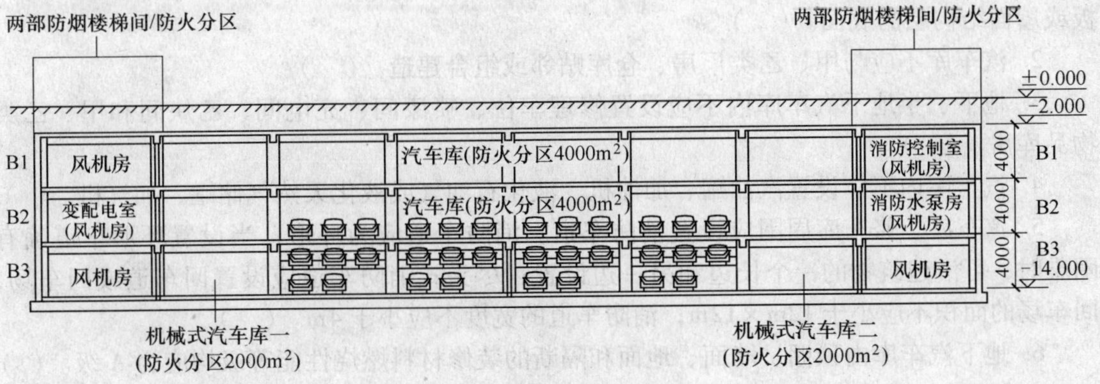

图 1-9-1　建筑剖面图

二、思　考　题

(一) 单项选择题

1. 汽车库的每个防火分区内，其人员安全出口不应少于两个，但符合（　）条件的可设一个。

A. Ⅱ类、Ⅲ类和Ⅳ类汽车库　　B. Ⅲ类和Ⅳ类汽车库

C. Ⅲ类汽车库　　D. Ⅳ类汽车库

2. 建筑高度超过 32m 的高层汽车库的室内疏散楼梯应设置（　）。

A. 防烟楼梯间　　B. 封闭楼梯间

C. 敞开楼梯间　　D. 防烟楼梯间或封闭楼梯间

3. 设置在汽车库车道上的防火卷帘的耐火极限，应符合现行国家标准《门和卷帘的耐火试验方法》(GB/T 7633—2008) 有关（　）的判定标准。

A. 耐火完整性　B. 耐火隔热性　C. 耐火完整性和隔热性　D. 耐火稳定性

(二) 多项选择题

1.（　）宜设置耐火等级不低于二级的灭火器材间。

A. Ⅰ类汽车库　　B. Ⅱ类汽车库　　C. Ⅲ类汽车库

D. Ⅰ类停车场　　E. Ⅱ类停车场

2. 当符合（　）条件之一时，汽车库的汽车疏散出口可设置 1 个。

A. Ⅳ类汽车库

B. 设置双车道汽车疏散出口的Ⅲ类地上汽车库

C. 设置双车道汽车疏散出口、停车数量小于或等于 100 辆且建筑面积小于 $4000m^2$ 的地下或半地下汽车库

D. 设置双车道汽车疏散出口的Ⅱ类地上汽车库

E. 设置双车道汽车疏散出口、停车数量小于或等于 150 辆的地下汽车库

(三) 判断题

1. 防火墙应直接设置在建筑的基础或框架、梁等承重结构上，框架、梁等承重结构的耐火极限不应低于防火墙的耐火极限。防火墙、防火隔墙应从楼地面基层隔断至梁、楼

板或屋面结构层的底面。( )

2. 汽车库不应与甲、乙类厂房、仓库贴邻或组合建造。( )

3. 地下、半地下汽车库内不应设置修理车位、喷漆间、充电间、乙炔间和甲、乙类物品库房。( )

4. 汽车库内不应设置汽油罐、加油机、液化石油气或液化天然气储罐、加气机。( )

5. 汽车库、修车库周围应设置消防车道。消防车道应为环形；当设置环形车道确有困难时，可沿建筑物的一个长边和另一边设置；尽头式消防车道应设置回车道或回车场，回车场的面积不应小于12m×12m；消防车道的宽度不应小于4m。( )

6. 地下汽车库内顶棚、墙面、地面和隔断的装修材料燃烧性能等级均应为A级。( )

【参考答案与解析】

（一）单项选择题

1. **答案：**D 【解析】见《实务》第四篇第八章第二节，人员安全出口：除室内无车道且无人员停留的机械式汽车库外，汽车库、修车库内每个防火分区的人员安全出口不应少于2个，Ⅳ类汽车库和Ⅲ、Ⅳ类的修车库可设置1个。

2. **答案：**A 【解析】见《实务》第四篇第八章第二节，人员安全出口：建筑高度大于32m的高层汽车库、室内地面与室外出入口地坪的高差大于10m的地下汽车库，应采用防烟楼梯间；其他车库应采用封闭楼梯间。

3. **答案：**A 【解析】见《建筑设计防火规范》(GB 50016—2014)6.5.3条当防火卷帘的耐火极限仅符合现行国家标准《门和卷帘的耐火试验方法》(GB/T 7633)有关耐火完整性的判定条件时，应设置自动喷水灭火系统保护。可知，该汽车库配置了自动喷水灭火系统，故只需符合耐火完整性。

（二）多项选择题

1. **答案：**ABDE 【解析】见《汽车库、修车库、停车场设计防火规范》(GB 50067—2014) 4.1.11条。

2. **答案：**ABC 【解析】见《实务》第四篇第八章第二节，汽车疏散出口：汽车库、修车库的汽车疏散出口总数不应少于两个，且应分散布置。以下汽车库、修车库的汽车疏散出口可设置1个：①Ⅳ类汽车库。②设置双车道汽车疏散出口的Ⅲ类地上汽车库。③设置双车道汽车疏散出口、停车数量小于或等于100辆且建筑面积小于4000m^{2}的地下或半地下汽车库。④Ⅱ、Ⅲ、Ⅳ类修车库。

（三）判断题

1. **答案：**√ 【解析】见《实务》第二篇第五章第三节，防火墙。

2. **答案：**√ 【解析】见《汽车库、修车库、停车场设计防火规范》(GB 50067—2014) 4.1.3条。

3. **答案：**√ 【解析】见《汽车库、修车库、停车场设计防火规范》(GB 50067—2014) 4.1.7条。

4. **答案：**√ 【解析】见《汽车库、修车库、停车场设计防火规范》(GB 50067—2014) 4.1.8条。

5. 答案：√　【解析】见《汽车库、修车库、停车场设计防火规范》(GB 50067—2014) 4.3.1 条和 4.3.2 条。

6. 答案：√

案例 10　汽车加油站防火案例分析

一、情景描述（辅导教材案例 14）

某公司拟在市区新建一个加油站，其总平面布局及周边民用建筑等相关信息如图 1-10-1所示。站内拟建一栋站房，一个采用不燃建筑构件且净高度为 6m 的罩棚，5 个埋地油罐，4 台加油机；拟采用加油和卸油油气回收系统。该加油站选址用地西临城市主干路，北临某幼儿园建筑，南临某住宅楼，东北临某办公楼，东临某商场。该加油站拟在其北、南、东三侧设置不燃实体围墙，西侧开敞并供车辆进出。该加油站按现行有关国家工程建设消防技术标准配置了消防设施及器材。

二、思　考　题

(一) 单项选择题

1. 油罐容积符合下列（　）条件的汽油加油站的等级划分应为一级。

A. 油罐总容积 $150m^3 < F \leqslant 210m^3$、单罐容积 $\leqslant 50m^3$

B. 油罐总容积 $90m^3 < V \leqslant 150m^3$、单罐容积 $\leqslant 50m^3$

C. 油罐总容积 $V \leqslant 90m^3$、单罐容积 $\leqslant 30m^3$

D. 油罐总容积 $210m^3 < F \leqslant 310m^3$、单罐容积 $\leqslant 50m^3$

2. 埋地卧式汽油储罐内部油品表面以上的空间爆炸危险区域划分为（　）。

A. 0 区　　B. 1 区　　C. 2 区　　D. 3 区

(二) 多项选择题

1. 在城市建成区内不宜建，且在城市中心区不应建（　）。

A. 一级加油站　　B. 一级加气站　　C. 一级加油加气合建站

D. 二级加气站　　E. 二级加油加气合建站

2. 该加油站的（　）等处均应设事故照明。

A. 营业室　　B. 消防水泵房　　C. 罩棚

D. 卸油区　　E. 门卫室

(三) 判断题

1. 卸油油气回收系统是指将油罐车向汽油罐卸油时产生的油气密闭回收至油罐车内的系统。(　)

2. 加油油气回收系统是指将给汽油车辆加油时产生的油气密闭回收至埋地汽油罐的系统。(　)

3. 使用人数超过 200 人的幼儿园的保护类别应划分为重要公共建筑物，总建筑面积超

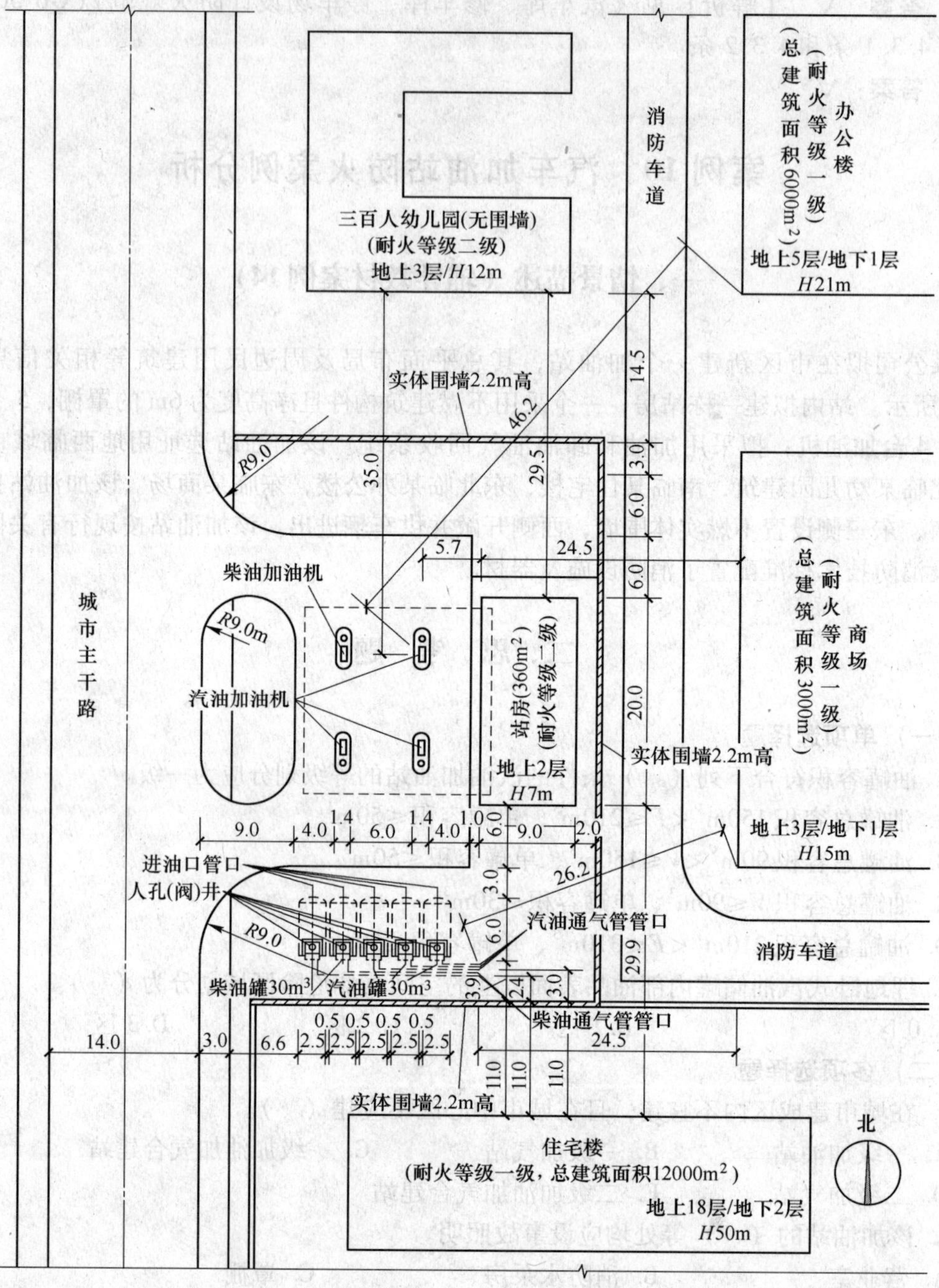

图 1-10-1 汽车加油站建筑总平面图

过1万平方米的居住建筑的保护类别应划分为一类保护物，总建筑面积超过5000m² 且不超过1万平方米的办公楼的保护类别应划分为二类保护物，总建筑面积不超过3000m² 的商场的保护类别应划分为三类保护物。( )

(四) 分析题

1. 某市老城区内现有一个加油站，受周边环境条件（周边安全间距、城市规划等）

所限，不便于改造。现加油站申请将原有柴油储罐及其加油机改造为汽油储罐及其加油机，请问从哪些方面检查该改造方案及采取哪些措施可以减小彼此之间的防火间距。

2. 拟在位于县城中心区的某县政府办公楼20m处，建有两个$50m^3$埋地汽油罐和一个$40m^3$的埋地柴油罐的市政加油站。该加油站距小学（600人）50m，距一宾馆停车场（50个车位）12m、距10m杆高有绝缘层的架空电线10m，站内设不发火花的沥青地面，油罐区设3m宽的环形车道。问：

（1）该加油站是否可建？为什么？

（2）设计中有什么问题？

3. 有一座一级加油站，按《汽车加油加气站设计与施工规范（2014年版）》（GB 50156—2012）汽油埋地储罐与一类民用建筑保护物的防火距离为25m。现有一加油站在总平布置时，汽油埋地储罐与一类保护物的距离最多只能控制在21m。问：需采取什么措施？

【参考答案与解析】

（一）单项选择题

1. **答案：**A 【解析】见《实务》第四篇第五章第一节，加油加气站的等级分类：表4-5-1 加油站的等级划分。

2. **答案：**A 【解析】见《汽车加油加气站设计与施工规范（2014年版）》（GB 50156—2012）附录C：C.0.3。

（二）多项选择题

1. **答案：**ABC 【解析】见《实务》第四篇第五章第三节，站址选择：在城市建成区不宜建一级加油站、一级加气站、一级加油加气合建站、CNG加气母站。在城市中心区不宜建一级加油站、一级加气站、一级加油加气合建站、CNG加气母站。城市建成区内的加油加气站，宜靠近城市道路，但不宜选在城市干道的交叉路口附近。

2. **答案：**ABC 【解析】见《汽车加油加气站设计与施工规范（2014年版）》（GB 50156—2012）11.1.3条。

（三）判断题

1. **答案：**√ 【解析】见《汽车加油加气站设计与施工规范（2014年版）》（GB 50156—2012）2.1.17条。

2. **答案：**√ 【解析】见《汽车加油加气站设计与施工规范（2014年版）》（GB 50156—2012）2.1.18条。

3. **答案：**√ 【解析】见《汽车加油加气站设计与施工规范（2014年版）》（GB 50156—2012）附录B：B.0.1第6条，B.0.2第8条、第9条，B.0.3第2条、第4条，B.0.4。

（四）分析题

1. **答案：**（1）按照《汽车加油加气站设计与施工规范（2014年版）》（GB 50156—2012），计算确定柴油储罐调整汽油储罐后，加油站的等级是否变化。

（2）根据新核准后的加油站等级，按照《汽车加油加气站设计与施工规范（2014年版)》(GB 50156—2012)，检查加油站内埋地储罐、加油机及通气管管口与站外建（构）筑物的安全间距是否满足规范要求。

（3）根据加油站现状，按照《汽车加油加气站设计与施工规范（2014 年版）》(GB 50156—2012)，检查加油站内设施之间的防火间距是否满足规范要求。同时结合加油站作业区划分图，核准站内设施及各功能用房设置位置是否满足规范要求。

（4）检查消防器材布置是否满足要求。

（5）若安全间距不够时，采取措施（增设卸油油气回收系统、卸油和加油油气回收系统等）后检查其是否满足要求。

2. **答案**：（1）可以建设。该加油站油罐总容积未超过 $150m^3$，单罐容积未超过 $50m^3$，属于二级加油站，可以建在城市中心区。且距重要公共建筑（600 人小学）50m、距三类保护物（50 个车位宾馆停车场）12m、距一类保护物（县政府办公楼）20m、距 10m 杆高有绝缘层的架空电线 1 倍杆高，均符合《汽车加油加气站设计与施工规范（2014 年版）》（GB 50156—2012）的要求。

（2）设计中存在的问题：一是站内的加油作业区内不应采用沥青路面；二是车道宽度不能小于 4m。

【解析】见《实务》第四篇第五章第一节，表 4-5-1：该加油站油罐总容积未超过 $150m^3$，单罐容积未超过 $50m^3$，属于二级加油站；见《实务》第四篇第五章第三节，站址选择：加油加气站的站址选择，应符合城乡规划、环境保护和防火安全的要求，并应选在交通便利的地方。在城市建成区不宜建一级加油站、一级加气站、一级加油加气合建站、CNG 加气母站。在城市中心区不宜建一级加油站、一级加气站、一级加油加气合建站、CNG 加气母站。该加油站为二级加油站，故可建在城市中心；见《实务》第四篇第五章第三节，平面布局：表 4-5-8。

3. **答案**：（1）设置卸油油气回收系统。

（2）同时设置卸油和加油油气回收系统。

【解析】见《汽车加油加气站设计与施工规范（2014 年版）》(GB 50156—2012）表 4-5-8：该一级加油站汽油埋地储罐与一类保护物的距离最多只能控制在 21m，小于一级加油站汽油埋地储罐与一类保护物的防火距离 25m，可通过设置卸油油气回收系统，降低一级加油站汽油埋地储罐与一类保护物的防火距离至 20m，小于 23m，合格；也可同时设置卸油和加油油气回收系统，降低一级加油站汽油埋地储罐与一类保护物的防火距离至 17.5m，小于 23m，合格，安全性更高。

案例 11　可燃液体储罐区防火案例分析

一、情景描述（辅导教材案例 16）

某油料储运基地的储罐区内，设有 1 号和 2 号地上式立式固定顶重油储罐，3 号、4 号和 5 号内浮顶汽油储罐，其总平面布局及周边建（构）筑物等相关信息如图 1-11-1 所示。该储罐区按现行有关国家工程建设消防技术标准配置了消防设施及器材。

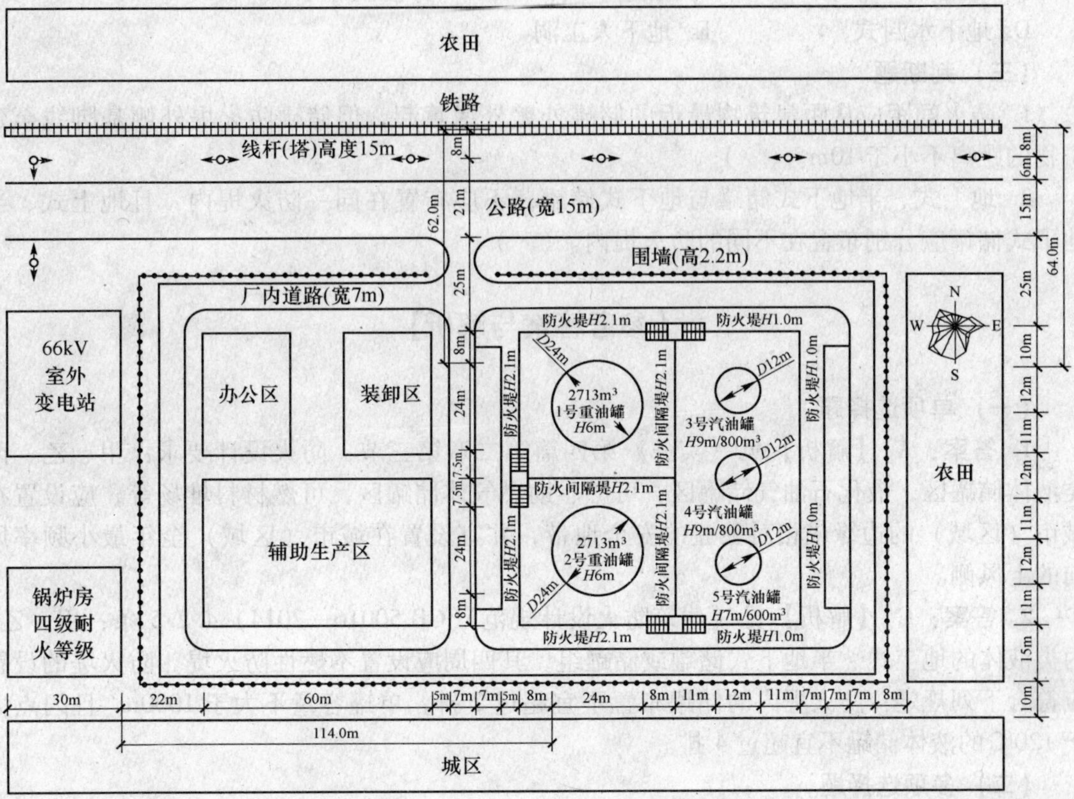

图 1-11-1　建筑总平面图

二、思　考　题

(一) 单项选择题

1. 甲、乙、丙类液体储罐区应设置在城市（区域）的边缘或相对独立的安全地带，并宜设置在城市（区域）（　）。

A. 全年最小频率风向的上风侧　　B. 全年最小频率风向的下风侧

C. 全年最大频率风向的下风侧　　D. 不论什么风向的地方

2. 防火堤内的储罐布置不宜超过 2 排，单罐容量小于或等于 $1000m^3$ 且闪点大于 120℃的液体储罐不宜超过（　）排。

A. 2　　B. 3　　C. 4　　D. 5

(二) 多项选择题

1. 甲、乙、丙类液体储罐区应与（　）分开布置。

A. 装卸区　　B. 辅助生产区　　C. 办公区

D. 甲、乙类液体储罐　　E. 丙类液体储罐

2. 甲、乙、丙类液体的（　）储罐区的每个防火堤内，宜布置火灾危险性类别相同或相近的储罐。

A. 地上式　　B. 半地下式　　C. 办公区

D. 地下水封式　　E. 地下人工洞

（三）判断题

1. 防火间距应从距建筑物最近的储罐外壁外缘算起，但储罐防火堤外侧基脚线至建筑物的距离不小于10m。（　）

2. 地上式、半地下式储罐与地下式储罐，不应布置在同一防火堤内，且地上式、半地下式储罐应分别布置在不同的防火堤内。（　）

【参考答案与解析】

（一）单项选择题

1. **答案：**A 【解析】见《实务》第四篇第二章第三节，防火设计要求：甲、乙、丙类液体储罐区，液化石油气储罐区，可燃、助燃气体储罐区，可燃材料堆场等，应设置在城市（区域）的边缘或相对独立的安全地带，并宜设置在城市（区域）全年最小频率风向的上风侧。

2. **答案：**C 【解析】见《建筑防火设计规范》(GB 50016—2014) 4.2.5条：甲、乙、丙类液体的地上式、半地下式储罐或储罐组，其四周应设置不燃性防火堤。防火堤的设置应符合下列规定：防火堤内的储罐布置不宜超过2排，单罐容量不大于1000m^3且闪点大于120℃的液体储罐不宜超过4排。

（二）多项选择题

1. **答案：**ABC 【解析】见《建筑防火设计规范》(GB 50016—2014) 4.1.4条：甲、乙、丙类液体储罐区，液化石油气储罐区，可燃、助燃气体储罐区和可燃材料堆场，应与装卸区、辅助生产区及办公区分开布置。

2. **答案：**AB 【解析】见《建筑防火设计规范》(GB 50016—2014) 4.2.4条：甲、乙、丙类液体的地上式、半地下式储罐区，其每个防火堤内宜布置火灾危险性类别相同或相近的储罐。沸溢性油品储罐不应与非沸溢性油品储罐布置在同一防火堤内。地上式、半地下式储罐不应与地下式储罐布置在同一防火堤内。

（三）判断题

1. **答案：**√ 【解析】见《实务》第二篇第四章第二节，防火间距的计算：防火间距应按相邻建筑物外墙的最近距离计算，如外墙有凸出的可燃构件，则应从其凸出部分的外缘算起，如为储罐或堆场，则应从储罐外壁或堆场的堆垛外缘算起；

见《建筑防火设计规范》(GB 50016—2014) 表4.2.1注：储罐防火堤外侧基脚线至相邻建筑的距离不应小于10m。

2. **答案：**√ 【解析】见《建筑防火设计规范》(GB 50016—2014) 4.2.4条：甲、乙、丙类液体的地上式、半地下式储罐区，其每个防火堤内宜布置火灾危险性类别相同或相近的储罐。沸溢性油品储罐不应与非沸溢性油品储罐布置在同一防火堤内。地上式、半地下式储罐不应与地下式储罐布置在同一防火堤内。

第二篇

消防设施应用案例分析考点总结及例题解析

第一章　室内外消防给水系统

第一节　消防给水设施

一、消防水泵设置要求

设置消防水泵和消防转输泵时均应设置备用泵。备用泵的工作能力不应小于最大一台消防工作泵的工作能力。自动喷水灭火系统可按“用一备一”或“用二备一”的比例设置备用泵。消防水泵的选择和应用应符合相关规定。

二、消防水泵吸水管布置

消防水泵吸水管应保证不漏气，且在布置时应避免形成气囊。同时吸水管布置应在设计流量、吸水口淹没深度、阀门选择、管径、流速、压力表选择、安装施工、过滤器选择、连接方式等方面满足相关要求。

三、消防水泵出水管布置

消防水泵出水管路应能承受一定的压力，保证不漏水，布置上应注意出水管设计流量、阀门选择、管径、流速、压力表与缓冲装置以及试水管的布置，并应采取相应排水措施。

四、消防水泵启动装置

（1）消防水泵应能手动启停和自动启动，且应确保从接到启泵信号到水泵正常运转的自动启动时间不应大于2min。消防水泵不应设置自动停泵的控制功能，停泵应由具有管理权限的工作人员根据火灾扑救情况确定。

（2）消防水泵应由消防水泵出水干管上设置的压力开关、高位消防水箱出水管上的流量开关，或报警阀压力开关等开关信号直接自动启动。消防水泵房内的压力开关宜引入消防水泵控制柜内。

(3) 消火栓按钮不宜作为直接启动消防泵的开关，但可作为发出报警信号的开关或启动干式消火栓系统的快速启闭装置等。

(4) 稳压泵应由消防给水管网或气压水罐上设置的稳压泵自动启停泵压力开关或压力变送器控制。

五、室内消防给水管道

室内消防给水管网可布置成环状或者枝状，具体视情况而定。室内消防给水管道应确保供水安全可靠，其在布置时在设计流量、流速、压力、管径、检修等方面应符合相关法律规定。

六、水泵接合器设置要求

(1) 消防水泵接合器宜分散布置，并应设置在室外便于消防车接近和使用的地点。消防水泵接合器上部墙面不宜是玻璃窗或玻璃幕墙等易破碎材料，当必须在该位置设置消防水泵接合器时，其上部应设置有效遮挡保护措施。

(2) 当室内消火栓系统和自动喷水灭火系统等不同系统或不同消防分区的消防水泵接合器设置在一起时，应有明显的标志加以区分。

七、消防水池设置要求

在市政给水管道、进水管道或天然水源不能满足消防用水量，以及市政给水管道为枝状或只有一条进水管的情况下，且室外消火栓设计流量大于20L/s或建筑高度大于50m的建（构）筑物应设消防水池。消防水池的设置需满足相关规定。

八、消防用水量

消防给水量由同时作用的各种水灭火系统的设计流量组成，当建筑物室内设有自动水灭火系统全保护时，消防用水量可适当减少。工厂、仓库、堆场、储罐区或民用建筑的室外消防给水用水量，应按同一时间内的火灾起数和一起火灾灭火室外消防给水用水量确定。消防用水量具体计算公式如下：

$$V = V_1 + V_2, V_1 = 3.6\sum_{i=1}^{i=n} q_{1i}t_{1i}, V_2 = 3.6\sum_{i=1}^{i=m} q_{2i}t_{2i}$$

式中 V——建筑消防给水一起火灾灭火用水量，m^3；

V_1——室外消防给水一起火灾灭火用水量，m^3；

V_2——室内消防给水一起火灾灭火用水量，m^3；

q_{1i}——室外第 i 种水灭火系统的设计流量，L/s；

t_{1i}——室外第 i 种水灭火系统的火灾延续时间，h；

n——建筑需要同时作用的室外水灭火系统数量；

q_{2i}——室内第 i 种水灭火系统的设计流量，L/s；

t_{2i}——室内第 i 种水灭火系统的火灾延续时间，h；

m——建筑需要同时作用的室内水灭火系统数量。

九、消防水箱

采用临时高压给水系统的建筑物应设置高位消防水箱，高位消防水箱的有效容积应满足初期火灾消防用水量的要求，设置位置应高于其所服务的水灭火设施，且最低有效水位应满足水灭火设施最不利点处的静水压力。同时进水管、溢流管、出水管管径以及相应阀门的设置应符合相关要求。

十、管网的试压和冲洗

消防给水管网施工完成后，要对其进行强度试验、冲洗和严密性试验，具体试验要求与注意事项见《消防安全技术综合能力》(以下简称《综合》) 相关内容。

第二节 室外消火栓系统

一、室外消火栓设置范围

(1) 在城市、居住区、工厂、仓库等的规划和建筑设计中，必须同时设计消防给水系统；城镇（包括居住区、商业区、开发区、工业区等）应沿可通行消防车的街道设置市政消火栓系统。

(2) 民用建筑、厂房（仓库)、储罐（区)、堆场周围应设室外消火栓。

(3) 用于消防救援和消防车停靠的屋面上，应设置室外消火栓系统。

(4) 耐火等级不低于二级，且建筑物体积小于或等于 $3000m^3$ 的戊类厂房；或居住区人数不超过 500 人，且建筑物层数不超过两层的居住区，可不设置室外消防给水系统。

二、室外消火栓设计流量

建筑物室外消火栓设计流量，应根据建筑物的用途功能、体积、耐火等级、火灾危险性等因素综合分析确定，应符合《消防给水及消火栓系统设计规范》(GB 50974—2014) 相关规定。

三、室外消火栓设置要求

(1) 建筑室外消火栓的数量应根据室外消火栓设计流量和保护半径经计算确定，保护半径不应大于 150m，每个室外消火栓的出流量宜按 10 ~ 15L/s 计算。

(2) 室外消火栓宜沿建筑周围均匀布置，且不宜集中布置在建筑一侧；建筑消防扑救面一侧的室外消火栓数量不宜少于 2 个。

第三节 室内消火栓系统

一、室内消火栓设置范围

(1) 应设室内消火栓系统的建筑有 6 类。

（2）可不设室内消火栓系统的建筑有 3 类。

二、室内消火栓设计流量

建筑物室内消火栓设计流量，应根据建筑物的用途功能、体积、高度、耐火极限、火灾危险性等因素综合确定，应符合《消防给水及消火栓系统设计规范》(GB 50974—2014) 相关要求。当建筑物室内设有自动水灭火系统全保护时，室内消火栓系统设计流量可减少 50%，但不应小于 10L/s。

三、室内消火栓设置要求

室内消火栓的选型应根据使用者、火灾危险性、火灾类型和不同灭火功能等因素综合确定，其设置应符合相关要求。

四、室内消火栓栓口压力和消防水枪充实水柱

（1）消火栓栓口动压力不应大于 0. 50MPa，当大于 0. 70MPa 时，必须设置减压装置。

（2）高层建筑、厂房、库房和室内净空高度超过 8m 的民用建筑等场所，其消火栓栓口动压不应小于 0. 35MPa，且消防水枪充实水柱应达到 13m；其他场所的消火栓栓口动压不应小于 0. 25MPa，且消防水枪充实水柱应达到 10m。

五、消防软管卷盘和轻便水龙设置要求

（1）人员密集的公共建筑、建筑高度大于 100m 的建筑和建筑面积大于 200m^2 的商业服务网点内应设置消防软管卷盘或轻便消防水龙。高层住宅建筑的户内宜配置轻便消防水龙。

（2）消防软管卷盘应配置内径不小于 ϕ19mm、长度宜为 30m 的消防软管，轻便水龙应配置公称直径 ϕ25mm 有内衬里的消防水带，长度宜为 30. 0m。

（3）消防软管卷盘和轻便水龙的用水量可不计入消防用水总量。

六、消火栓箱安装要求与检查

消火栓箱的安装应平正、牢固且不影响疏散宽度，具体阀门位置、安装垂直度、开启角度、栓口位置应符合相关规定。

第二章　自动喷水灭火系统

第一节　系统设置范围与设计参数

一、自动喷水灭火系统设置场所

（1）厂房或生产部位应设置自动灭火系统，宜采用自动喷水灭火系统的有 6 类。

（2）仓库应设置自动灭火系统，宜采用自动喷水灭火系统的有 7 类。

（3）高层民用建筑或场所应设置自动灭火系统，宜采用自动喷水灭火系统的有 4 类。

（4）单层、多层民用建筑或场所应设置自动灭火系统，宜采用自动喷水灭火系统的有 7 类。

二、自动喷水灭火系统适用范围

自动喷水灭火系统分为湿式系统、干式系统、预作用系统、雨淋系统、水幕系统、自动喷水-泡沫联用系统等。

（1）湿式系统适合在温度不低于 4℃且不高于 70℃的环境中使用。

（2）干式系统适用于环境温度低于 4℃或高于 70℃的场所。

（3）预作用系统在低温和高温环境中可替代干式系统。系统处于准工作状态时，严禁管道漏水。

（4）雨淋系统主要适用于需大面积喷水、快速扑灭火灾的特别危险场所。

（5）防火分隔水幕系统适用于局部防火分隔处。防护冷却水幕系统利用喷水在物体表面形成的水膜，控制防火分区处分隔物的温度，使分隔物的完整性和隔热性免遭火灾破坏。

三、自动喷水灭火系统设置场所火灾危险等级

自动喷水灭火系统设置场所的火灾危险等级共分为 4 类 8 级，即轻危险级、中危险级（Ⅰ、Ⅱ级）、严重危险级（Ⅰ、Ⅱ级）和仓库危险级（Ⅰ、Ⅱ、Ⅲ级）。具体火灾危险等级的要求及举例见《实务》表 3-3-1。

四、自动喷水灭火系统设计基本参数

（1）对于民用建筑和工业厂房，系统设计基本参数包括喷水强度和作用面积，一般根据建筑物的火灾危险等级和净空高度确定。

（2）Ⅰ级、Ⅱ级堆垛储物仓库的系统设计基本参数包括喷水强度、作用面积和持续喷水时间，根据火灾危险等级和储物高度确定。

（3）室内最大净空高度不超过8m、且保护区域总建筑面积不超过1000m^2的民用建筑可局部应用湿式自动喷水灭火系统，但系统应采用快速响应喷头，喷水强度不应低于6L/($min \cdot m^2$)，持续喷水时间不应低于0.5h。喷头的选型、布置和作用面积（按开放喷头数确定）应符合相关要求。

第二节 系统主要组件及设置要求

一、闭式喷头的公称动作温度和色标

为了区分不同公称动作温度的喷头，将感温玻璃球中的液体和易熔元件喷头的轭臂标识不同的颜色，常用的有68℃红色喷头，厨房常用93℃绿色喷头，其他喷头选择应符合相关要求。

二、喷头选型

（1）对于湿式自动喷水灭火系统，在吊顶下布置喷头时，应采用下垂型或吊顶型喷头；顶板为水平面的轻危险级、中危险级Ⅰ级居室和办公室，可采用边墙型喷头；易受碰撞的部位，应采用带保护罩的喷头或吊顶型喷头；在不设吊顶的场所内设置喷头，当配水支管布置在梁下时，应采用直立型喷头。

（2）对于干式系统和预作用系统，应采用直立型喷头或干式下垂型喷头。

（3）对于水幕系统，防火分隔水幕应采用开式洒水喷头或水幕喷头，防护冷却水幕应采用水幕喷头。

（4）对于公共娱乐场所，中庭环廊，医院、疗养院的病房及治疗区域，老年、少儿、残疾人的集体活动场所，地下的商业及仓储用房，宜采用快速响应喷头。

（5）闭式系统的喷头，其公称动作温度宜比环境最高温度高30℃。

（6）装设通透性吊顶的场所，喷头应布置在顶板下。

三、喷头设置要求

（1）同一场所内喷头的布置应符合相关要求。

（2）当在梁或其他障碍物的下方布置喷头时，应符合相关要求。

（3）同一根配水支管上喷头的间距及相邻配水支管的间距，应根据系统的喷水强度、喷头的流量系数和工作压力确定，并应符合相关要求。

（4）一个报警阀组控制的喷头数，对于湿式系统、预作用系统不宜超过800只，对于干式系统不宜超过500只。

（5）配水管两侧每根配水支管控制的标准喷头数应符合相关要求。

四、集热挡水板设置要求

货架内喷头上方的货架层板，应为封闭层板。货架内喷头上方如有孔洞、缝隙，应在喷头的上方设置集热挡水板。集热挡水板应为正方形或圆形金属板，其平面面积不宜小于0.12m^2，周围弯边的下沿，宜与喷头的溅水盘平齐。

当梁、通风管道、成排布置的管道、桥架等障碍物的宽度大于1.2m时，其下方应增设喷头。增设喷头的上方如有缝隙时应设集热板。

五、末端试水装置

（1）末端试水装置。由试水阀、压力表以及试水接头等组成。

（2）末端试水装置设置要求：每个报警阀组控制的最不利点喷头处应设置末端试水装置；末端试水装置和试水阀应设在便于操作的部位；末端试水装置的出水，应采用孔口出流的方式排入排水管道。

第三节　系统组件安装调试与检测验收

一、报警阀组安装要求

报警阀组按照相关要求进行安装，并通过技术检测控制其安装质量：

（1）按照标准图集或者生产厂家提供的安装图样进行安装。

（2）报警阀组垂直安装在配水干管上。

（3）设计未予明确的，报警阀组安装在便于操作、监控的明显位置。

（4）报警阀阀体底边距室内地面高度以及与墙的距离应符合相关要求。

（5）报警阀组安装在室内时，室内地面增设排水设施。

二、系统附件的检查

检查部件：水流指示器、水泵接合器、减压阀、止回阀、过滤器、泄压阀、多功能水泵控制阀等组件上应有水流方向的永久性标志。

检查数量：全数检查。

检查方法：观察检查及在专用试验装置上测试，主要测试设备有试压泵、压力表、秒表。

三、自动喷水灭火系统验收缺陷项目

自动喷水灭火系统工程质量缺陷划分为：严重缺陷项（A），重缺陷项（B），轻缺陷项（C）。验收合格判定应为：$A=0$，且$B\leqslant 2$，且$B+C\leqslant 6$为合格，否则为不合格。

严重缺陷项（A）包含的项目主要包括7条。

第三章 水喷雾灭火系统

第一节 系统工作原理与适用范围

水喷雾灭火系统组成及设置范围

水喷雾灭火系统由水源、供水设备、过滤器、雨淋阀组、管道及水雾喷头等组成，并配套设置火灾探测报警及联动控制系统或传动管系统。应设置自动灭火系统并宜采用水喷雾灭火系统的场所包含厂矿企业油浸变压器、飞机发动机试验台、高压电容器和多油开关室3类。

第二节 系统设计参数

水喷雾灭火系统设计基本参数

水喷雾系统的设计基本参数应根据系统的保护对象和防护目的来确定，包括喷雾强度、持续喷雾时间和响应时间，应满足相关规定。

水雾喷头的工作压力，当用于灭火时不应小于0.35MPa；当用于防护冷却时不应小于0.2MPa，但对于甲$_B$、乙、丙类液体储罐不应小于0.15MPa。水喷雾灭火系统消防用水量取决于被保护对象表面积的大小。

第四章　气体灭火系统

第一节　系统分类与控制方式

一、气体灭火系统分类

（1）按使用的灭火剂：二氧化碳灭火系统、七氟丙烷灭火系统、惰性气体灭火系统。

（2）按系统的结构特点：无管网灭火系统、管网灭火系统。

（3）按应用方式：全淹没灭火系统、局部应用灭火系统。

二、气体灭火系统控制方式

（1）气体灭火系统采用自动控制、手动控制、机械应急操作和紧急启动/停止四种启动方式。

（2）管网灭火系统应设自动控制、手动控制和机械应急操作三种启动方式。

（3）预制灭火系统应设自动控制和手动控制两种启动方式。

第二节　系统适用范围

气体灭火系统设置范围

（1）国家、省级或人口超过100万人的城市广播电视发射塔内的微波机房、分米波机房、米波机房、变配电室和不间断电源（UPS）室。

（2）国际电信局、大区中心、省中心和1万路以上的地区中心内的长途程控交换机房、控制室和信令转接点室。

（3）2万线以上的市话汇接局和6万门以上的市话端局内的程控交换机房、控制室和信令转接点室。

（4）中央及省级公安、防灾和网局级及以上的电力等调度指挥中心内的通信机房和控制室。

（5）A、B级电子信息系统机房内的主机房和基本工作间的已记录磁（纸）介质库。

（6）中央和省级广播电视中心内建筑面积不小于$120m^2$的音像制品库房。

（7）国家、省级或藏书量超过100万册的图书馆内的特藏库；中央和省级档案馆内的珍藏库和非纸质档案库；大、中型博物馆内的珍品库房；一级纸绢质文物的陈列室。

（8）其他特殊重要设备室。

第三节 系统设计参数

一、二氧化碳灭火系统设计参数

全淹没二氧化碳灭火系统二氧化碳设计浓度不应小于灭火浓度的1.7倍，并不得低于34%。当防护区内存有两种及两种以上可燃物时，防护区的二氧化碳设计浓度应采用可燃物中最大的二氧化碳设计浓度。二氧化碳的喷放时间不应大于1min。当扑救固体深位火灾时，喷放时间不应大于7min，并应在前2min内使二氧化碳的浓度达到30%。

局部应用二氧化碳灭火系统的二氧化碳喷射时间不应小于0.5min。对于燃点温度低于沸点温度的液体和可熔化固体的火灾，二氧化碳的喷射时间不应小于1.5min。

二、七氟丙烷灭火系统设计参数

（1）七氟丙烷灭火系统的灭火设计浓度不应小于灭火浓度的1.3倍，惰化设计浓度不应小于惰化浓度的1.1倍。灭火设计浓度根据着火物质的不同而不同，通信机房和电子计算机房等防护区，灭火设计浓度宜采用8%。

（2）在通信机房和电子计算机房等防护区，设计喷放时间不应大于8s；在其他防护区，设计喷放时间不应大于10s。

（3）灭火浸渍时间与着火物质有关，通信机房、电子计算机房内的电气设备火灾，应采用5min。

三、IG541混合气体灭火系统设计参数

IG541混合气体灭火系统的灭火设计浓度不应小于灭火浓度的1.3倍，惰化设计浓度不应小于灭火浓度的1.1倍。灭火浸渍时间应符合相关规定。

四、防护区划分

防护区应根据封闭空间的结构特点和位置来划分，防护区划分应符合相关规定：①防护区宜以单个封闭空间划分。②同一区间的吊顶层和地板下需同时保护时，可合为一个防护区。③采用管网灭火系统时，一个防护区的面积不宜大于800m^2，且容积不宜大于3600m^3。④采用预制灭火系统时，一个防护区的面积不宜大于500m^2，且容积不宜大于1600m^3。

五、防护区安全要求

防护区安全要求应从疏散通道和安全出口、消防应急照明灯具、疏散指示标志灯、火灾报警器、排风系统、灭火系统等方面考虑，应满足相关11条规定。

第四节 系统部件、组件（设备）安装前的检查

一、材料到场检验

系统组件、管件（材）、设备到场后，应对其外观、规格型号、基本性能、严密性等

进行全数检查。

（1）管材、管道连接件的品种、规格、性能等符合相应产品标准和设计要求。

（2）管材、管道连接件的外观质量除符合设计规定外，还要符合相关规定。

（3）管材、管道连接件的规格尺寸、厚度及允许偏差应符合其产品标准和设计要求。

二、系统组件外观检查

气体灭火系统组件的外观质量要求：

（1）系统组件无碰撞变形及其他机械性损伤。

（2）组件外露非机械加工表面保护涂层完好。

（3）组件所有外露接口均设有防护堵、盖，且封闭良好，接口螺纹和法兰密封面无损伤。

（4）铭牌清晰、牢固、方向正确。

（5）同一规格的灭火剂储存容器，其高度差不宜超过 20mm。

（6）同一规格的驱动气体储存容器，其高度差不宜超过 10mm。

第五节　系统组件的安装与调试

一、选择阀及信号反馈装置的安装

（1）选择阀操作手柄安装在操作面一侧，当安装高度超过 1.7m 时应采取便于操作的措施。

（2）采用螺纹连接的选择阀，其与管网连接处宜采用活接。

（3）选择阀的流向指示箭头应指向介质流动方向。

（4）选择阀上要设置标明防护区、保护对象名称或编号的永久性标志，并应便于观察。

（5）信号反馈装置的安装应符合设计要求。

二、气动驱动装置的管道安装

气动驱动装置的管道安装规定：

（1）管道布置应符合设计要求。

（2）竖直管道在其始端和终端应设防晃支架或采用管卡固定。

（3）水平管道采用管卡固定。管卡的间距不宜大于 0.6m。转弯处应增设 1 个管卡。

三、模拟启动试验

（1）调试要求：调试时，对所有防护区或保护对象按规范规定进行模拟喷气试验，并合格。

（2）模拟启动试验方法：①手动模拟启动试验；②自动模拟启动试验；③模拟启动试验结果要求（4 条）。

四、模拟喷气试验

（1）调试要求：调试时，对所有防护区或保护对象进行模拟喷气试验，并合格。

（2）模拟喷气试验方法：①模拟喷气试验的条件（4 条）；②模拟喷气试验结果要符合相关规定（6 条）。

第六节 系统的检测与验收

一、气体灭火系统检测内容

检测内容包括：①灭火剂输送管道及管道连接件的品种、规格、性能；②灭火剂输送管道、管道连接件的外观质量等材料检查；③灭火剂储存容器及容器阀、单向阀、连接管、集流管、选择阀、安全泄放装置、阀驱动装置、喷嘴、信号反馈装置、检漏装置、减压装置等系统组件的外观质量等系统组件检查。

二、系统验收

（1）防护区或保护对象与储存装置间验收检查。

（2）设备和灭火剂输送管道验收。

（3）系统功能验收：①系统功能验收时，应进行模拟启动试验，并合格。②系统功能验收时，应进行模拟喷气试验，并合格。③系统功能验收时，应对设有灭火剂备用量的系统进行模拟切换操作试验，并合格。④系统功能验收时，应对主、备用电源进行切换试验，并合格。

第七节 系统维护管理

一、各类气瓶的检验周期

（1）盛装氮、六氟化硫、惰性气体及纯度大于等于 99.999% 的无腐蚀性高纯气体的气瓶，每 5 年检验 1 次。

（2）盛装对瓶体材料能产生腐蚀作用的气体的气瓶、潜水气瓶以及常与海水接触的气瓶，每 2 年检验 1 次。

（3）盛装其他气体的气瓶，每 3 年检验 1 次。

二、月检查维护要求

（1）对低压二氧化碳灭火系统储存装置液位计进行检查，灭火剂损失 10% 时应及时补充。

（2）对高压二氧化碳灭火系统、七氟丙烷管网灭火系统及 IG541 灭火系统等的检查内容及要求应符合相关规定。

第五章　泡沫灭火系统

第一节　系统形式的选择

系统选择基本要求

（1）甲、乙、丙类液体储罐区宜选用低倍数泡沫灭火系统。灭火系统设置应符合相关规定。

（2）泡沫液的选择。水溶性液体火灾必须选用抗溶性泡沫液。

第二节　系统的设计要求

一、低倍数泡沫灭火系统

发泡倍数指泡沫体积与形成该泡沫的泡沫混合液体积的比值。按发泡倍数可分为低倍数泡沫灭火系统、中倍数泡沫灭火系统、高倍数泡沫灭火系统。低倍数泡沫灭火系统设计应注意泡沫混合液设计用量、泡沫枪的数量、泡沫混合液输送时间等参数，并应满足相关要求（6条）。

二、固定顶储罐

固定顶储罐的保护面积，应按储罐横截面面积计算。泡沫混合液供给强度及连续供给时间，应符合《泡沫灭火系统设计规范》(GB 50151—2010）的相关规定。

液上喷射系统泡沫产生器的型号及数量应根据所需的泡沫混合液流量确定，且设置数量不小于《泡沫灭火系统设计规范》(GB 50151—2010）的规定。

三、外浮顶储罐

钢制单盘式与双盘式外浮顶储罐的保护面积，应按罐壁与泡沫堰板间的环形面积确定。非水溶性液体的泡沫混合液供给强度不应小于12.5L/(min·m^2)，连续供给时间不应小于30min。外浮顶储罐泡沫堰板的设计、单个泡沫产生器的最大保护周长应符合《泡沫灭火系统设计规范》(GB 50151—2010）的相关规定。

四、内浮顶储罐

钢制单盘式、双盘式与敞口隔舱式内浮顶储罐的保护面积，应按罐壁与泡沫堰板间的环形面积确定；其他内浮顶储罐应按固定顶储罐对待。

钢制单盘式、双盘式与敞口隔舱式内浮顶储罐的泡沫堰板与罐壁的距离不应小于0.55m，其高度不应小于0.5m；单个泡沫产生器保护周长不应大于24m；非水溶性液体的泡沫混合液供给强度不应小于12.5L/(min·m²)；泡沫混合液连续供给时间不应小于30min。

按固定顶储罐对待的内浮顶储罐，泡沫混合液供给强度和连续供给时间应符合《泡沫灭火系统设计规范》(GB 50151—2010）的相关规定。

五、泡沫消防泵

（1）泡沫消防水泵、泡沫混合液泵的选择与设置应符合相关要求。

（2）泡沫液泵的选择与设置应符合相关要求。

第三节 泡沫液和系统组件（设备）现场检查

泡沫液现场检验

一般情况下，泡沫液进场后，需要现场取样留存，以待日后需要时送检。留存泡沫液的储存条件要满足现行国家标准《泡沫灭火剂》(GB 15308—2006）和《泡沫灭火系统设计规范》(GB 50151—2010）的相关规定。需掌握以下两点：

（1）检查内容及要求。

（2）检测方法。

第四节 系统组件安装调试与检测验收

一、低倍数泡沫产生器安装要求

（1）液上喷射的泡沫产生器要根据产生器的类型安装，并符合设计要求。

（2）水溶性液体储罐内泡沫溜槽的安装要求。

（3）液下及半液下喷射的高背压泡沫产生器的安装要求。

（4）在高背压泡沫产生器进口侧设置的压力表接口要竖直安装；其出口侧设置的压力表、背压调节阀和泡沫取样口的安装尺寸要符合设计要求。

（5）液上喷射泡沫产生器或泡沫导流罩的安装要求。

（6）外浮顶储罐泡沫喷射口的设置要求。

（7）泡沫堰板的设置要求。

（8）单、双盘式内浮顶储罐泡沫堰板要符合设计要求。

（9）高背压泡沫产生器并联安装要求。

二、泡沫混合液管道的安装要求

（1）当储罐上的泡沫混合液立管与防火堤内地上水平管道或埋地管道用金属软管连接时，不能损坏其编织网，并要在金属软管与地上水平管道的连接处设置管道支架或管墩。

（2）储罐上泡沫混合液立管下端设置的锈渣清扫口与储罐基础或地面的距离一般为0.3~0.5m；锈渣清扫口需要采用闸阀或盲板封堵；当采用闸阀时，要竖直安装。

（3）当外浮顶储罐的泡沫喷射口设置在浮顶上，且泡沫混合液管道采用的耐压软管从储罐内通过时，耐压软管安装后的运动轨迹不能与浮顶的支承结构相碰，且与储罐底部伴热管的距离要大于0.5m，以防止耐压软管受热老化。

（4）外浮顶储罐梯子平台上设置的带闷盖的管牙接口，要靠近平台栏杆安装，并高出平台1.0m，其接口要朝向储罐；引至防火堤外设置的相应管牙接口，要面向道路或朝下。

（5）连接泡沫产生装置的泡沫混合液管道上设置的压力表接口要靠近防火堤外侧，并竖直安装。

（6）泡沫产生装置入口处的管道要用管卡固定在支架上，其出口管道在储罐上的开口位置和尺寸要符合设计及产品要求。

（7）泡沫混合液主管道上留出的流量检测仪器安装位置要符合设计要求。

（8）泡沫混合液管道上试验检测口的设置位置和数量要符合设计要求。

三、系统冲洗、试压

（1）管道的水压试验包括：①试验要求；②检测方法。

（2）管道的冲洗包括：①冲洗要求；②检测方法：采用最大设计流量进行冲洗，水流速度不低于1.5m/s，以排出水色和透明度与入口水目测一致为合格。

四、消防泵试验

（1）消防泵应进行运行试验，其性能应符合设计和产品标准的要求。

（2）消防泵与备用泵应在设计负荷下进行转换运行试验，其主要性能应符合设计要求。

五、泡沫比例混合装置的调试

（1）调试要求：调试与系统喷泡沫试验同时进行。

（2）检测方法：测量混合比的规范有三种方法：①使用流量计测量；②折射指数法；③利用导电度法进行测量。

六、系统功能测试

（1）系统喷水试验。

1）试验要求；2）检测方法；3）试验的目的。

（2）低、中倍数泡沫系统的喷泡沫试验。

1）试验要求；2）检测方法。

（3）高倍数泡沫系统喷泡沫试验。

1）试验要求；2）检测方法。

七、系统验收的主要内容

（1）泡沫液储罐、泡沫比例混合器（装置）、泡沫产生装置、消防泵、泡沫消火栓、阀门、压力表、管道过滤器、金属软管等系统组件的规格、型号、数量、安装位置及安装质量。

（2）管道及管件的规格、型号、位置、坡向、坡度、连接方式及安装质量。

（3）固定管道的支架、吊架，管墩的位置、间距及牢固程度。

（4）管道穿防火堤、楼板、防火墙及变形缝的处理。

（5）管道和系统组件的防腐。

（6）消防泵房、水源及水位指示装置。

（7）动力源、备用动力及电气设备。

八、系统功能验收

泡沫灭火系统验收应按《泡沫灭火系统施工及验收规范》表 B. 0. 5 记录；系统功能验收不合格则判定为系统不合格，不得通过验收。

（1）低、中倍数泡沫灭火系统喷泡沫试验。

1）试验要求；2）检测方法。

（2）高倍数泡沫灭火系统喷泡沫试验。

1）试验要求；2）检测方法。

九、发泡倍数的测量方法

（1）测量设备（4 类）。

（2）测量步骤（5 步）。

（3）计算公式：

$$N = \frac{V}{W - W_1} \times \rho$$

（4）重复一次测量，取两次测量的平均值作为测量结果。

（5）测量结果应符合相关要求（2 条）。

第五节 系统维护管理

一、消防泵和备用动力启动试验

每周需要对消防泵和备用动力以手动或自动控制的方式进行一次启动试验，试验时泵可以打回流，也可空转，但空转时运转时间不大于5s，试验后必须将泵和备用动力及有关设备恢复原状。试验应由经过专门培训合格的人员操作，试验结果应按要求填写系统周检记录。

二、系统年检要求

（1）系统每半年检查要求。

（2）每两年检查要求为：按照规范要求，每两年要对系统进行检查和试验。

第六章　火灾自动报警系统

第一节　系统适用范围

火灾自动报警系统设置场所

火灾自动报警系统的建筑或场所（16类）应符合《建筑设计防火规范》(GB 50016—2014）相关规定。

第二节　系统设计要求

一、火灾自动报警系统形式选择

火灾自动报警系统形式的选择，应符合下列规定：

（1）仅需要报警，不需要联动自动消防设备的保护对象宜采用区域报警系统。

（2）不仅需要报警，同时需要联动自动消防设备，且只设置一台具有集中控制功能的火灾报警控制器和消防联动控制器的保护对象，应采用集中报警系统，并应设置一个消防控制室。

（3）设置两个及以上消防控制室的保护对象，或已设置两个及以上集中报警系统的保护对象，应采用控制中心报警系统。

二、报警系统设计要求

（1）集中报警系统的设计，应符合相关规定。

（2）控制中心报警系统的设计，应符合相关规定。

三、火灾探测器的选择

（1）一般规定为：对火灾初期有阴燃阶段，产生大量的烟和少量的热，很少或没有火焰辐射的场所，应选择感烟火灾探测器。对火灾发展迅速，可产生大量热、烟和火焰辐射的场所，可选择感温火灾探测器、感烟火灾探测器、火焰探测器或其组合。对火灾发展迅速，有强烈的火焰辐射和少量的烟、热的场所，应选择火焰探测器。对火灾初期有阴燃阶段，且需要早期探测的场所，宜增设一氧化碳火灾探测器。

（2）点型火灾探测器的选择要求（5条）。

（3）线型火灾探测器的选择要求（5条）。

第三节 系统安装与调试

一、设备、材料进场检验

火灾自动报警系统的主要设备应是通过国家认证（认可）的产品。产品名称、型号、规格应与检验报告一致。

检查数量：全数检查。

检验方法：核对认证（认可）证书、检验报告与产品。

二、布线

在火灾自动报警系统布线前，应按设计文件的要求对材料进行检查，导线的种类、电压等级应符合设计文件要求。火灾自动报警系统的布线应符合国家标准《建筑电气工程施工质量验收规范》(GB 50303—2015）的规定。火灾自动报警系统应单独布线，系统内不同电压等级、不同电流类别的线路，不应布在同一管内或线槽的同一槽孔内。在管内或线槽内的布线，应在建筑抹灰及地面工程结束后进行，管内或线槽内不应有积水及杂物。

第四节 系统检测验收与维护

一、系统检测设备

（1）点型感烟探测器检测要求与方法。

（2）点型感温探测器检测要求与方法。

（3）手动火灾报警按钮检测要求与方法。

（4）火灾报警控制器检测要求与方法。

（5）消防联动控制器检测要求与方法。

二、火灾报警控制器验收要求

（1）用尺测量控制器靠近门轴的侧面距墙以及正面操作距离。

（2）对火灾报警控制器进行功能检查。

三、点型火灾探测器验收要求

点型火灾探测器验收要求为：①探测器至墙壁、梁边的水平距离不应小于 0.5m。②周围水平距离 0.5m 内不应有遮挡物。③探测器至空调送风口的距离不应小于 1.5m。④点型感温探测器安装间距不应超过 10m；点型感烟探测器的安装间距不应超过 15m；探测器倾斜安装不应大于 45°。⑤采用专用的检测仪器或模拟火灾的方法，检查火灾探测器的报警功能。

四、系统设备检测数量要求

（1）各类消防用电设备主用、备用电源的自动转换装置，应进行 3 次转换试验，每次试验均应正常。

(2) 火灾报警控制器（包括可燃气体报警控制器和电气火灾监控设备）和消防联动控制器应按实际安装数量全部进行功能检验。消防联动控制系统中其他各种用电设备、区域显示器应按相关要求进行功能检验。

(3) 火灾探测器（包括可燃气体探测器和电气火灾监控探测器）和手动火灾报警按钮，应按相关要求进行模拟火灾响应（可燃气体报警、电气故障报警）和故障信号检验。

(4) 室内消火栓的功能检测应在出水压力符合现行国家有关建筑设计防火规范的条件下，抽验相应控制功能。

(5) 自动喷水灭火系统应在符合国家标准《自动喷水灭火系统设计规范（2005 年版）》(GB 50084—2001) 的条件下，抽验相应控制功能。

(6) 气体、泡沫、干粉等灭火系统，应在符合国家现行有关系统设计规范的条件下按实际安装数量 20% ~30% 的比例抽验相应控制功能。

(7) 电动防火门、防火卷帘，5 樘以下的应全部检验，超过 5 樘的应按实际安装数量 20% 的比例抽验，但抽验总数不应小于 5 樘，并抽验联动控制功能。

(8) 防烟排烟风机应全部检验，通风空调和防烟排烟设备的阀门，应按实际安装数量 10% ~20% 的比例抽验，并抽验联动功能，且应符合相关要求。

(9) 电梯应进行 1 ~2 次联动返回首层功能检验，其控制功能、信号均应正常。

(10) 消防应急广播设备应按实际安装数量 10% ~20% 的比例进行相应功能检验。

(11) 消防专用电话的检验，应符合相关要求。

(12) 消防应急照明和疏散指示系统控制装置应进行 1 ~3 次使系统转入应急状态的检验，系统中各消防应急照明灯具均应能转入应急状态。

本部分各项检验项目中，当有不合格情况时，应修复或更换，并进行复验。复验时，对有抽验比例要求的，应加倍检验。

五、火灾自动报警系统验收判定标准

(1) 系统内的设备及配件规格型号与设计不符、无国家相关证书和检验报告；系统内的任一控制器和火灾探测器无法发出报警信号，无法实现要求的联动功能的，定为 A 类不合格。

(2) 验收前提供资料不符合要求的定为 B 类不合格。

(3) 其余不合格项均为 C 类不合格。

(4) 系统验收合格判定应为：A =0、B≤2，且 B + C≤检查项的 5% 为合格，否则为不合格。

六、火灾自动报警系统每日检查

火灾自动报警系统应保持连续正常运行，不得随意中断。每日均应检查火灾报警控制器的功能。检查内容包括：

(1) 检查火灾探测器、手动火灾报警按钮、消火栓按钮，输入模块、输出模块等组件的外观及运行状态。

(2) 检查火灾报警控制器、火灾显示盘、消防控制室图形显示装置的运行状况。

（3）检查消防联动控制器的外观及运行状况。

（4）检查声光报警器的外观。

（5）检查系统接地装置的外观及牢固性。

（6）检查消防控制室的工作环境。

七、火灾自动报警系统季度检查

（1）采用专用检测仪器分期分批试验探测器的动作及确认灯显示。

（2）试验火灾警报装置的声光显示。

（3）试验水流指示器、压力开关等的报警功能、信号显示。

（4）对主用电源和备用电源进行1～3次自动切换试验。

（5）自动或手动检查相关消防控制设备的控制显示功能。

八、火灾自动报警系统年度检查

（1）采用专用检测仪器对所安装的全部火灾探测器和手动报警按钮进行至少1次试验。

（2）自动状态下，检查自动喷水灭火系统、消火栓系统、加压风口电动控制装置、风机、防火卷帘等控制设备的控制和显示功能。

（3）对全部消防电话的通话进行至少一次试验。

（4）对自动和手动强制切断非消防电源功能进行试验。

九、探测器的清洗

（1）点型感烟火灾探测器，应根据产品说明书的要求定期清洗、标定，产品说明书没有明确要求的，应每两年清洗、标定一次。

（2）探测器清洗后应做响应阈值及其他必要的功能试验，合格者方可继续使用。不合格探测器严禁重新安装使用，并应将该不合格品返回产品生产企业集中处理，严禁将离子感烟火灾探测器随意丢弃。

第七章　防排烟系统

第一节　机械加压送风系统

一、机械加压送风系统的选择

机械加压送风系统的选择与建筑物高度、格局、送风量有关，具体应满足《实务》相关规定（12 条）。

二、风压的有关规定

机械加压送风机的全压，除计算最不利管道压头损失外，尚应有余压。机械加压送风量应满足走廊至前室至楼梯间的压力呈递增分布，余压值应符合相关要求。

三、机械加压送风机

机械加压送风机可采用轴流风机或中、低压离心风机，其安装位置应符合相关要求（5 条）。

四、加压送风口

（1）除直灌式送风方式外，楼梯间宜每隔 2～3 层设一个常开式百叶送风口；合用一个井道的剪刀楼梯的两个楼梯间应每层设一个常开式百叶送风口；分别设置井道的剪刀楼梯的两个楼梯间应分别每隔一层设一个常开式百叶送风口。

（2）前室、合用前室应每层设一个常闭式加压送风口，并应设手动开启装置。

（3）送风口的风速不宜大于 7m/s。

（4）送风口不宜设置在被门挡住的部位。

需要注意的是采用机械加压送风的场所不应设置百叶窗、不宜设置可开启外窗。

五、送风管道

（1）送风井（管）道应采用不燃烧材料制作，且宜优先采用光滑井（管）道，不宜采用土建井道。

（2）送风管道应独立设置在管道井内。当必须与排烟管道布置在同一管道井内时，排烟管道的耐火极限不应小于 2.00h。

（3）管道井应采用耐火极限不小于 1.00h 的隔墙与相邻部位分隔，当墙上必须设置检修门时应采用乙级防火门。

（4）未设置在管道井内的加压送风管，其耐火极限不应小于 1.50h。

（5）为便于工程设计，加压送风管道断面积可以根据加压风量和控制风速由相关规定确定。

六、余压阀

余压阀是控制压力差的阀门。防烟楼梯间与前室、前室与走道之间应设置余压阀，控制余压阀两侧正压间的压力差不超过50Pa。

第二节 机械排烟系统

一、排烟设施设置场所

（1）厂房或仓库的相关场所或部位应设置排烟设施（4类）。

（2）民用建筑的相关场所或部位应设置排烟设施（5类）。

（3）地下或半地下建筑（室）、地上建筑内的无窗房间，当总建筑面积大于200m^{2}或一个房间建筑面积大于50m^2，且经常有人停留或可燃物较多时，应设置排烟设施。

二、排烟系统的一般规定

（1）设置排烟系统的场所或部位应划分防烟分区。防烟分区不应跨越防火分区，并应符合相关要求。

（2）同一个防烟分区应采用同一种排烟方式。

三、机械排烟系统设计要求

（1）排烟系统与通风、空气调节系统宜分开设置。当合用时，应符合下列条件：系统的风口、风道、风机等应满足排烟系统的要求；当火灾被确认后，应能开启排烟区域的排烟口和排烟风机，并在15s内自动关闭与排烟无关的通风、空调系统。

（2）走道的机械排烟系统宜竖向设置；房间的机械排烟系统宜按防烟分区设置。

（3）排烟风机的全压应按排烟系统最不利环管道进行计算，其排烟量应增加漏风系数。

（4）人防工程机械排烟系统宜单独设置或与工程排风系统合并设置。当合并设置时，必须采取在火灾发生时能将排风系统自动转换为排烟系统的措施。

（5）车库机械排烟系统可与人防、卫生等排气、通风系统合用。

四、排烟量

（1）当排烟风机担负多个防烟分区时，其风量应按最大一个防烟分区的排烟量确定。同时机械排烟系统的设计风量应充分考虑管道沿程损耗和漏风量，排烟风机的设计风量不应小于计算量的1.2倍。

（2）地下汽车库的排烟量应按每小时换气次数不小于6次计算确定，且不应小于《汽车库、修车库、停车场设计防火规范》（GB 50067—2014）中的规定值。

五、排烟风机

（1）排烟风机可采用离心式或轴流排烟风机，入口处应设置280℃能自动关闭的排烟防火阀。

（2）排烟风机宜设置在排烟系统的顶部，烟气出口宜朝上，并应高于加压送风机和补风机的进风口，两者垂直距离或水平距离应符合相关规定。

（3）排烟风机应设置在专用机房内。

（4）排烟风机与排烟管道上不宜设有软接管。

六、排烟防火阀

排烟系统竖向穿越防火分区时垂直风管应设置在管井内，且与垂直风管连接的水平风管应设置280℃排烟防火阀。排烟防火阀安装在排烟系统管道上，平时呈关闭状态，火灾时由电讯号或手动开启，同时排烟风机启动开始排烟；当管内烟气温度达到280℃时自动关闭，同时排烟风机停机。

七、排烟阀（口）

（1）排烟阀（口）的设置应符合相关要求。

（2）火灾时由火灾自动报警系统联动开启排烟区域的排烟阀（口），应在现场设置手动开启装置。

（3）排烟口的设置宜使烟流方向与人员疏散方向相反，排烟口与附近安全出口相邻边缘之间的水平距离不应小于1.50m。

（4）每个排烟口的排烟量不应大于最大允许排烟量。

（5）设在吊顶内的排烟阀（口），应符合相关规定。

（6）排烟口控制方式可采用自动或手动开启方式。

（7）排烟口的尺寸应符合相关要求。

（8）同一分区内设置数个排烟口时，排烟量应等于所有开启排烟口排烟量的总和。

八、排烟管道

排烟管道的材料、风速、布置应该满足《实务》的相关规定。

九、补风

（1）补风量应满足相关要求。

（2）补风口应满足相关要求。

第三节　防排烟系统联动控制

一、防烟系统联动控制

（1）采用机械加压送风方式的防烟系统应与火灾自动报警系统联动，其联动控制应符合现行国家标准《火灾自动报警系统设计规范》(GB 50116—2013)的有关规定。

(2) 加压送风机的启动应符合相关要求：①送风机现场手动启动；②通过火灾自动报警系统自动启动；③消防控制室手动启动；④系统中任一常闭加压送风口开启时，加压风机应能自动启动。

二、排烟系统联动控制

(1) 除手动自然排烟窗、固定采光带（窗）外，排烟系统应与火灾自动报警系统联动。

(2) 排烟风机、补风机的控制方式，应符合相关要求。

(3) 当火灾确认后，担负两个及以上防烟分区的排烟系统，应仅打开着火防烟分区的排烟阀或排烟口，其他防烟分区的排烟阀或排烟口应呈关闭状态。

(4) 一个排烟系统负担多个防烟分区时，排烟支管应设280℃自动关闭的排烟防火阀。

(5) 机械排烟系统中的常闭排烟阀或排烟口应具有火灾自动报警系统自动开启、消防控制室手动开启和现场手动开启功能，其开启信号应与排烟风机联动。

(6) 活动挡烟垂壁、自动排烟窗应具有火灾自动报警系统自动启动和现场手动启动功能。

第八章　消防应急照明和疏散指示系统

第一节　系统的工作原理与性能要求

一、消防应急灯具分类

分类方式包括：①按用途分类；②按工作方式分类；③按应急供电方式分类；④按应急控制方式分类。

二、应急转换时间

系统的应急转换时间不应大于 5s；高危险区域使用系统的应急转换时间不应大于 0.25s。

三、线路敷设的规定

线路敷设应符合下列规定：

（1）明敷时（包括敷设在吊顶内），应穿金属导管或采用封闭式金属槽盒保护，金属导管或封闭式金属槽盒应采取防火保护措施；当采用阻燃或耐火电缆并敷设在电缆井、沟内时，可不穿金属导管或采用封闭式金属槽盒保护；当采用矿物绝缘类不燃性电缆时，可直接明敷。

（2）暗敷时，应穿管并应敷设在不燃性结构内且保护层厚度不应小于 30mm。

（3）消防配电线路宜与其他配电线路分开敷设在不同的电缆井、沟内；确有困难需敷设在同一电缆井、沟内时，应分别布置在电缆井、沟的两侧，且消防配电线路应采用矿物绝缘类不燃性电缆。

四、疏散照明和指示标志的设置场所

除建筑高度小于 27m 的住宅建筑外，民用建筑、厂房和丙类仓库的相关部位应设置疏散照明（5 类）。

公共建筑，建筑高度大于 54m 的住宅建筑，高层厂房（库房）和甲、乙、丙类单层、多层厂房，应设置灯光疏散指示标志，并应符合相关规定（2 条）。

五、消防应急照明和疏散指示标志设置要求

（1）建筑内疏散照明的地面最低水平照度应符合相关规定（3 条）。

（2）消防控制室、消防水泵房、自备发电机房、配电室、防排烟机房以及发生火灾时

仍需正常工作的消防设备房应设置备用照明，其作业面的最低照度不应低于正常照明的照度。

(3) 疏散照明灯及备用照明灯具位置设置要求。

(4) 公共建筑，建筑高度大于54m的住宅建筑，高层厂房（库房）和甲、乙、丙类单层、多层厂房，应设置灯光疏散指示标志，并应符合相关规定（2条）。

(5) 应在疏散走道和主要疏散路径的地面上增设能保持视觉连续的灯光疏散指示标志或蓄光疏散指示标志的相关建筑或场所（6类）。

第二节 系统检测与维护

一、文件、资料审查与管理

(1) 审查的内容（3项）。

(2) 系统正式启用后，应保管好的文件资料（4类）。

二、现场安装及供电、布线检查

(1) 消防应急灯具与供电线路之间不能使用插头连接，安装后应不影响人员通行，灯具周围无遮挡物，吊装时吊管上端固定牢固。

(2) 带有疏散方向指示箭头的消防应急标志灯具在安装时应保证箭头方向与疏散方向相同，指示出口的消防应急标志灯具要固定在坚固的墙上或顶棚下。

(3) 作为辅助指示的蓄光型标志牌安装在与标志灯具指示方向相同的路线上，但不能代替标志灯具。

(4) 消防应急照明灯具由进线总配电箱内一路专用回路供电。

(5) 分散设置的集中电源的正常供电回路应取自本防火分区的（备用）应急照明配电箱，分配电装置应急回路由应急照明集中电源供电。

三、功能测试

(1) 消防应急标志灯具测试。

(2) 消防应急照明灯具测试。

(3) 应急照明配电箱测试。

(4) 系统功能测试需要模拟消防联动控制信号联动应急照明配电箱，实现工作状态的转换，检查应急灯具的应急工作状态。

四、检测验收结论判定

(1) 功能测试抽样比例、数量。

(2) 功能测试抽样方法——采用分区、分楼层随机抽样的方法。

(3) 评定规则。

以上全部合格，则判定系统合格。

五、日常检查

（1）系统保持连续正常运行，不得随意中断。定期使系统进行自放电，更换应急放电时间小于30min（超高层小于60min）的产品或更换其电池。

（2）检查消防应急灯具外观结构是否有破损。

（3）检查消防应急标志灯具的工作状态，一旦发现光源熄灭、疏散指示方向更改或故障指示灯点亮，应立即进行维修或更换。

（4）检查消防应急照明灯具的工作状态，如果故障指示灯点亮，应立即进行维修或更换。

（5）检查应急照明配电箱是否有故障。

（6）记录检查情况。

六、定期维护保养

每季度对消防应急照明和疏散指示系统的相关功能进行检查和试验，并按要求填写相应的记录。检查项目包括：

（1）检查消防应急灯具、应急照明配电箱的工作状态。

（2）模拟消防联动控制信号联动应急照明配电箱，检查系统转入应急工作状态的控制功耗。

（3）检查灯具的应急工作时间。

第九章 建筑灭火器配置

第一节 灭火器的灭火机理与适用范围

一、灭火器设置场所及使用范围

（1）高层住宅建筑的公共部位和公共建筑内应设置灭火器，其他住宅建筑的公共部位宜设置灭火器。厂房、仓库、储罐（区）和堆场，应设置灭火器。

（2）火灾分类及适用灭火器：①A 类火灾（固体物质火灾）——水基型（水雾、泡沫）灭火器、ABC 干粉灭火器。②B 类火灾（液体或可融化的固体物质火灾）——水基型（水雾、泡沫）灭火器、BC 类或 ABC 类干粉灭火器、洁净气体灭火器。③C 类火灾（气体火灾）——干粉灭火器、水基型（水雾）灭火器、洁净气体灭火器、二氧化碳灭火器。④D 类火灾（金属火灾）——7150 灭火剂。⑤E 类火灾（带电火灾）——二氧化碳灭火器或洁净气体灭火器。⑥F 类火灾（烹饪器具内的烹饪物火灾）——BC 类干粉灭火器、水基型灭火器。

二、民用建筑灭火器配置场所的危险等级

民用建筑灭火器配置场所的危险等级，应根据其使用性质、人员密集程度、用电用火情况、可燃物数量、火灾蔓延速度、扑救难易程度等因素，划分为以下三级：①严重危险级；②中危险级；③轻危险级。危险等级举例见《实务》表 3-13-4。

第二节 灭火器的配置要求

一、灭火器的设置要求

灭火器的设置应遵循以下规定：

（1）灭火器不应设置在不易被发现和黑暗的地点，且不得影响安全疏散。

（2）对有视线障碍的灭火器设置点，应设置指示其位置的发光标志。

（3）灭火器的摆放应稳固，其铭牌应朝外。手提式灭火器宜设置在灭火器箱内或挂钩、托架上，其顶部离地面高度不应大于 1.50m；底部离地面高度不宜小于 0.08m。灭火器箱不应上锁。

（4）灭火器不应设置在潮湿或强腐蚀性的地点，当必须设置时，应有相应的保护措施。灭火器设置在室外时，亦应有相应的保护措施。

（5）灭火器不得设置在超出其使用温度范围的地点。

二、灭火器的选择考虑因素

（1）灭火器配置场所的火灾种类。
（2）灭火器配置场所的危险等级。
（3）灭火器的灭火效能和通用性。
（4）灭火剂对保护物品的污损程度。
（5）灭火器设置点的环境温度。
（6）使用灭火器人员的体能。

三、灭火器配置场所的配置设计计算

（1）确定各灭火器配置场所的火灾种类和危险等级。
（2）划分计算单元，计算各单元的保护面积。
（3）计算各单元的最小需配灭火级别。
（4）确定各单元内的灭火器设置点的位置和数量。
（5）计算每个灭火器设置点的最小需配灭火级别。
（6）确定各单元和每个设置点的灭火器的类型、规格与数量。
（7）确定每具灭火器的设置方式和要求。
（8）一个计算单元内的灭火器数量不应少于2具，每个设置点的灭火器数量不宜多于5具。
（9）在工程设计图上用灭火器图例和文字标明灭火器的类型、规格、数量与设置位置。

第三节 安装设置

一、灭火器箱外观标志检查

（1）检查内容：标志、铭牌、使用说明标识以及翻盖式灭火器箱开启标识。
（2）检查方法：目测、测量。
（3）合格判定标准：符合相关要求。

二、灭火器箱外观质量检查

（1）检查内容：机械加工质量、配件及零部件安装质量及其公差等。
（2）检查方法：目测、测量。
（3）合格判定标准：符合相关要求。

三、箱体结构及箱门（盖）开启性能检查

（1）检查内容：箱结构、开门式灭火器箱箱门结构及其开启性能。
（2）检查方法：目测、测量。

（3）合格判定标准：符合相关要求。

四、灭火器及其附件的外观标志检查

（1）检查内容：发光标志，铭牌、永久性钢印标识的内容，以及警示说明等。

（2）检查方法：在黑暗的环境中目测。

（3）合格判定标准：符合相关要求。

五、灭火器及其附件的外观质量检查

（1）检查内容：机械加工、外表涂层、贴花等质量。

（2）检查方法：目测。

（3）合格判定标准：符合相关要求。

六、灭火器及其附件的结构检查

（1）检查内容：灭火器结构以及保险机构、器头（阀门）、压力指示器、喷射软管及喷嘴、推车式灭火器推行机构等装配质量。

（2）检查方法：目测、测量。

（3）合格判定标准：符合相关要求。

七、灭火器配置验收的部分要求

（1）在同一灭火器配置单元内，采用不同类型灭火器时，其灭火剂应能相容。磷酸铵盐干粉灭火剂与碳酸氢钠干粉灭火剂不相容。

（2）A类火灾场所应选择水型灭火器、磷酸铵盐（ABC）干粉灭火器、泡沫灭火器或卤代烷灭火器。碳酸氢钠干粉灭火器不能用于A类火灾场所。另外，A类火灾场所灭火器的最低配置基准中规定，严重危险级的单具灭火器最小配置灭火级别为3A。

（3）灭火器箱不应被遮挡、上锁或拴系。

（4）手提式灭火器顶部离地面高度不应大于1.50m；底部离地面高度不宜小于0.08m。

（5）推车式灭火器的最大保护距离是手提式灭火器的2倍。

八、配置灭火器的检查周期

（1）灭火器的配置、外观（每月）。

（2）候车（机、船）室、歌舞娱乐放映游艺等人员密集的公共场所（每半月）。

（3）堆场、罐区、石油化工装置区、加油站、锅炉房、地下室等场所（每半月）。

九、灭火器的送修

（1）日常检查发现问题的灭火器。

（2）达到相关规定年限的灭火器。

注：送修灭火器时，一次送修数量不得超过计算单元配置灭火器总数量的1/4。超出时，需要选择相同类型、相同操作方法的灭火器替代，且其灭火级别不得小于原配置灭火器的灭火级别。

十、灭火器的报废

（1）列入国家颁布的淘汰目录的灭火器。

（2）达到报废年限的灭火器。

（3）使用中出现严重损伤或者重大缺陷的灭火器。

（4）维修时发现存在严重损伤、缺陷的灭火器。

第十章 本篇例题解析

案例1 多层歌舞娱乐放映游艺场所建筑消防设施配置案例分析

一、情景描述（辅导教材案例17）

某夜总会地上3层，每层建筑面积为 $18\text{m}\times 60\text{m}=1080\text{m}^2$，砖混结构。首层为大堂（建筑面积 190m^2）、迪斯科舞厅（建筑面积 810m^2）和消防控制室（建筑面积 80m^2），二、三层为KTV包间（每个包间的建筑面积均不大于 200m^2）。建筑高度为12m。在距该夜总会两侧山墙50m处各设有室外地上式消火栓一个；该建筑内每层设3个DN65室内消火栓，均配置长度25m的消防水带和当量喷嘴直径19mm的消防水枪，室内消火栓的布置间距均为30m，并与室内环状消防给水管道相连；该建筑内还设有湿式自动喷水灭火系统，选用标准喷头，喷头间距均不大于3.6m，距墙均不大于1.8m。室内外消防给水均取至市政环状给水管网，水压、水量均符合规范要求。该建筑二、三层走道（宽度2m，长度60m）和一层迪斯科舞厅，因不具备自然排烟条件而设有机械排烟系统，并在屋顶设排烟机房（内设一台排烟风机），排烟风机风量为 $50000\text{m}^3/\text{h}$。迪斯科舞厅划分两个防烟分区，最大的防烟分区建筑面积为 410m^2。在KTV包间、迪斯科舞厅、疏散走道、封闭楼梯间、大堂等部位均设有消防应急照明和疏散指示标志。在每层消火栓处配置手提式MF/ABC5灭火器两具。

二、思 考 题

（一）单项选择题

1. 设置在建筑的首层、二层和三层且任一层建筑面积大于（ ）m^2 的地上歌舞娱乐放映游艺场所（除游泳场所外）应设置自动灭火系统，并宜采用自动喷水灭火系统。

A. 100　　B. 200　　C. 300　　D. 400

2. 设置在一、二、三层且房间建筑面积大于（ ）m^2，设置在四层及以上楼层、地下或半地下的歌舞娱乐放映游艺场所应设置排烟设施。

A. 100　　B. 200　　C. 300　　D. 400

（二）多项选择题

1. 下列属于歌舞娱乐放映游艺场所的是（ ）。

A. 录像厅　　B. KTV　　C. 桑拿浴室（不包括洗浴部分）

D. 游戏机房　　E. 迪斯科舞厅

2. 建筑体积大于11000m^3、建筑层数为1～5层、每层建筑面积均大于300m^{2}的歌舞厅应设下列（　）建筑消防设施。

A. 室外消火栓给水系统　　B. 室内消火栓给水系统

C. 自动喷水灭火系统　　D. 火灾自动报警系统

E. 建筑灭火器

（三）简答题

简述歌舞娱乐放映游艺场所建筑的消防设施、器材配置要点。

【参考答案与解析】

（一）单项选择题

1. **答案：**C 【解析】《建筑设计防火规范》（GB 50016—2014）8.3.4条除本规范另有规定和不宜用水保护或灭火的场所外，下列单层、多层民用建筑或场所应设置自动灭火系统，并宜采用自动喷水灭火系统：①特等、甲等剧场，超过1500个座位的其他等级的剧场，超过2000个座位的会堂或礼堂，超过3000个座位的体育馆，超过5000人的体育场的室内人员休息室与器材间等。②任一层建筑面积大于1500m^{2}或总建筑面积大于3000m^{2}的展览、商店、餐饮和旅馆建筑以及医院中同样建筑规模的病房楼、门诊楼和手术部。③设置送回风道（管）的集中空气调节系统且总建筑面积大于3000m^{2}的办公建筑等。④藏书量超过50万册的图书馆。⑤大、中型幼儿园，总建筑面积大于500m^{2}的老年人建筑。⑥总建筑面积大于500m^{2}的地下或半地下商店。⑦设置在地下或半地下或地上四层及以上楼层的歌舞娱乐放映游艺场所（除游泳场所外），设置在首层、二层和三层且任一层建筑面积大于300m^{2}的地上歌舞娱乐放映游艺场所（除游泳场所外）。

2. **答案：**A 【解析】《建筑设计防火规范》（GB 50016—2014）8.5.3条民用建筑的下列场所或部位应设置排烟设施：①设置在一、二、三层且房间建筑面积大于100m^{2}的歌舞娱乐放映游艺场所，设置在四层及以上楼层、地下或半地下的歌舞娱乐放映游艺场所。②中庭。③公共建筑内建筑面积大于100m^{2}且经常有人停留的地上房间。④公共建筑内建筑面积大于300m^2，且可燃物较多的地上房间。⑤建筑内长度大于20m的疏散走道。

（二）多项选择题

1. **答案：**ABCDE 【解析】见《实务》第二篇第四章第三节，歌舞厅、卡拉OK厅（含具有卡拉OK功能的餐厅）、夜总会、录像厅、放映厅、桑拿浴室（除洗浴部分外）、游艺厅（含电子游艺厅）、网吧等歌舞娱乐放映游艺场所。

2. **答案：**ABCDE 【解析】《建筑设计防火规范》（GB 50016—2014）8.1.2、8.1.10、8.2.1、8.3.4、8.4.1条。

（三）简答题

答案：①应设置室外消火栓给水系统。②应设置室内消火栓给水系统，但建筑高度不大于15m且建筑体积不大于10000m^{3}的单层或多层建筑可不设。③应设置自动喷水灭火系统，但单层或多层民用建筑内，设置在首层、二层和三层且任一层建筑面积不大于300m^2

的地上歌舞娱乐放映游艺场所可不设。④应设置火灾自动报警系统。⑤应设置排烟设施，但设置在首层、二层和三层且房间建筑面积不大于 $100m^2$ 的歌舞娱乐放映游艺场所可不设。⑥应设置安全疏散设施。⑦应配置建筑灭火器。

【解析】《建筑设计防火规范》(GB 50016—2014) 8.1.2、8.1.10、8.2.1、8.3.4、8.4.1、8.5.3、10.3.1 条。

案例 2 多层丙类仓库建筑消防设施配置案例分析

一、情景描述（辅导教材案例 19）

某多层丙类仓库地上 3 层，建筑高度为 18m，建筑面积为 $12000m^2$，占地面积为 $4000m^2$，建筑体积为 $72000m^3$，耐火等级二级。储存棉、麻、服装衣物等物品，堆垛储存，堆垛高度不大于 6m。属于多层丙类 2 项堆垛储物仓库。该仓库设消防水泵房和两个 $500m^3$ 的消防水池，消防设施有室内外消火栓给水系统、湿式自动喷水灭火系统、机械排烟系统、火灾自动报警系统、消防应急照明、消防疏散指示标志、建筑灭火器等消防设施及器材。

二、思 考 题

（一）单项选择题

1. 仓库中喷头（非标准喷头）溅水盘与其下方被保护对象的最小垂直距离，不应小于（ ）cm。

A. 45 B. 60 C. 75 D. 90

2. 室外消防给水管道应采用阀门分成若干独立段，每段内室外消火栓的数量不宜超过（ ）个。

A. 3 B. 4 C. 5 D. 6

（二）多项选择题

1. 下列建筑物的消防用电设备可按二级负荷供电的有（ ）。

A. 高度超过 50m 的丙类仓库
B. 1600 座的影剧院
C. 室外消防用水量超过 25L/s 的多层办公楼
D. 每层面积为 $4000m^2$ 的多层百货楼
E. 建筑高度超过 100m 的综合楼

2. 下列哪些建筑可不设置室内消火栓（ ）

A. 耐火等级为三、四级且建筑体积小于或等于 $3000m^3$ 的丁类厂房和建筑体积小于或等于 $5000m^3$ 的戊类厂房（仓库）
B. 金库
C. 耐火等级为一、二级且可燃物较少的单层、多层丁、戊类厂房（仓库）
D. 展览馆 E. 粮食仓库

3. 按《建筑设计防火规范》(GB 50016—2014) 的规定，下列建筑物中应设置自动灭火系统，并宜采用闭式自动喷水灭火系统的是（　）。

A. 高层针织仓库　　B. 占地面积为 1200m^2 的棉制品仓库

C. 藏书量 60 万册的图书馆　　D. 500m^2 的演播室

E. 液化石油气灌瓶间

（三）分析题

自动喷水灭火系统主要有哪几种类型？预作用自动喷水灭火系统适用于什么场所？

【参考答案与解析】

（一）单项选择题

1. **答案**：D 【解析】《自动喷水灭火系统设计规范（2005 年版）》（GB 50084—2001）7.1.5 条图书馆、档案馆、商场、仓库中的通道上方宜设有喷头。喷头与被保护对象的水平距离，不应小于 0.3m；喷头溅水盘与保护对象的最小垂直距离不应小于表 7.1.5 的规定：其他喷头溅水盘与保护对象的最小垂直距离为 0.9m。

2. **答案**：C 【解析】见《实务》第三篇第二章第一节，室外消防给水管道的布置要求：①室外消防给水采用两路消防供水时，应布置成环状，但当采用一路消防供水时，可布置成枝状。②向环状管网输水的进水管不应少于两条，当其中一条发生故障时，其余的进水管应能满足消防用水总量的供给要求。③消防给水管道应采用阀门分成若干独立段，每段内室外消火栓的数量不宜超过 5 个。④管道的直径应根据流量、流速和压力要求经计算确定，但不应小于 DN100，有条件的应不小于 DN150。⑤室外消防给水管道设置的其他要求应符合现行国家标准《室外给水设计规范》（GB 50013—2016）的有关规定。

（二）多项选择题

1. **答案**：BCD 【解析】见《实务》第三篇第十四章第一节，二级负荷适用的场所。下列建筑物、储罐（区）和堆场的消防用电应按二级负荷供电：室外消防用水量大于 30L/s 的厂房（仓库），室外消防用水量大于 35L/s 的可燃材料堆场、可燃气体储罐（区）和甲、乙类液体储罐（区），粮食仓库及粮食筒仓，二类高层民用建筑，座位数超过 1500 个的电影院、剧场，座位数超过 3000 个的体育馆，任一层建筑面积大于 3000m^2 的商店和展览建筑，省（市）级及以上的广播电视、电信和财贸金融建筑，室外消防用水量大于 25L/s 的其他公共建筑。

2. **答案**：ABCE 【解析】《建筑设计防火规范》（GB 50016—2014）8.2.2 条本规范 8.2.1 条未规定的建筑或场所和符合本规范 8.2.1 条规定的下列建筑或场所，可不设置室内消火栓系统，但宜设置消防软管卷盘或轻便消防水龙：①耐火等级为一、二级且可燃物较少的单层、多层丁、戊类厂房（仓库）。②耐火等级为三、四级且建筑体积不大于 3000m^3 的丁类厂房；耐火等级为三、四级且建筑体积不大于 5000m^3 的戊类厂房（仓库）。③粮食仓库、金库、远离城镇且无人值班的独立建筑。④存有与水接触能引起燃烧爆炸的物品的建筑。⑤室内无生产、生活给水管道，室外消防用水取自储水池且建筑体积不大于 5000m^3 的其他建筑。

3. **答案**：ABC 【解析】《建筑设计防火规范》（GB 50016—2014）8.3.2、8.3.4 条。

（三）分析题

答案：自动喷水灭火系统主要有湿式系统、干式系统、预作用系统、雨淋系统和水幕系统。预作用自动喷水灭火系统适用于系统处于准工作状态时严禁管道漏水，严禁系统误喷，代替干式系统的场所。

【解析】 见《实务》第三篇第三章第二节。

案例3 地下汽车库消防设施配置案例分析

一、情景描述（辅导教材案例20）

某汽车库，建筑面积3999m^2，地下1层，层高3m，地下汽车库地面标高至室外地面的距离不大于10m。车库可停车101辆，划分1个防火分区，2个防烟分区。车库设人员疏散口2个，设汽车疏散口2个，汽车出入口处均设有防火卷帘。该汽车库消防供电负荷为二级，并设有火灾自动报警系统、自动喷水灭火系统、室内外消火栓给水系统、机械排烟设施、消防应急照明和疏散指示标志、建筑灭火器等消防设施及器材。

二、思考题

（一）单项选择题

1. 地下汽车库机械排烟风机的排烟量不应小于（ ）m^3/h。

A. 20000　B. 25000　C. 30000　D. 35000

2. Ⅲ类地下汽车库应按（ ）供电。

A. 一级负荷　B. 二级负荷　C. 三级负荷　D. 一级负荷中特别重要负荷

3. 停车数超过（ ）辆的地下汽车库、Ⅰ类修车库等应设自动喷水灭火系统。

A. 10　B. 8　C. 5　D. 4

4. 地下汽车库消火栓水枪的充实水柱不应小于（ ）m。

A. 8　B. 10　C. 13　D. 15

5. 面积超过（ ）m^2 的地下汽车库应设置排烟系统。

A. 500　B. 1000　C. 1500　D. 2000

（二）多项选择题

下列哪些地下汽车库应设置火灾自动报警系统（ ）。

A. Ⅰ类汽车库、修车库

B. Ⅱ类高层、地下汽车库、修车库

C. 敞开式汽车库

D. 采用汽车专用升降机作汽车疏散出口的汽车库

E. 机械式汽车库

（三）分析题

某独立设置的地下汽车库，位于地下1层，层高3.30m，建筑面积3300m^2，停车数为

99 辆。问：

（1）该汽车库防火分类?

（2）该汽车库至少应设置哪些消防设施及器材?

（3）该汽车库室内外消防用水量分别不应小于多少?

【参考答案与解析】

（一）单项选择题

1. **答案**：C 【解析】《汽车库、修车库、停车场设计防火规范》(GB 50067—2014) 8.2.4 条每个防烟分区排烟风机的排烟量不应小于 30000m^3/h，且不应小于表 8.2.4 中的数值。

2. **答案**：B 【解析】《汽车库、修车库、停车场设计防火规范》(GB 50067—2014) 9.0.1 条消防水泵、火灾自动报警系统、自动灭火系统、防排烟设备、电动防火卷帘、电动防火门、消防应急照明和疏散指示标志等消防用电设备以及采用汽车专用升降机作车辆疏散出口的升降机用电应符合下列要求：①Ⅰ类汽车库、采用汽车专用升降机作车辆疏散出口的升降机用电应按一级负荷供电。②Ⅱ、Ⅲ类汽车库和Ⅰ类修车库应按二级负荷供电。③Ⅳ类汽车库和Ⅱ类、Ⅲ类、Ⅳ类修车库可采用三级负荷供电。

3. **答案**：A 【解析】《汽车库、修车库、停车场设计防火规范》(GB 50067—2014) 7.2.1 条除敞开式汽车库、屋面停车场外，下列汽车库、修车库应设置自动喷水灭火系统：①Ⅰ、Ⅱ、Ⅲ类地上汽车库；②停车数超过 10 辆的地下汽车库；③机械式汽车库；④采用汽车专用升降机作汽车疏散出口的汽车库；⑤Ⅰ类修车库。

4. **答案**：B 【解析】《汽车库、修车库、停车场设计防火规范》(GB 50067—2014) 7.1.9 条室内消火栓水枪的充实水柱不应小于 10m，消火栓口径应为 65mm，水枪口径应为 19mm，保护半径不应超过 25m。同层相邻室内消火栓的间距不应大于 50m，高层汽车库和地下汽车库的室内消火栓的间距不应大于 30m。

5. **答案**：B 【解析】《汽车库、修车库、停车场设计防火规范》(GB 50067—2014) 8.2.1 条除敞开式汽车库、建筑面积小于 1000m^2 的地下一层汽车库和修车库外，汽车库、修车库应设排烟系统，并应划分防烟分区，防烟分区的建筑面积不宜超过 2000m^2，且防烟分区不应跨越防火分区。防烟分区可采用挡烟垂壁、隔墙或从顶棚下突出不小于 0.5m 的梁划分。

（二）多项选择题

答案：ABDE 【解析】见《实务》第四篇第八章第三节，火灾自动报警系统设置范围：除敞开式汽车库外，Ⅰ类汽车库、修车库，Ⅱ类地下、半地下汽车库、修车库，Ⅱ类高层汽车库、修车库，机械式汽车库，以及采用汽车专用升降机作汽车疏散出口的汽车库应设置火灾自动报警系统。

（三）分析题

答案：（1）该地下汽车库属于Ⅲ类汽车库。

（2）作为Ⅲ类汽车库，应至少设置室外消火栓系统、室内消火栓系统、自动喷水灭火系统、排烟系统、火灾应急照明和疏散指示标志、建筑灭火器。

(3) 因为该地下汽车库为Ⅲ类汽车库，室外消防用水量不应小于15L/s，室内消防用水量不应小于10L/s。

【解析】 见《实务》第四篇第八章第三节，《汽车库、修车库、停车场设计防火规范》(GB 50067—2014)3. 0. 1、7. 1. 5、7. 1. 8、7. 2. 1、8. 2. 1条。

案例4 一类高层综合楼建筑消防设施配置案例分析

一、情景描述（辅导教材案例21）

某高层商业综合楼地上10层、地下3层，每层层高均为4m，建筑高度53. 80m，总建筑面积67137. 48m²。其中地下部分建筑面积27922. 30m²，使用性质为汽车库及设备用房，共计停车474辆；地上建筑面积39215. 18m²，首层至地上五层使用性质为商场（首层至地上五层的建筑面积共计20000m²），地上六层至地上十层使用性质为餐饮与营业性健身、休闲场所。该建筑内设有室内外消火栓系统，湿式自动喷水灭火系统，正压送风系统，机械排烟系统，火灾自动报警系统，消防应急照明，消防疏散指示标志，灭火器，消防电梯等消防设施；消防控制室设在地下一层，消防水泵房设置于地下二层。消防用电为一级负荷，电源从两个不同的区域变电站引入；消防供水从环状市政供水管网引入两条DN300的进水管，并在地块内形成环路。

二、思考题

(一) 单项选择题

1. 某综合楼地上8层，每层层高4. 5m，建筑高度36m，首层至地上五层每层建筑面积均为1500m²，地上六层至八层每层建筑面积均为1200m²，该建筑属于（ ）高层建筑。

A. 一类　B. 二类　C. 三类　D. 四类

2. 排烟口应设在顶棚上或靠近顶棚的墙面上，且与附近安全出口沿走道方向相邻边缘之间的最小水平距离不应小于（ ）m。

A. 0. 50　B. 1　C. 1. 50　D. 2

3. 消火栓栓口动压力不应大于（ ）MPa。

A. 0. 30　B. 0. 50　C. 0. 70　D. 0. 90

4. 消火栓栓口动压力大于（ ）MPa时，必须采取减压措施。

A. 0. 50　B. 0. 70　C. 0. 90　D. 1. 0

(二) 多项选择题

1. 下列建筑中，（ ）应设消防软管卷盘，其用水量可不计入消防用水总量。

A. 高级旅馆　B. 建筑面积为300m² 商业服务网点

C. 建筑高度为110m的高层办公楼　D. 多层电信楼

E. 多层防灾指挥调度楼

2. 消防电梯的设置应符合（　）要求。

A. 消防电梯应分别设在不同的防火分区内

B. 消防电梯间应设前室或与防烟楼梯间合用前室

C. 消防电梯的载重量不应小于 800kg

D. 消防电梯的行驶速度，应按从首层到顶层的运行时间不超过 60s 计算确定

E. 消防电梯轿厢的内装修应采用不燃烧材料

3. 建筑高度不超过 100m 的一类高层建筑及其裙房，除（　）部位外，应设置自动灭火系统，并宜采用自动喷水灭火系统。

A. 游泳池　B. 溜冰场　C. 建筑面积小于 $5m^2$ 的卫生间

D. 普通住宅　E. 不宜用水扑救的部位

（三）分析题

某电信楼，共 34 层，建筑高度 106m，火灾自动报警系统采用总线制方式布线，其传输线路采用铜芯绝缘导线沿桥架明敷。问：

（1）该建筑火灾自动报警系统应采用何种形式的火灾自动报警系统？

（2）线路敷设方式是否恰当？为什么？

（3）设置了控制中心报警系统后是否还应设置消防应急广播？

【参考答案与解析】

（一）单项选择题

1. **答案**：A 【解析】见《实务》第二篇第三章第一节，表 2-3-1 民用建筑的分类：建筑高度 24m 以上部分，任一楼层建筑面积大于 $1000m^2$ 的商店、展览、电信、邮政、财贸金融建筑和其他多种功能组合的建筑为一类高层建筑。

2. **答案**：C 【解析】见《实务》第三篇第十章第三节，排烟阀（口）的设置要求：排烟口的设置宜使烟流方向与人员疏散方向相反，排烟口与附近安全出口相邻边缘之间的水平距离不应小于 1. 50m。

3. **答案**：B 【解析】见《实务》第三篇第二章第三节，室内消火栓栓口压力：消火栓栓口动压力不应大于 0. 50MPa，当大于 0. 70MPa 时，必须设置减压装置。

4. **答案**：B 【解析】见《实务》第三篇第二章第三节，室内消火栓栓口压力。

（二）多项选择题

1. **答案**：ABC 【解析】《建筑设计防火规范》（GB 50016—2014）8. 2. 4 条人员密集的公共建筑、建筑高度大于 100m 的建筑和建筑面积大于 $200m^2$ 的商业服务网点内应设置消防软管卷盘或轻便消防水龙。高层住宅建筑的户内宜配置轻便消防水龙。

2. **答案**：ABCDE 【解析】见《实务》第二篇第十一章第三节，消防电梯的设置要求。

3. **答案**：ABDE 【解析】《建筑设计防火规范》（GB 50016—2014）8. 3. 3 条除本规范另有规定和不宜用水保护或灭火的场所外，下列高层民用建筑或场所应设置自动灭火系统，并宜采用自动喷水灭火系统：①一类高层公共建筑（除游泳池、溜冰场外）及其地下、半地下室。②二类高层公共建筑及其地下、半地下室的公共活动用房、走道、办公室

和旅馆的客房、可燃物品库房、自动扶梯底部。③高层民用建筑内的歌舞娱乐放映游艺场所。④建筑高度大于100m的住宅建筑。

（三）分析题

答案：（1）应采用控制中心报警系统。

（2）不恰当。当传输线路明敷时，应采用金属管、可挠（金属）电气导管或金属封闭线槽保护，矿物绝缘类不燃性电缆可直接明敷。

（3）还应设置消防应急广播。控制中心报警系统应设置消防应急广播。

【解析】（1）《火灾自动报警系统设计规范》(GB 50116—2013) 3.1.7 条高度超过100m的建筑中，除消防控制室内设置的控制器外，每台控制器直接控制的火灾探测器、手动报警按钮和模块等设备不应跨越避难层。3.2.1 条火灾自动报警系统形式的选择，应符合下列规定：①仅需要报警，不需要联动自动消防设备的保护对象宜采用区域报警系统。②不仅需要报警，同时需要联动自动消防设备，且只设置一台具有集中控制功能的火灾报警控制器和消防联动控制器的保护对象，应采用集中报警系统，并应设置一个消防控制室。③设置两个及以上消防控制室的保护对象，或已设置两个及以上集中报警系统的保护对象，应采用控制中心报警系统。

（2）见《综合》第三篇第十二章第一节，消防用电设备供电线路的敷设：①当采用矿物绝缘电缆时，可直接采用明敷设或在吊顶内敷设。②当采用难燃性电缆或有机绝缘耐火电缆时，在电气竖井内或电缆沟内敷设可不穿导管保护，但应采取与非消防用电缆隔离的措施。③采用明敷设、吊顶内敷设或架空地板内敷设时，要穿金属导管或封闭式金属线槽保护，所穿金属导管或封闭式金属线槽要采用涂防火涂料等防火保护措施。④当线路暗敷设时，要对所穿金属导管或难燃性刚性塑料导管进行保护，并要敷设在不燃烧结构内，保护层厚度应不小于30mm。

（3）《火灾自动报警系统设计规范》(GB 50116—2013) 4.8.7 条集中报警系统和控制中心报警系统应设置消防应急广播。

案例5 甲、乙、丙类液体储罐区消防设施配置案例分析

一、情景描述（辅导教材案例25）

某占地80hm^2工厂厂区内设置储罐区，储存有正丙醇、乙醇、异丙醇、正丁醇、环己酮、乙二醇、二甘醇、轻柴油和丙二醇，均为钢制单盘式内浮顶储罐。罐区储存物主要理化性能见表2-5-1。

表2-5-1 罐区储存物主要理化性能

罐体编号	储存物质	闪点/℃	水溶性	单罐容积/m^3
1	正丙醇	15	是	1200
2	正丁醇	35	是	1200

续表 2-5-1

罐体编号	储存物质	闪点/℃	水溶性	单罐容积/m^3
3	乙　醇	12	是	1000
4	二甘醇	124	是	500
5	环己酮	43	否	500
6	异丙醇	12	是	500
7	丙二醇	99	是	500
8	乙二醇	111.10	是	1200
9	轻柴油	65	否	500

二、思　考　题

（一）单项选择题

1. 该储罐区距起火罐壁的净距大于或等于（　）的相邻罐可不设冷却水系统，D 为起火罐与相邻罐两者中较大油罐的直径。

A. 0.8　　B. 0.6　　C. 0.4　　D. 0.2

2. 该罐区内轻柴油的火灾危险性类别属于（　）。

A. 甲类　　B. 乙类　　C. 丙类　　D. 丁戊类

3. 柴油机消防水泵应具备连续工作的性能，试验运行时间不应小于（　）h。

A. 8　　B. 12　　C. 24　　D. 36

（二）多项选择题

1. 下列可燃液体储罐，需要使用抗溶性泡沫灭火剂的有（　）。

A. 正丁醇　　B. 乙二醇　　C. 二甘醇　　D. 异丙醇　　E. 乙醇

2. 正丙醇固定顶储罐，应选用（　）泡沫灭火系统。

A. 液上喷射　　B. 液下喷射　　C. 半液下喷射　　D. 以上全部　　E. 不能采用

（三）分析题

1. 某储罐区，设有 4 个内浮顶汽油储罐，单罐容积为 2000m^3。问：

（1）该储存物品的火灾危险类别是什么？

（2）该储罐应采用何种泡沫灭火系统？

（3）泡沫消防泵启动后，将泡沫液或泡沫混合液输送到最远储罐的时间不应大于多少分钟？

2. 某储罐区设有 2 个固定顶储罐，单罐容积 10000m^2，直径 36m，储存物质为乙醇。问：

（1）设置泡沫灭火系统时是否可以选用液下喷射泡沫灭火系统？为什么？

（2）应选择何种泡沫液？

（3）如果将泡沫炮和泡沫枪作为上述储罐的主要灭火设施，是否符合要求？为什么？

【参考答案与解析】

（一）单项选择题

1. **答案**：C 【解析】《消防给水及消火栓系统技术规范》（GB 50974—2014）3.4.2.3 条注 5。

2. **答案**：C 【解析】见《实务》第二篇第二章第二节，表 2-2-3 储存物品的火灾危险性分类及举例。

3. **答案**：C 【解析】见《实务》第三篇第二章第一节，柴油机消防水泵应符合下列规定：①柴油机消防水泵应采用压缩式点火型柴油机。②柴油机的额定功率应校核海拔和环境温度对柴油机功率的影响。③柴油机消防水泵应具备连续工作性能，试验运行时间不应小于 24h。④柴油机消防水泵的蓄电池应保证消防水泵随时自动启泵的要求。⑤柴油机消防水泵的供油箱应根据火灾延续时间确定，且油箱最小有效容积应按 1.5L/kW 配置，柴油机消防水泵油箱内储存的燃料不应小于 50% 的储量。

（二）多项选择题

1. **答案**：ABCDE 【解析】见《实务》第三篇第七章第一节，水溶性液体火灾必须选用抗溶性泡沫液。

2. **答案**：AC 【解析】见《实务》第三篇第七章第一节，扑救水溶性液体火灾只能采用液上喷射或半液下喷射泡沫，不能采用液下喷射泡沫。对于非溶性液体火灾，当采用液上喷射泡沫灭火时，选用普通蛋白泡沫液、氟蛋白泡沫液或水成膜泡沫液均可。对于非水溶性液体火灾，当采用液下喷射泡沫灭火时，必须选用氟蛋白泡沫液或水成膜泡沫液。

（三）分析题

1. **答案**：（1）属于甲类。

（2）应采用固定式低倍数或中倍数泡沫灭火系统。

（3）不应大于 5min。

【解析】（1）见《实务》第二篇第二章第二节，表 2-2-3 储存物品的火灾危险性分类及举例。

（2）见《实务》第三篇第七章第三节，系统选择基本要求：①甲、乙、丙类液体储罐区宜选用低倍数泡沫灭火系统。②甲、乙、丙类液体储罐区固定式、半固定式或移动式泡沫灭火系统的选择应符合下列规定：低倍数泡沫灭火系统，应符合相关现行国家标准的规定；油罐中倍数泡沫灭火系统宜为固定式。

（3）见《实务》第三篇第七章第四节，低倍数泡沫灭火系统基本要求：为了使系统及时灭火，固定式泡沫灭火系统的设计应满足在泡沫消防水泵或泡沫混合液泵启动后，将泡沫混合液或泡沫输送到保护对象的时间不大于 5min。

2. **答案**：（1）采用液下喷射泡沫灭火系统不行。因为水溶性甲、乙、丙类液体的固定顶罐，应选用液上喷射泡沫灭火系统或半液下喷射泡沫灭火系统。

（2）选择抗溶性泡沫液。

（3）不符合。水溶性液体的立式储罐，不应用泡沫炮作为主要灭火设施。直径大于

9m、高度大于7m的固定顶储罐，不应用泡沫枪作为主要灭火设施。

【解析】（1）见《实务》第三篇第七章第一节，扑救水溶性液体火灾只能采用液上喷射或半液下喷射泡沫，不能采用液下喷射泡沫。对于非溶性液体火灾，当采用液上喷射泡沫灭火时，选用普通蛋白泡沫液，氟蛋白泡沫液或水成膜泡沫液均可。对于非水溶性液体火灾，当采用液下喷射泡沫灭火时，必须选用氟蛋白泡沫液或水成膜泡沫液。

（2）见《实务》第三篇第七章第一节，水溶性液体火灾必须选用抗溶性泡沫液。

（3）见《实务》第三篇第七章第三节，储罐区泡沫灭火系统的选择，应符合下列规定：烃类液体固定顶储罐，可选用液上喷射、液下喷射或半液下喷射系统；水溶性甲、乙、丙类液体的固定顶储罐，应选用液上喷射或半液下喷射系统；外浮顶和内浮顶储罐应选用液上喷射系统；烃类液体外浮顶储罐、内浮顶储罐、直径大于18m的固定顶储罐以及水溶性液体的立式储罐，不得选用泡沫炮作为主要灭火设施；高度大于7m、直径大于9m的固定顶储罐，不得选用泡沫枪作为主要灭火设施；油罐中倍数泡沫灭火系统，应选用液上喷射系统。

案例6　室内消火栓系统检测与验收案例分析

一、情景描述（辅导教材案例27）

某二级耐火等级的多功能组合公共建筑地上6层，建筑高度22.70m；地上一层为商铺、地上二至四层为办公，地上五至六层为旅馆。该建筑内设有室内外消火栓系统、火灾自动报警系统、消防应急照明、消防疏散指示标志、灭火器等消防设施及器材。室内消火栓系统如图2-6-1所示。

该建筑室内消火栓系统，采用临时高压给水系统。检测和验收时发现：设有符合要求的消防水池一座，两台符合要求的消防水泵从池中取水供给高位消防水箱和消火栓系统，系统设有3条竖管和一个环网向18个消火栓供水，消火栓系统管网上设有两组水泵接合器，室内消火栓安装在走道上，室内消火栓间距不大于30m。室外消火栓给水系统流量为25L/s，室内消火栓给水系统流量为15L/s，室内同时动用水枪数为3支，竖管最小流量为10L/s，消火栓竖管直径为DN80，办公区室内消火栓采用DN50单阀单栓。商业和旅馆区室内消火栓采用DN65单阀单栓。消火栓箱内配置软管卷盘。消火栓箱内安装有报警按钮，按动后红灯点亮，并向

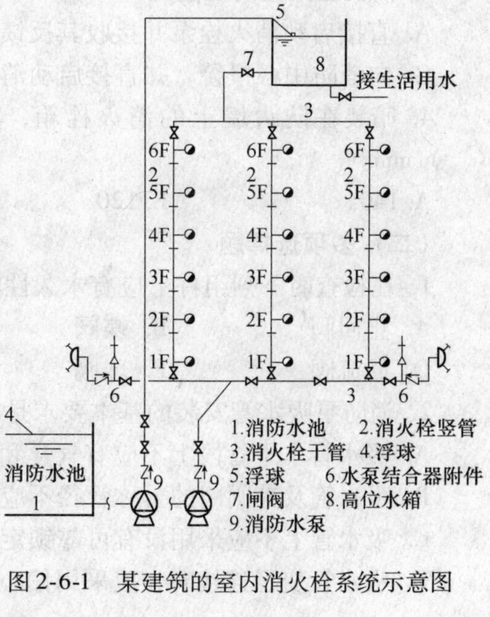

图2-6-1　某建筑的室内消火栓系统示意图

消防控制中心报警，消防控制中心以硬线点对点的控制方式手动直接控制消火栓泵的启停。现场检测时拍摄的部分照片如图 2-6-2 与图 2-6-3 所示。

图 2-6-2 室内消火栓箱安装图

图 2-6-3 消火栓泵及其附件安装图

二、思 考 题

（一）单项选择题

1.（ ）消防给水系统中由消防水泵供给的消防用水不应进入高位消防水池中。

A. 临时高压　　B. 低压　　C. 高压　　D. 常高压

2. 检测时本建筑室内消火栓系统最低处消火栓静水压力不应大于（ ）MPa。

A. 0.15　　B. 0.5　　C. 1.0　　D. 1.5

3. 消火栓按钮的功能是（ ）。

A. 直接启动消火栓泵并接收其反馈信号　　B. 向消防中心报警，并显示其地址信息

C. 向消防中心报警，并直接启动消防泵　　D. 启动消防事故报警广播

4. 暗装在防火墙上的消火栓箱，其预留洞口后部剩余的墙体结构厚度不应小于（ ）mm。

A. 140　　B. 120　　C. 100　　D. 50

（二）多项选择题

1. 在检查时下列组件上应有永久性的水流方向标志的组件是（ ）。

A. 止回阀　　B. 蝶阀　　C. 减压阀

D. 回流阀　　E. 球阀

2. 消防泵吸水管安装的基本要求是（ ）。

A. 吸水管水平管段上不应有气囊和漏气现象

B. 吸水管及其阀门的公称管径不应大于消防泵入口直径

C. 吸水管上不应采用没有可靠锁定装置的控制阀门

D. 吸水管变径连接时，应采用偏心异径管并应采用管顶平接

E. 吸水管及其阀门的公称管径不应小于消防泵入口直径

3. 本案例每台消防泵出水管上应设置的主要附件有（　）。

A. 消声止回阀　　B. DN65 的试验放水阀　　C. 压力表

D. 闸阀　　E. 压力开关

4. 室内消火栓箱在装修时必须做到（　）。

A. 箱门上应有红色“消火栓”字样　　B. 箱门不应被装饰物遮掩

C. 箱门应能开启至 120°　　D. 箱体背面的墙体厚度不小于规定

E. 箱门的颜色应与四周装修材料的颜色有明显区别

（三）分析题

1. 请分析本案例情景描述中和图 2-6-1 中的错误。

2. 请分析图 2-6-2 和图 2-6-3 中的错误。

【参考答案与解析】

（一）单项选择题

1. **答案：**A 【解析】见《实务》第三篇第二章第一节，消防水箱：采用临时高压给水系统的建筑物应设置高位消防水箱。设置消防水箱的目的，一是提供系统启动初期的消防用水量和水压，在消防泵出现故障的紧急情况下应急供水，确保喷头开放后立即喷水，以及时控制初期火灾，并为外援灭火争取时间；二是利用高位差为系统提供准工作状态下所需的水压，以达到管道内充水并保持一定压力的目的。设置常高压给水系统并能保证最不利点消火栓和自动喷水灭火系统等的水量和水压的建筑物，或设置干式消防竖管的建筑物，可不设置消防水箱。

2. **答案：**B。

3. **答案：**B 【解析】见《实务》第三篇第二章第一节，消防水泵的启动装置：消火栓按钮不宜作为直接启动消防泵的开关，但可作为发出报警信号的开关或启动干式消火栓系统的快速启闭装置等。

4. **答案：**B。

（二）多项选择题

1. **答案：**AC 【解析】《自动喷水灭火系统施工及验收规范》（GB 50261—2005）3. 2. 5 条压力开关、水流指示器、自动排气阀、减压阀、泄压阀、多功能水泵控制阀、止回阀、信号阀、水泵接合器及水位、气压、阀门限位等自动监测装置应有清晰的铭牌、安全操作指示标志和产品说明书；水流指示器、水泵接合器、减压阀、止回阀、过滤器、泄压阀、多功能水泵控制阀尚应有水流方向的永久性标志；安装前应进行主要功能检查。

2. **答案：**ACDE 【解析】见《实务》第三篇第二章第一节，消防水泵吸水管的布置。

3. **答案：**ABCDE 【解析】见《实务》第三篇第二章第一节，消防水泵出水管的布置。

4. **答案：**BE 【解析】《建筑内部装修设计防火规范》3. 1. 14 条建筑内部消火栓的门

不应被装饰物遮掩，消火栓门四周的装修材料颜色应与消火栓门的颜色有明显区别。

在装修过程中有很多装修材料是可燃易燃物，万一装修工地发生火灾，要确保工人快速找到消火栓灭火。B 遮挡——找不到，E 颜色相近——不易找到，耽误火灾初期宝贵的灭火时期。

（三）分析题

1. **答案：**（1）一组消防水泵的供水应设不少于两条供水管与消防给水环网连接，当其中一条检修时，其余供水管仍应能供应全部消防给水设计流量。

（2）本案例中的消火栓给水系统应设置备用消防水泵，消防水泵的供水只能供向消防系统管网，不可直接供给高位消防水箱。

（3）消防水泵的进出水管上缺少真空压力表，出水管上缺少 DN65 的试验放水阀，消防水泵的吸水管上缺少阀门。

（4）消火栓环网上没有足够的阀门保证环网任一段检修时关闭的竖管不超过 1 条。

（5）屋顶上未设置室内消火栓和试验检查消火栓。

（6）办公区不应采用 DN50 的室内消火栓，且同一建筑内应配置相同规格的消火栓、消防水枪、消防水带。

（7）消防水箱与生活水箱合用的水箱，没有采用确保消防用水不被他用的技术措施。

【解析】 见《实务》第三篇第二章第一节，消防水泵的设置要求、消防水泵吸水管的布置、消防水泵出水管的布置、室内消防给水管道、消防水池的设置要求。见《实务》第三篇第二章第三节，室内消火栓的设置。

2. **答案：**（1）图 2-6-2 中的错误有：①消火栓栓口设置在箱门轴侧。②箱内为一栓二带，且未正常挂起。③未配置消防软管卷盘。

（2）图 2-6-3 中的错误有：①立式消火栓水泵未按标准图固定在合格的基础上。②吸入管上采用了同心异径接头，而且直接焊在法兰上。③吸入管上未安装真空压力表。

【解析】（1）见《综合》第三篇第三章第三节，消火栓箱检测验收。

（2）见《实务》第三篇第二章第一节，消防水泵吸水管的布置。

案例 7　自动喷水灭火系统的检测与维保案例分析

一、情景描述（辅导教材案例 28）

某大型商业建筑，主体地上 4 层，地下 1 层，建筑高度 23.80m，按规定设置了自动喷水灭火系统，其中地上商业均采用格栅式通透性吊顶，地下车库均不设吊顶，该商业建筑在地下一层设有符合要求的消防和生活合用的消防水池一座。在屋面设有消防气压给水设备配合 18m^3 消防水箱增压，现场验收检查的照片如图 2-7-1 ~ 图 2-7-5所示。

图 2-7-1　湿式报警阀组安装

图 2-7-2　隐蔽式喷头安装在格栅条之间

图 2-7-3　集热罩补偿与顶棚超距

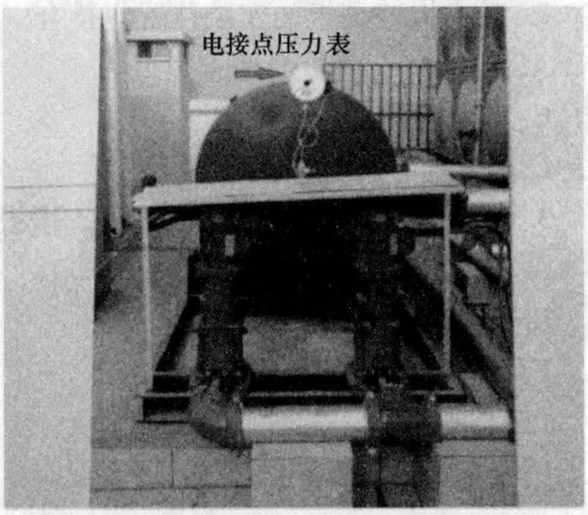

图 2-7-4　卧式隔膜式消防气压罐

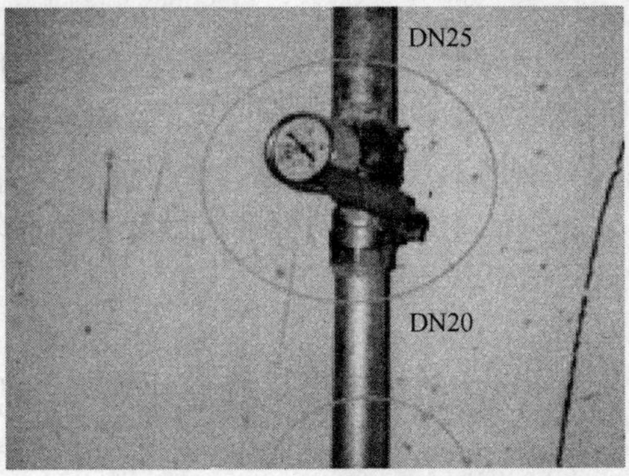

图 2-7-5　系统的末端试水装置

二、思 考 题

（一）单项选择题

1. 在通透性吊顶内安装喷头时应选用（ ）喷头。

A. 直立型 B. 下垂型 C. 隐蔽型 D. 边墙型

2. 规范对管道支吊架最大间距的控制，其目的是（ ）。

A. 控制管道不发生挠曲过大 B. 控制管道不发生剪断

C. 保证管道的强度和刚度 D. 保证管道支吊架不发生破坏

（二）多项选择题

1. 本案例在系统验收时属于A级缺陷的检验项目有（ ）。

A. 消防水箱和消防水池的容量，室外给水管网的供水能力

B. 主备电源的自动切换装置的可靠性

C. 管道材质、管径、接头、连接方式、防腐防冻措施

D. 信号阀应锁定在常开位置 E. 系统流量和压力检测合格

2. 湿式报警阀组的安装位置应符合（ ）。

A. 经常有人值班的地点附近 B. 不易发生冰冻的场所

C. 位置明显而安全 D. 便于操作，且地面有排水设施

E. 必须设置在消防泵房内

3. 当（ ）时，应在喷头的上方增设集热挡水板。

A. 货架内喷头上方有孔洞 B. 喷头离顶板太远，需要集热

C. 货架内喷头上方有缝隙 D. 设置在通透性吊顶下方

E. 设置在通透性吊顶上方

（三）分析题

请分析指出本案例图片中的错误。

【参考答案与解析】

（一）单项选择题

1. **答案：**A 【解析】《自动喷水灭火系统设计规范（2005年版）》（GB 50084—2001）7.1.10条装设通透性吊顶的场所，喷头应布置在顶板下。故应采用直立型喷头。

2. **答案：**C 【解析】《石油化工管道支吊架设计规范》3.2条支吊架的结构件应具有足够的强度和刚度，并应尽量简单。除选用的标准支吊架零部件外，支吊架结构和连接应进行强度和刚度计算。

（二）多项选择题

1. **答案：**ACE 【解析】《自动喷水灭火系统设计规范（2005年版）》（GB 50084—2001）附录F。

2. **答案：**CD 【解析】见《综合》第三篇第四章第三节，报警阀组按照下列要求进行安装，并通过技术检测控制其安装质量：①按照标准图集或者生产厂家提供的安装图样

进行报警阀阀体及其附属管路的安装。②报警阀组垂直安装在配水干管上，水源控制阀、报警阀组水流标识与系统水流方向一致。报警阀组的安装顺序为先安装水源控制阀、报警阀，再进行报警阀辅助管道的连接。③按照设计图样中确定的位置安装报警阀组；设计未予明确的，报警阀组安装在便于操作、监控的明显位置。④报警阀阀体底边距室内地面高度为1.2m，侧边与墙的距离不小于0.5m，正面与墙的距离不小于1.2m，报警阀组凸出部位之间的距离不小于0.5m。⑤报警阀组安装在室内时，室内地面增设排水设施。

3. **答案**：AC　【解析】《自动喷水灭火系统设计规范（2005年版）》(GB 50084—2001)7.1.7条货架内喷头上方的货架层板，应为封闭层板。货架内喷头上方如有孔洞、缝隙，应在喷头的上方设置集热挡水板。

（三）分析题

答案：（1）图2-7-1中的错误：湿式报警阀的上下腔压力表的规格型号、表径和量程均不一致。

（2）图2-7-2中的错误：①通透性格栅吊顶的喷头不应采用隐蔽式吊顶型喷头。②通透性格栅吊顶内的喷头不应安装在格栅之间和格栅的锯口上。

（3）图2-7-3中的错误：不应采用集热挡水板补偿喷头溅水盘与顶板之间的距离。

（4）图2-7-4中的错误：气压给水设备只设一只电接点压力表，只能控制稳压泵启停，不能发出启动喷淋泵的信号，根据《消防给水及消火栓系统技术规范》(GB 50974—2014）规定，稳压泵的设计压力应满足系统自动启动的要求。

（5）图2-7-5中的错误：①末端试水装置的排水为暗排方式，没有试水接头和漏斗，而且采用了DN20的试水阀和排水管。②压力表表面不正，不便读值，而且压力表在试水阀上游，不符合《自动喷水灭火系统设计规范（2005年版）》(GB 50084—2001）的要求。

【解析】　见《实务》第三篇第三章第四节，喷头选型与设置要求、末端试水装置。

案例8　气体灭火设施检测与验收案例分析

一、情景描述（辅导教材案例29）

某发电厂气体灭火系统主要分布于1号、2号机组的集控室、电子间、工程师站、电缆夹层，380V母线室和6kV母线室等关键部位。该气体灭火系统选择组合分配设置的IG541全淹没的灭火方式，药剂瓶组42瓶。该系统竣工距今已使用10多年。

二、思考题

（一）单项选择题

1.《气体灭火系统施工及验收规范》(GB 50263—2007）规定，气体灭火系统选择阀操作手柄应安装在操作面一侧，当安装高度超过（　）时应采取便于操作的措施。

A. 1.50m　　B. 1.70m　　C. 1.80m　　D. 2m

2. 根据《气体灭火系统施工及验收规范》(GB 50263—2007）中关于进场检验的规定，同一规格的灭火剂储存容器，其高度差不宜超过（　）mm。

A. 15　　B. 20　　C. 18　　D. 22

3. 根据《气体灭火系统施工及验收规范》(GB 50263—2007）规定，气体灭火系统的材料进场检验时，对管材、管道连接件的品种、规格、性能等进行的检查方法是（　）。

A. 检查数量：全数检查。检查方法：现场取样送法定检验机构检验

B. 检查数量：20%抽查。检查方法：核查出厂合格证与质量检验报告

C. 检查数量：30%抽查。检查方法：核查出厂合格证与质量检验报告

D. 检查数量：全数检查。检查方法：核查出厂合格证与质量检验报告

（二）多项选择题

1. 检查管材、管道连接件的外观质量时主要查看（　）。

A. 镀锌层是否有脱落、破损等缺陷

B. 螺纹连接管道连接件是否有缺螺纹、断螺纹等现象

C. 法兰密封面是否有缺损、裂痕

D. 密封垫片是否完好无划痕

E. 是否涂刷防锈漆

2. 气体灭火系统的启动方式一般有（　）。

A. 自动启动　　B. 电动启动

C. 手动启动　　D. 气动启动

E. 机械应急启动

3. 气体灭火系统模拟喷气试验调试时，下列符合规定的有（　）。

A. 试验气体能喷入被试验防护区内，且应从每个喷嘴喷出

B. 有关控制阀门工作正常

C. 有关声、光报警信号正确

D. 储瓶间内设备和对应防护区内的灭火剂输送管道无明显晃动和机械性损伤

E. 防护区相关防火阀能联动关闭

4. 气体灭火系统功能验收模拟自动启动试验时，下列符合规定的有（　）。

A. 指示灯泡显示正常，压力表测定的气压足以驱动容器阀和选择阀

B. 有关声、光报警装置均能发出符合设计要求的正常信号

C. 有关控制阀门工作正常

D. 有关的联动设备动作正确，符合设计要求

E. 防护区内非消防用电被联动强切

5. 防护区划分应符合的规定有（　）。

A. 防护区宜以单个封闭空间划分；同一区间的顶棚层和地板下需同时保护时，可合为一个防护区

B. 防护区宜以单个封闭空间划分；同一区间的顶棚层和地板下需同时保护时，不可合为一个防护区

C. 采用预制灭火系统时，一个防护区的面积不宜大于 $500m^2$，且容积不宜大于 $1600m^3$

D. 采用管网灭火系统时，一个防护区的面积不宜大于 800m^2，且容积不宜大于 3600m^3

E. 采用管网灭火系统时，一个防护区的面积不宜大于 1000m^2，且容积不宜大于 3000m^3

（三）分析题

1. 气体灭火系统的功能验收一般包括哪些步骤?

2. 请指出本案例图 2-8-1、图 2-8-2 中的问题。

图 2-8-1　容器阀

图 2-8-2　压力表

【参考答案与解析】

（一）单项选择题

1. **答案**：B 【解析】见《综合》第三篇第七章第三节，选择阀及信号反馈装置的安装：①选择阀操作手柄安装在操作面一侧，当安装高度超过 1.7m 时应采取便于操作的措施。②采用螺纹连接的选择阀，其与管网连接处宜采用活接。③选择阀的流向指示箭头应指向介质流动方向。④选择阀上要设置标明防护区、保护对象名称或编号的永久性标志，并应便于观察。⑤信号反馈装置的安装应符合设计要求。

2. **答案**：B 【解析】见《综合》第三篇第七章第二节，系统组件外观检查：①系统组件无碰撞变形及其他机械性损伤。②组件外露非机械加工表面保护涂层完好。③组件所有外露接口均设有防护堵、盖，且封闭良好，接口螺纹和法兰密封面无损伤。④铭牌清晰、牢固、方向正确。⑤同一规格的灭火剂储存容器，其高度差不宜超过 20mm。⑥同一规格的驱动气体储存容器，其高度差不宜超过 10mm。

3. **答案**：D 【解析】《气体灭火系统施工及验收规范》(GB 50263—2007) 4. 2. 1 条管材、管道连接件的品种、规格、性能等应符合相应产品标准和设计要求。检查数量：全数检查。检查方法：核查出厂合格证与质量检验报告。

（二）多项选择题

1. **答案**：ABCD 【解析】见《综合》第三篇第七章第二节，管材、管道连接件的外观质量除符合设计规定外，还要符合下列规定：①镀锌层不得有脱落、破损等缺陷。②螺纹连接管道的连接件不得有缺纹、断纹等现象。③法兰盘密封面不得有缺损、裂痕。④密封垫片应完好无划痕。

2. **答案**：ACE 【解析】见《实务》第三篇第六章第六节，管网灭火系统应设自动控制、手动控制和机械应急操作三种启动方式。预制灭火系统应设自动控制和手动控制两种启动方式。

3. **答案**：ABCD 【解析】见《综合》第三篇第七章第三节，模拟喷气试验结果要符合下列规定：①延迟时间与设定时间相符，响应时间满足要求。②有关声、光报警信号正确。③有关控制阀门工作正常。④信号反馈装置动作后，气体防护区门外的气体喷放指示灯工作正常。⑤储存容器间内的设备和对应防护区或保护对象的灭火剂输送管道无明显晃动和机械性损坏。⑥试验气体能喷入被试防护区内或保护对象上，且能从每个喷嘴喷出。

4. **答案**：ABD 【解析】见《综合》第三篇第七章第三节，模拟启动试验结果要求：①延迟时间与设定时间相符，响应时间满足要求。②有关声、光报警信号正确。③联动设备动作正确。④驱动装置动作可靠。

5. **答案**：ACD 【解析】见《实务》第三篇第六章第五节，防护区应根据封闭空间的结构特点和位置来划分，防护区划分应符合下列规定：防护区宜以单个封闭空间划分；同一区间的吊顶层和地板下需同时保护时，可合为一个防护区；采用管网灭火系统时，一个防护区的面积不宜大于 $800m^2$，且容积不宜大于 $3600m^3$；采用预制灭火系统时，一个防护区的面积不宜大于 $500m^2$，且容积不宜大于 $1600m^3$。

（三）分析题

1. **答案**：包括系统模拟启动试验、模拟喷气试验、对设有灭火剂备用量的系统进行模拟切换操作试验、对主备电源进行切换试验。

【解析】 见《综合》第三篇第七章第四节，系统功能验收：①系统功能验收时，应进行模拟启动试验，并合格。②系统功能验收时，应进行模拟喷气试验，并合格。③系统功能验收时，应对设有灭火剂备用量的系统进行模拟切换操作试验，并合格。④系统功能验收时，应对主、备用电源进行切换试验，并合格。

2. **答案**：（1）图 2-8-1：容器阀被腐蚀（钢瓶顶部也有锈蚀），为保证灭火系统的安全运行，应当重新评估运行环境，并采取防护措施。

（2）图 2-8-2：储气瓶的压力指示器已显示储气瓶压力明显不足，应当尽快维修，并查明原因。

【解析】 见《综合》第三篇第七章第五节，月检查维护要求：1）对低压二氧化碳灭火系统储存装置的液位计进行检查，灭火剂损失 10% 时应及时补充。2）高压二氧化碳灭火系统、七氟丙烷管网灭火系统及 IG541 灭火系统等的检查内容及要求应符合下列规定：①灭火剂储存容器及容器阀、单向阀、连接管、集流管、安全泄放装置、选择阀、阀驱动装置、喷嘴、信号反馈装置、检漏装置、减压装置等全部系统组件应无碰撞变形及其他机械性损伤，表面应无锈蚀，保护涂层应完好，铭牌和保护对象标志应清晰，手动操作装置的防护罩、铅封和安全标志应完整。②灭火剂和驱动气体储存容器内的压力不得小于设计储存压力的 90%。③预制灭火系统的设备状态和运行状况应正常。

案例9　泡沫灭火设施检测与验收案例分析

一、情景描述（辅导教材案例30）

某原油罐区设有6座10×104m³外浮顶储罐，储罐浮盘为钢制双盘式外浮顶，密封装置采用二次密封。储罐直径为80m，高21.80m，泡沫堰板距罐壁1.20m。罐区布置如图2-9-1所示。

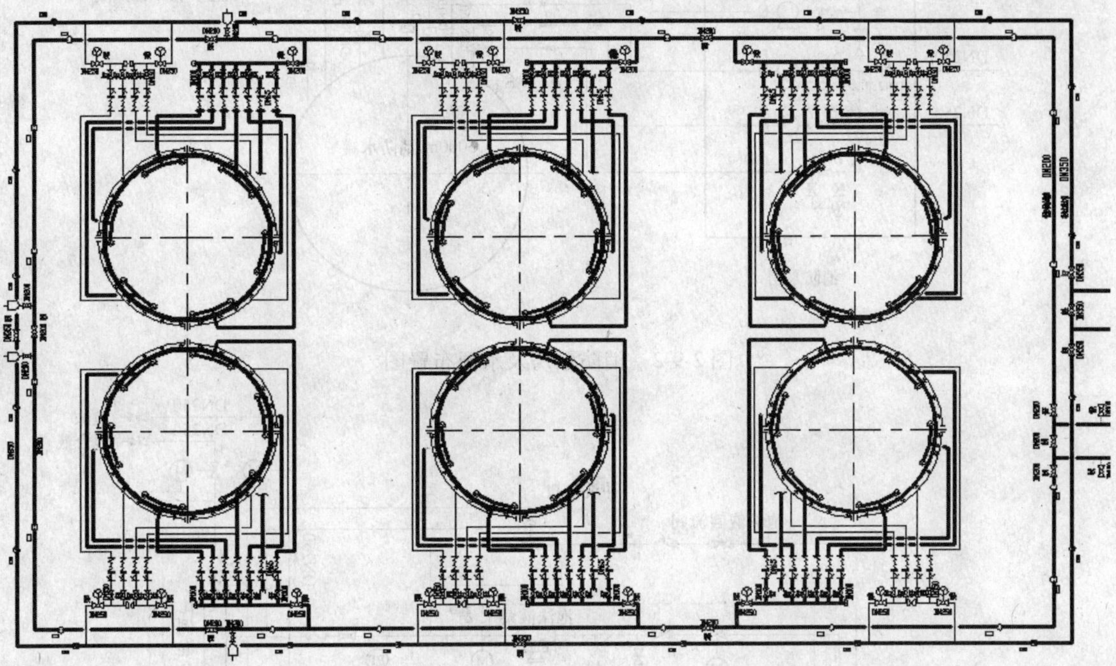

图2-9-1　罐区布置图

经计算确定罐区泡沫混合液设计流量为120L/s，系统设计压力为1.20MPa，配置泡沫混合液用水量为253m³，泡沫液用量为7.83m³（采用质量分数为3%的水成膜泡沫液）。每个储罐设有12个PC8泡沫产生器，罐区配有3支PQ8泡沫枪，用于扑救流散火灾。罐区采用环状供水管网，消防冷却水和泡沫混合液用水均有2条干管与各自环状管网连接。

罐区设消防泵房1座，5000m³消防水池2座。消防泵房设有消防冷却供水泵4台，每台流量为180L/s，扬程为185m；泡沫消防泵2台，每台流量为180L/s，扬程为120m；稳压泵1台，流量为10L/s，扬程为120m。消防泵房及水源布置如图2-9-2所示。

罐区设泡沫站1座，内设平衡压力式泡沫比例混合装置，泡沫液泵采用水轮机驱动，设有1座有效容积为12m³的不锈钢泡沫液罐，储存质量分数为3%的水成膜泡沫液。泡沫站管路布置如图2-9-3所示。

罐区设火灾自动报警系统、手动报警系统和工业电视监控系统。泡沫灭火系统采用人

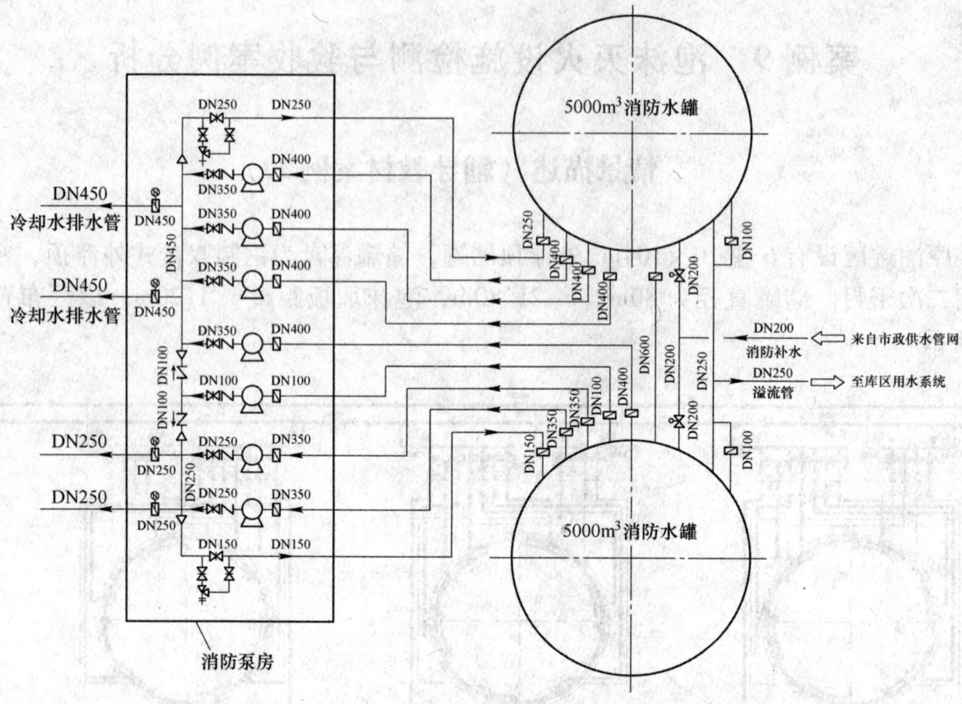

图 2-9-2 消防泵房及水源布置图

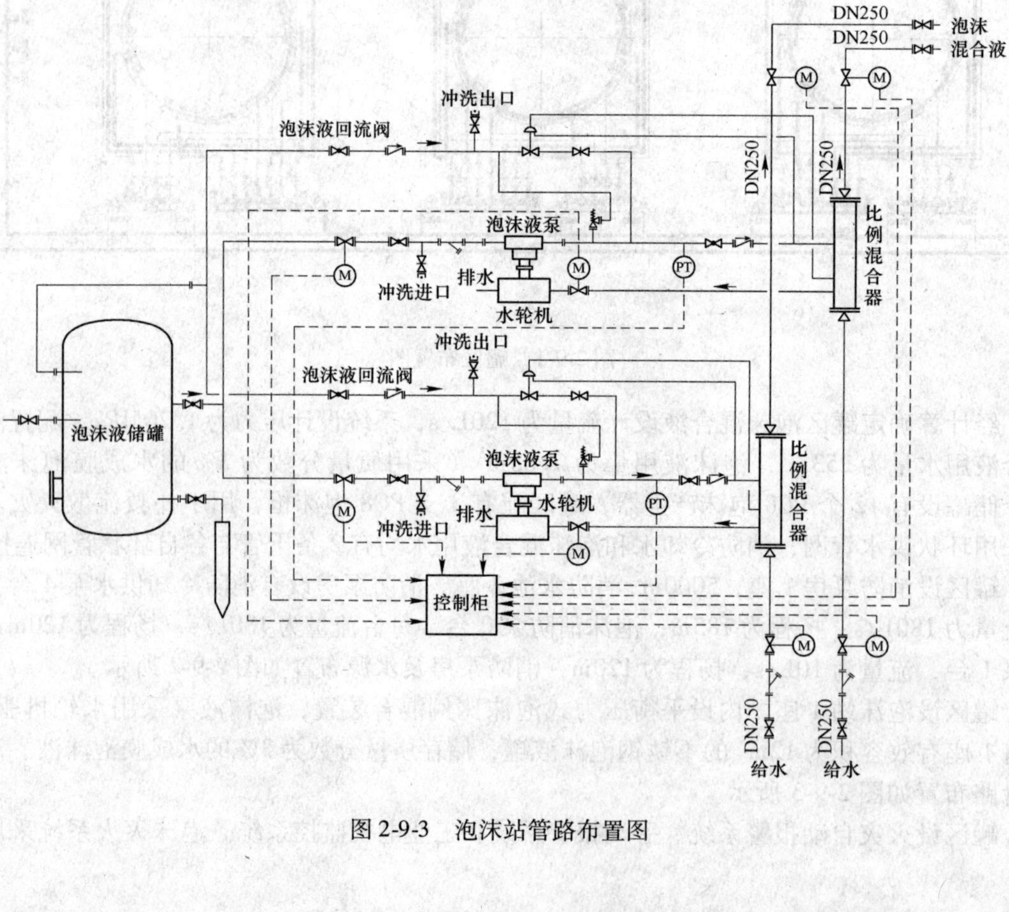

图 2-9-3 泡沫站管路布置图

工确认火灾，远程控制启动消防设施的控制方式。当罐区发生火灾时，经确认火灾后，人工开启消防控制程序，程序自动启动消防泵、比例混合装置和开启相应的阀门，对起火油罐进行冷却和灭火。泡沫灭火系统可在5min内将泡沫混合液输送至罐上任何起火点。

二、思 考 题

（一）填空题

1. 只有采用（ ）比例混合器的泡沫灭火系统中才使用泡沫混合液泵。

2. 泡沫灭火系统管网检修后应进行水压试验，水压试验的压力应为设计压力的（ ）倍。

3. 泡沫灭火系统管网水压试验合格后应用清水冲洗，其冲洗流量宜为（ ）。

4. 发泡倍数是指（ ）与形成该泡沫的泡沫混合液体积的比值。

（二）单项选择题

1. 本例中的泡沫混合液的进场检验需要送至具备相应资质的检测单位进行检测，下列不属于检测内容的是（ ）。

A. 灭火时间　B. 抗烧时间　C. 发泡倍数　D. 泡沫液的凝点

2. 本例中每台罐的泡沫产生器共有12只，泡沫产生器及泡沫导流罩沿罐周应均布，其间距偏差不宜大于（ ）mm。

A. 100　B. 150　C. 200　D. 250

3. 低中倍数泡沫灭火系统应在喷水试验完成后再进行（ ）。

A. 以自动和手动方式的喷泡沫试验

B. 模拟喷泡沫试验

C. 泡沫比例混合器的单机调试

D. 一次喷泡沫试验

4. 本案例中的（ ）区段管道应采用不锈钢管道。

A. 从泡沫液罐至比例混合器　B. 从比例混合器至泡沫发生器

C. 从泡沫液罐至泡沫发生器　D. 从泡沫发生器至泡沫消火栓

（三）多项选择题

1. 高倍数泡沫灭火系统调试时对喷水试验和喷泡沫试验的程序要求是（ ）。

A. 先喷水试验，后喷泡沫试验

B. 每个防护区都应进行喷水试验

C. 每个防护区都应进行喷泡沫试验

D. 只在最不利点防护区进行喷水试验

E. 只在最不利点防护区进行喷泡沫试验

2. 本案例中，在进行功能试验时，应满足（ ）。

A. 喷泡沫试验应持续3min

B. 喷泡沫试验应持续1min

C. 消防泵和备用泵应在设计负荷下进行转换运行试验，其主要性能应符合设计要求

D. 混合比和发泡倍数符合要求

E. 将泡沫混合液送达保护对象的时间不大于 5min

3. 下列属于本案例泡沫灭火系统施工质量验收内容的为（ ）。

A. 泡沫液储罐、泡沫比例混合装置、泡沫产生器、消防泵、泡沫消火栓、阀门、压力表、管道过滤器、金属软管等系统组件的规格、型号、数量、安装位置及安装质量

B. 管道及管件的规格、型号、位置、坡向、坡度、连接方式及安装质量

C. 固定管道的支、吊架，管墩的位置、间距及牢固程度

D. 消防泵房、水源及水位指示装置

E. 施工单位资质等级

4. 泡沫液泵出口管道上应设的组件有（ ）。

A. 过滤器　　B. 压力表和止回阀

C. 流量计　　D. 带控制阀的回流管

E. 水流指示器

5. 在固定式泡沫灭火系统的泡沫混合液管道上应安装的检测设施有（ ）。

A. 留出流量检测仪的安装位置　　B. 带闷盖的管螺纹接口

C. 试验检测取样口　　D. 检测泡沫发生器工作压力的压力表接头

E. 水流指示器

6. 低倍数泡沫灭火系统功能验收时喷泡沫试验的要求是（ ）。

A. 应选择系统中最不利点防护区或储罐进行

B. 应对每一个防护区或储罐进行

C. 当为自动灭火系统时，应以自动控制方式进行，喷泡沫时间不宜小于 1min

D. 按自动及手动方式各进行一次

E. 先进行喷水试验，后进行喷泡沫试验

（四）判断题

1. 泡沫灭火系统验收时，系统功能试验不合格则判定为系统不合格，不得通过验收。（ ）

2. 泡沫灭火系统的泡沫液泵或泡沫混合液泵应设置备用泵。（ ）

3. 本案例中的泡沫液泵启动后把泡沫混合液输送到最不利储罐的时间不应大于 5min。（ ）

4. 本案例的储罐高度和直径都超过规定，故不允许采用泡沫枪作为灭火设施。（ ）

5. 本案例的每个罐的每个泡沫发生器所保护的周长超过了规定。（ ）

6. 液上喷射系统和液下喷射系统在检测泡沫混合液的发泡倍数时，其采用的计算方法是相同的。（ ）

7. 泡沫灭火系统的每组消防泵组在进行转换运行试验时，只需主备泵的动力转换运行，不要求在设计负荷下进行。（ ）

（五）分析题

1. 简述应如何对本工程的储罐区泡沫灭火系统进行功能验收。

2. 试述本案例检测泡沫混合液发泡倍数所需设备及操作方法。

【参考答案与解析】

（一）填空题

1. **答案**：环泵 【解析】《泡沫灭火系统设计规范》(GB 50151—2010)2.2.9条泡沫混合液泵——为采用环泵式比例混合器的泡沫灭火系统供给泡沫混合液的水泵。

2. **答案**：1.5倍 【解析】见《综合》第三篇第八章第三节，管道的水压试验要求：①试验要采用清水进行，试验时，环境温度不得低于5℃，当环境温度低于5℃时，要采取防冻措施。②试验压力应为设计压力的1.5倍。③试验前需要将泡沫产生装置、泡沫比例混合器（装置）隔离。

3. **答案**：最大设计 【解析】见《综合》第三篇第八章第三节，管道的冲洗——1）冲洗要求：①管道试压合格后，需要用清水冲洗，冲洗合格后，不能再进行影响管内清洁的其他施工。②地上管道在试压、冲洗合格后需要进行涂漆防腐。2）检测方法：采用最大设计流量进行冲洗，水流速度不低于1.5m/s，以排出水色和透明度与入口水目测一致为合格。

4. **答案**：泡沫体积 【解析】《泡沫灭火系统设计规范》(GB 50151—2010)2.1.5条发泡倍数——指形成的泡沫与其泡沫混合液的体积之比值。

（二）单项选择题

1. **答案**：D 【解析】见《综合》第三篇第八章第二节，泡沫液的现场检验：送检泡沫液主要对其发泡性能和灭火性能进行检测，检测内容主要包括发泡倍数、析液时间、灭火时间和抗烧时间。

2. **答案**：A 【解析】见《综合》第三篇第八章第三节，低倍数泡沫产生器的安装：液上喷射泡沫产生器或泡沫导流罩沿罐周均匀布置时，其间距偏差一般不大于100mm。

3. **答案**：D 【解析】见《综合》第三篇第八章第三节，系统功能测试：低、中倍数泡沫灭火系统喷水试验完毕，将水放空后，进行喷泡沫试验。

4. **答案**：A 【解析】见《综合》第三篇第八章第四节，系统每半年检查要求：对高倍数泡沫产生器进口端控制阀后的管道不用冲洗和清除锈渣，因为这段管道设计时材料一般都是不锈钢的。

（三）多项选择题

1. **答案**：ABC 【解析】见《综合》第三篇第八章第三节，系统功能测试。

2. **答案**：BDE 【解析】见《综合》第三篇第八章第三节，系统功能测试。

见《实务》第三篇第七章第四节，低倍数泡沫灭火系统基本要求：为了使系统及时灭火，固定式泡沫灭火系统的设计应满足在泡沫消防水泵或泡沫混合液泵启动后，将泡沫混合液或泡沫输送到保护对象的时间不大于5min。

3. **答案**：ABCD 【解析】见《综合》第三篇第八章第三节，系统验收的主要内容——符合设计要求，并需要检查枯水期最低水位时确保消防用水的技术措施。泡沫灭火系统的施工质量验收需要包括下列内容：①泡沫液储罐、泡沫比例混合器（装置）、泡沫产生装置、消防泵、泡沫消火栓、阀门、压力表、管道过滤器、金属软管等系统组件的规格、型号、数量、安装位置及安装质量。②管道及管件的规格、型号、位置、坡向、坡度、连接方式及安装质量。③固定管道的支架、吊架，管墩的位置、间距及牢固程度。④管道穿防火堤、楼板、防火墙及变形缝的处理。⑤管道和系统组件的防腐。⑥消防泵房、水源及水位指示装置。⑦动力源、备用动力及电气设备。

4. **答案**：BD 【解析】见《实务》第三篇第七章第五节，泡沫消防水泵、泡沫混合液泵的选择与设置要求：泵进口管道上，应设置真空压力表或真空表；泵出口管道上，应设置压力表、单向阀和带控制阀的回流管。

5. **答案**：ACD 【解析】见《综合》第三篇第八章第三节，泡沫混合液管道的安装要求。

6. **答案**：AC 【解析】见《综合》第三篇第八章第三节，系统功能验收。

（四）判断题

1. **答案**：√【解析】见《综合》第三篇第八章第三节，系统功能验收。

2. **答案**：√【解析】见《实务》第三篇第七章第五节，泡沫液泵的选择与设置要求：除水力驱动型泵外，泡沫液泵应按《泡沫灭火系统设计规范》(GB 50151—2010）对泡沫消防泵的相关规定设置动力源和备用泵，备用泵的规格型号应与工作泵相同，工作泵故障时应能自动与手动切换到备用泵；

3. **答案**：√【解析】见《实务》第三篇第七章第四节，低倍数泡沫灭火系统基本要求。

4. **答案**：× 【解析】见《实务》第三篇第七章第三节，系统选择基本要求：烃类液体外浮顶储罐、内浮顶储罐、直径大于18m的固定顶储罐以及水溶性液体的立式储罐，不得选用泡沫炮作为主要灭火设施；高度大于7m、直径大于9m的固定顶储罐，不得选用泡沫枪作为主要灭火设施；油罐中倍数泡沫灭火系统，应选用液上喷射系统。

5. **答案**：× 【解析】《泡沫灭火系统设计规范》(GB 50151—2010)5. 3. 2条烃类液体的泡沫混合液供给强度不应小于12. 5L/(min · m^2)，连续供给时间不应小于30min，单个泡沫产生器的最大保护周长应符合表5. 3. 2的规定，从表中可知最大保护周长为24m。周长：3. 14×80 =251m，泡沫产生器距离251/12 =21m <24m。

6. **答案**：√【解析】《泡沫灭火系统施工验收规范》(GB 50281—2006) 附录C发泡倍数的测量方法。

7. **答案**：× 【解析】《泡沫灭火系统施工验收规范》(GB 50281—2006)6. 2. 5条泡沫灭火系统的主动力源和备用动力源应切换试验1~3次，运行应正常。6. 2. 6条工作与备用固定式消防泵组在设计负荷下连续运转不应小于30min，其间转换运行1~3次，各项性能指标应符合设计要求。

（五）分析题

1. **答案**：本工程为储罐区低倍数泡沫灭火系统，功能验收时应进行喷泡沫试验，试验应满足：（1）应选择最不利储罐（即5号罐）进行试验。

（2）应以自动控制的方式进行喷泡沫试验，喷射泡沫的时间不宜小于1min。

（3）喷泡沫时应测量比例混合装置的混合比，因本工程所用的泡沫液为3%水成膜泡沫液，因此，混合比应在额定值的0. 85~1. 15倍范围内。

（4）应对发泡倍数进行测量，发泡倍数不宜低于5倍。

（5）应对系统自开启消防泵至泡沫混合液输送至最不利储罐的时间进行测量，该时间不应大于 5min。

【解析】 见《综合》第三篇第八章第三节，系统功能验收。

2. **答案**：(1) 所需设备有：台秤、PQ8 型泡沫枪 1 支、量桶 1 个、大于量桶上口的刮板一块。

(2) 操作方法：

1) 用台秤测定量桶的空桶重 W_1(kg) 和桶的满水重 W_2(kg)，并计算桶的空容积 $V = W_2 - W_1(L)$，按清水的重量与体积的关系 $1kg = 1dm^3$ 求得容积。

2) 从系统的最不利处的泡沫消火栓处取泡沫混合液，经泡沫枪向量桶喷放，当量桶接满泡沫后立即用刮板将量桶上口的泡沫刮平，并擦干桶外壁，立即对桶称重 W(kg)。注意一定要在泡沫枪的进口压力达到额定值，打开泡沫枪连续喷放 10s 泡沫后再取泡沫。

3) 按以下公式求发泡倍数

$$N = (V \times \rho)/(W - W_1)$$

式中　ρ——泡沫混合液密度，按 $1kg/dm^3$ 计算。

4) 反复 2 次取平均值。

【解析】《泡沫灭火系统施工验收规范》(GB 50281—2006) 附录 C 发泡倍数的测量方法。

案例 10　消防应急照明和疏散指示标志检测与验收案例分析

一、情景描述（辅导教材案例 32）

某购物中心共 4 层，总建筑面积约 16000m²。室内外均设置疏散楼梯。

购物中心设置自带电源非集中控制型应急照明和疏散指示系统，共安装 3W 应急照明灯 41 只，安全出口标志灯 48 只，单向壁挂应急标志灯 52 只，双向地埋应急标志灯 48 只，单向地埋应急标志灯 124 只，楼层标志灯 21 只，应急照明配电箱 4 台。二层应急照明与疏散平面图如图 2-10-1 所示，应急照明与疏散系统图如图 2-10-2 所示。

灯具处于正常工作时，电源由每层的应急照明配电箱提供，处于应急工作时，电源由灯具自带的蓄电池提供。

购物中心设置了控制中心火灾自动报警系统，发生火警后，控制中心火灾自动报警系统输出联动控制信号，强制点亮所有消防应急灯具。

二、思　考　题

(一) 单项选择题

1. 楼梯间（含敞开楼梯间、封闭楼梯间、防烟楼梯间）、室外楼梯的地面水平照度不应低于（　）lx。

A. 1　　B. 2　　C. 5　　D. 10

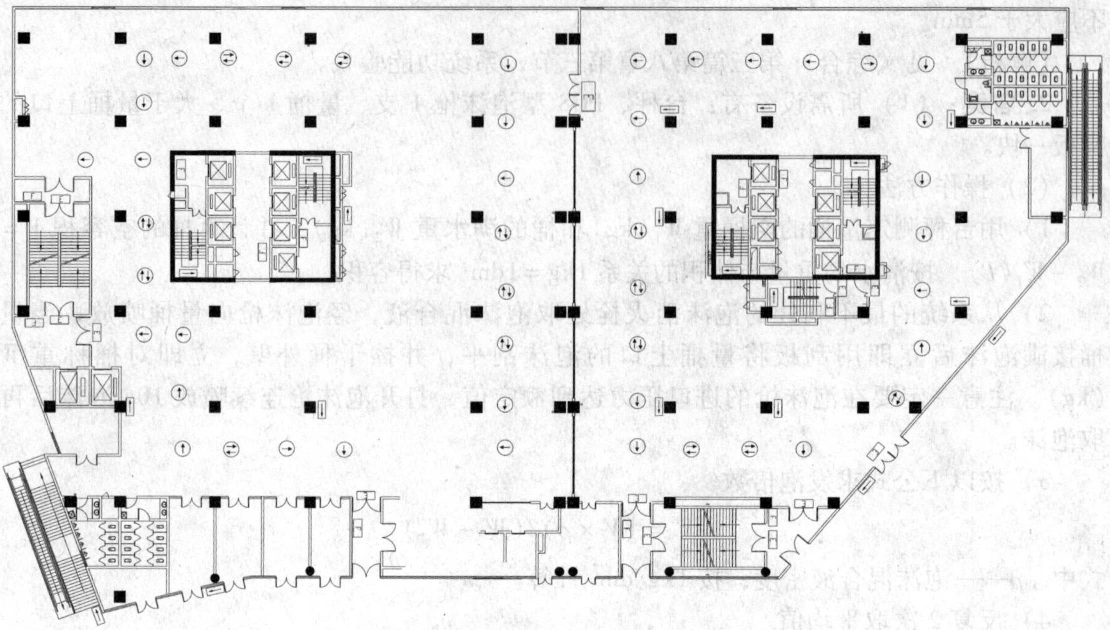

图 2-10-1　二层应急照明与疏散平面图

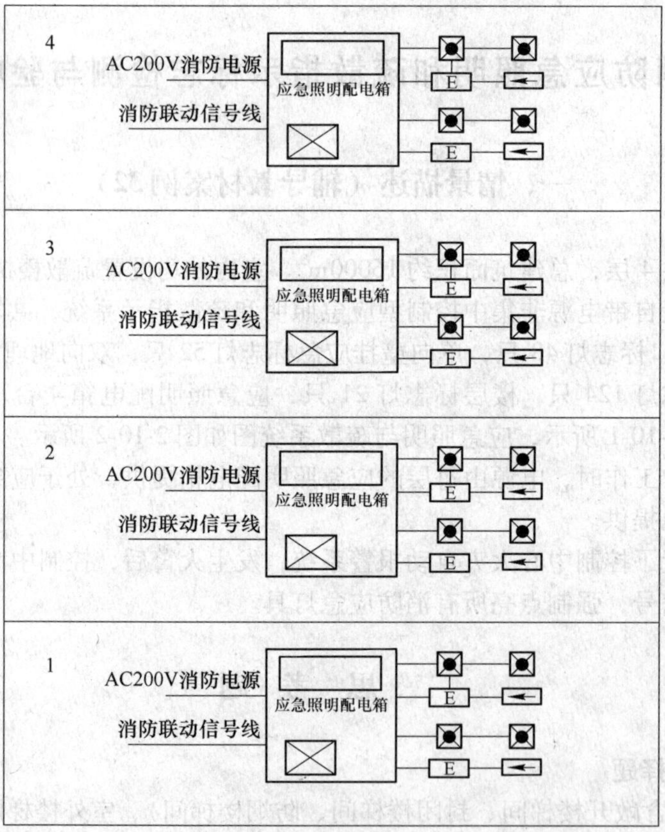

图 2-10-2　应急照明与疏散系统图

2. 避难场所和人员密集场所内的地面最低水平照度不应低于（　）lx。

A. 0.50　　B. 3　　C. 5　　D. 10

（二）多项选择题

1. 下列部位或场所应设置灯光疏散指示标志（　）。

A. 疏散走道及其转角处　B. 安全出口

C. 人员密集场所的疏散门　D. 地下及半地下室　E. 会议室

2. 下列部位或场所应设置疏散照明（　）。

A. 公共建筑的疏散走道　B. 疏散楼梯间及其前室

C. 消防控制室　D. 配电室　E. 库房

（三）分析题

某体育场馆，安装自带电源非集中控制型消防应急照明及疏散指示系统，请简述如何对系统功能进行检验与测试。

【参考答案与解析】

（一）单项选择题

1. **答案：**C　【解析】《建筑设计防火规范》(GB 50016—2014) 10.3.2 条建筑内疏散照明的地面最低水平照度应符合下列规定：①对于疏散走道，不应低于 1.0lx。②对于人员密集场所、避难层（间），不应低于 3.0lx；对于病房楼或手术部的避难间，不应低于 10.0lx。③对于楼梯间、前室或合用前室、避难走道，不应低于 5.0lx。

2. **答案：**B　【解析】《建筑设计防火规范》(GB 50016—2014) 10.3.2 条。

（二）多项选择题

1. **答案：**ABC　【解析】《建筑设计防火规范》(GB 50016—2014) 10.3.5 条公共建筑、建筑高度大于 54m 的住宅建筑、高层厂房（库房）和甲、乙、丙类单层、多层厂房，应设置灯光疏散指示标志，并应符合下列规定：①应设置在安全出口和人员密集的场所的疏散门的正上方。②应设置在疏散走道及其转角处距地面高度 1.0m 以下的墙面或地面上。灯光疏散指示标志的间距不应大于 20m；对于袋形走道，不应大于 10m；在走道转角区，不应大于 1.0m。

2. **答案：**AB　【解析】《建筑设计防火规范》(GB 50016—2014) 10.3.1 条除建筑高度小于 27m 的住宅建筑外，民用建筑、厂房和丙类仓库的下列部位应设置疏散照明：①封闭楼梯间、防烟楼梯间及其前室、消防电梯间的前室或合用前室、避难走道、避难层（间）。②观众厅、展览厅、多功能厅和建筑面积大于 $200m^2$ 的营业厅、餐厅、演播室等人员密集的场所。③建筑面积大于 $100m^2$ 的地下或半地下公共活动场所。④公共建筑内的疏散走道。⑤人员密集的厂房内的生产场所及疏散走道。

（三）分析题

答案：（1）观察消防应急灯具的工作状态指示灯，所有灯具应该全部处于正常工作状态。

（2）检查消防应急标志灯具，疏散标志指示方向与实际疏散方向要保持一致。

（3）模拟消防联动控制信号联动应急照明配电箱，测试相关消防应急灯具和应急照明配电箱转入应急工作状态的情况。

（4）测试消防应急照明和灯光疏散指示标志的备用电源的连续供电时间，应满足要求。

【解析】 见《消防安全案例分析》(以下简称《案例》)教材 P126：功能测试。

案例 11 灭火器及其配置验收案例分析

一、场景描述（辅导教材案例33）

某公司办公楼地上 7 层，建筑高度为 23.80m，每层建筑面积为 945m^2，为“L”形外廊式建筑，“L”形建筑长边为 45.60m，短边为 22.20m，均采用不燃烧材料装修，办公场所设有计算机、复印机等办公用电子设备。办公楼内设有室内消火栓系统，每层作为一个灭火器配置的计算单元配置了手提式灭火器。经检查，二层及二层以上楼层仅设置了一个灭火器配置点，距离最远端办公室房门的距离为 25.80m。配置点的灭火器、灭火箱设置如图 2-11-1 ~ 图 2-11-4 所示。

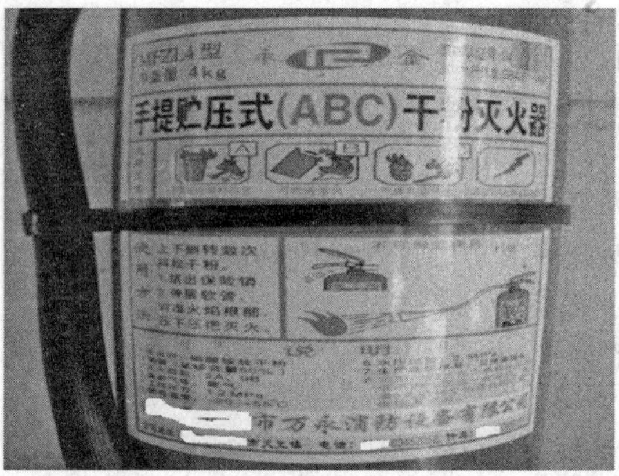

图 2-11-1 手提式干粉灭火器型号规格

图 2-11-2 灭火器箱详图

图 2-11-3 灭火器压力指示器详图

图 2-11-4 办公楼层走道上的灭火器箱

二、思 考 题

（一）单项选择题

1. 该场所危险等级确定为（　）。

A. 轻危险级　　B. 中危险级　　C. 严重危险级　　D. 特重危险级

2. 按照该场所手提式灭火器保护距离为 20m 的要求，该场所至少需要设置（　）个灭火器配置点。

A. 1　　B. 2　　C. 3　　D. 4

（二）多项选择题

1. 对灭火器设置地点的基本要求是（　）。

A. 灭火器不宜设置在潮湿或强腐蚀性地点，当必须设置时，应有相应的保护措施

B. 灭火器不得设置在有视线障碍的地点

C. 灭火器设置在室外时，应有相应的保护措施

D. 灭火器不得设置在超出其温度范围的地点

E. 灭火器摆放稳固，铭牌向下

2. 手提式磷酸铵盐（ABC）干粉灭火器设置的基本要求是（　）。

A. 摆放应稳固，其铭牌应朝外

B. 手提式灭火器宜设置在灭火器箱内或挂钩、托架上，其顶部离地高度不应大于 1.5m，底部离地高度不宜小于 0.08m

C. 最大保护距离不应大于 20m

D. 灭火器箱不应上锁

E. 单具灭火器灭火级别不低于 2A

（三）分析题

请分析本案例灭火器配置存在哪些问题。

【参考答案与解析】

（一）单项选择题

1. **答案**：B　【解析】见《实务》第三篇第十三章第三节，表 3-13-4 民用建筑灭火器配置场所的危险等级举例，可知设有集中空调、电子计算机、复印机等设备的办公室为中危险级。

2. **答案**：B　【解析】见《实务》第三篇第十三章第四节，应保证最不利点至少在 1 具灭火器的保护范围内。因为该建筑长边为 45.60m，故至少需设 2 个灭火器配置点。

（二）多项选择题

1. **答案**：ACD　【解析】见《实务》第三篇第十三章第四节，灭火器的设置应遵循以下规定：①灭火器不应设置在不易被发现和黑暗的地点，且不得影响安全疏散。②对有视线障碍的灭火器设置点，应设置指示其位置的发光标志。③灭火器的摆放应稳固，其铭牌应朝外。手提式灭火器宜设置在灭火器箱内或挂钩、托架上，其顶部离地面高度不应大于

1.50m；底部离地面高度不宜小于0.08m。灭火器箱不应上锁。④灭火器不应设置在潮湿或强腐蚀性的地点，当必须设置时，应有相应的保护措施。灭火器设置在室外时，亦应有相应的保护措施。⑤灭火器不得设置在超出其使用温度范围的地点。

2. **答案**：ABD 【解析】见《实务》第三篇第十三章第四节，灭火器的设置。

（三）分析题

答案：（1）灭火器设置点到保护区域最不利点的距离，多处会超过20m，因此灭火器设置点数量不够，至少设置2个设置点。

（2）灭火器箱箱体正面未标注英文“Fire Extinguisher”字样。

（3）灭火器箱的正面右下角未设置任何铭牌。

（4）灭火器颈圈仅有灭火器生产连续序号，水压试验压力和生产日期印制在贴画上，未打制永久性钢印。（附加要点，文中无相应图）

（5）灭火器箱设置在办公室外柱子旁，从外侧不能看到灭火器箱，属于有视线障碍的设置点，但其附近未设置任何指示灭火器位置的发光标志。（附加要点，文中无相应图）

（6）灭火器压力指示器指针在黄色区域范围内。

【解析】 见《实务》第三篇第十三章第四节，灭火器设置点的确定。见《综合》第三篇第十章第一节，灭火器箱现场质量检查、灭火器及其附件现场质量检查。

案例12　火灾自动报警设施检测与验收案例分析

一、情景描述（辅导教材案例34）

某购物广场地上3层、地下1层，建筑高度为23m，是由产权式店铺为主的商场和超市、电影院组成的大型商业综合体。平面功能见表2-12-1，首层平面示意图如图2-12-1所示，系统图如图2-12-2所示。

表2-12-1　某购物中心平面功能表

层　数	使 用 功 能
屋顶层	影院夹层及其他设备用房
三　层	商业店铺/电影院
二　层	商业店铺/超市
一　层	商业店铺/主题餐厅
地下一层	汽车库/设备用房/卸货区

本建筑为一级保护对象，设有消火栓系统、自动喷水灭火系统（湿式、预作用）、机械防排烟系统、控制中心火灾自动报警系统等。建筑的火灾自动报警系统主要由火灾探测器、手动报警按钮、火灾报警控制器、消防联动控制器、消防广播、警报装置、消防电话等组成。消防控制室内设有火灾报警控制器、消防联动控制器、消防控制室图形显示装置、消防应急广播设备、消防专用电话设备等。

火灾探测器采用了点型感烟火灾探测器、点型感温火灾探测器、线型光束感烟火灾探

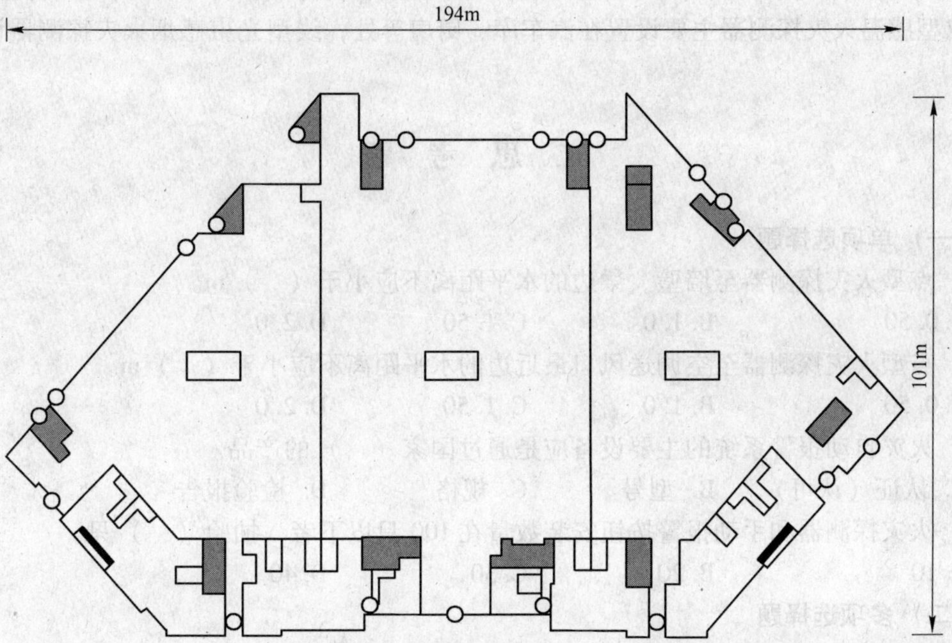

图 2-12-1　首层平面示意图

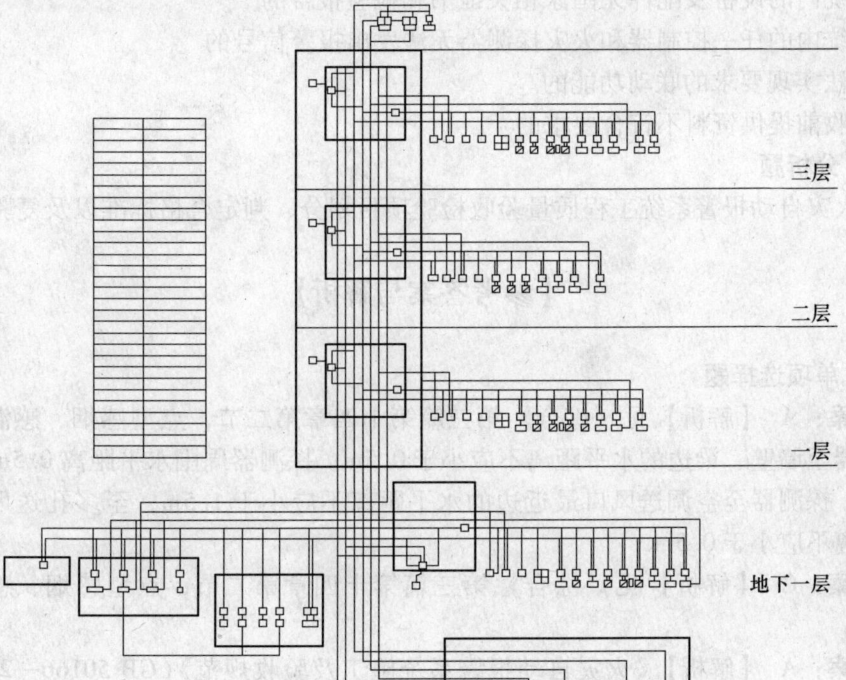

图 2-12-2　系统图

测器。点型感烟火灾探测器主要设置在商场、办公室、机房、设备用房等独立房间内和走道；点型感温火灾探测器主要设置在汽车库、厨房等处；线型光束感烟火灾探测器设置在中庭。

二、思考题

（一）单项选择题

1. 点型火灾探测器至墙壁、梁边的水平距离不应小于（ ）m。

A. 0.50　B. 1.0　C. 1.50　D. 2.0

2. 点型火灾探测器至空调送风口最近边的水平距离不应小于（ ）m。

A. 0.50　B. 1.0　C. 1.50　D. 2.0

3. 火灾自动报警系统的主要设备应是通过国家（ ）的产品。

A. 认证（认可）　B. 型号　C. 规格　D. 检验报告

4. 火灾探测器和手动报警按钮安装数量在100只以下者，抽验（ ）只。

A. 10　B. 20　C. 30　D. 40

（二）多项选择题

火灾自动报警系统验收判定标准规定的A类不合格包括（ ）。

A. 系统内的设备及配件规格、型号与设计不符的

B. 系统内的设备及配件无国家相关证书和检验报告的

C. 系统内的任一控制器和火灾探测器无法发出报警信号的

D. 无法实现要求的联动功能的

E. 验收前提供资料不符合要求的

（三）分析题

简述火灾自动报警系统工程质量验收检验项目划分、判定合格标准以及复验要求。

【参考答案与解析】

（一）单项选择题

1. **答案：**A 【解析】见《综合》第三篇第十四章第二节，点型感烟、感温火灾探测器：探测器至墙壁、梁边的水平距离不应小于0.5m；探测器周围水平距离0.5m内，不应有遮挡物；探测器至空调送风口最近边的水平距离不应小于1.5m；至多孔送风顶棚孔口的水平距离不应小于0.5m。

2. **答案：**C 【解析】见《综合》第三篇第十四章第二节，点型感烟、感温火灾探测器。

3. **答案：**A 【解析】《火灾自动报警系统施工及验收规范》(GB 50166—2007)2.2.2条火灾自动报警系统的主要设备应是通过国家认证（认可）的产品。产品名称、型号、规格应与检验报告一致。

4. **答案：**B 【解析】见《综合》第三篇第十四章第三节，系统设备检测数量要求——火灾探测器（包括可燃气体探测器和电气火灾监控探测器）和手动火灾报警按钮，

应按下列要求进行模拟火灾响应（可燃气体报警、电气故障报警）和故障信号检验：①实际安装数量在100只以下者，抽验20只（每个回路都应抽验）。②实际安装数量超过100只者，每个回路按实际安装数量10% ~20%的比例抽验，但抽验总数不应少于20只。③被检查的火灾探测器的类别、型号、适用场所、安装高度、保护半径、保护面积和探测器的间距等均应符合设计要求。

（二）多项选择题

答案：ABCD 【解析】见《综合》第三篇第十四章第三节，系统工程质量检测判定标准：系统内的设备及配件规格型号与设计不符、无国家相关证书和检验报告；系统内的任一控制器和火灾探测器无法发出报警信号，无法实现要求的联动功能的，定为A类不合格。检测前提供的资料不符合相关要求的定为B类不合格。其余不合格项均为C类不合格。系统检测合格判定应为：A=0且B≤2，且B+C≤检查项的5%为合格；否则为不合格。

（三）分析题

答案：（1）合格标准是：A=0、B≤2，且(B+C)≤全部检查项数×5%。

（2）检验项目划分见下表。

A类检验项目	B类检验项目	C类检验项目
1）系统内设备及配件的规格型号与设计不符的 2）系统内设备及配件无国家相关证书和检验报告的 3）任一器件或设备无法发出报警信号的 4）任一器件或设备无法实现联动的	施工单位提供的竣工资料不符合要求的（共五项内容）	除A类、B类检验项目外的其他检验项目均为C类检验项目

（3）复验规定：当A类、B类、C类检验项目中有任一项不合格时，应修复或更换后提交复验，复验时对有抽验比例要求的，按不合格项加倍抽验。

【解析】 见《综合》第三篇第十四章第三节，系统工程质量检测判定标准。

案例13　自动喷水灭火系统检查与维护保养案例分析

一、情景描述（辅导教材案例36）

某商业建筑地上一层、地下一层，建筑高度为4.50m，地上主要使用性质为商业，地下主要使用性质为汽车库、设备用房和歌舞娱乐放映游艺场所。建筑防火及消防设施配置均满足现行有关国家工程建设消防技术标准的要求。

地下消防水池有效容积为350m³，屋顶高位消防水箱有效容积为18m³，由于要为自动喷水灭火系统提供其所需压力，故配设气压给水设备，型号为ZW(L)-Ⅰ-z-10，其工作参数为：$p_1=0.14$MPa、$p_2=0.21$MPa、$p_3=0.24$MPa、$p_4=0.29$MPa。地下室设消防水泵房，消火栓系统和自动喷水灭火系统分别设消防泵组，均为卧式离心水泵，喷淋泵和消火栓泵均在水池的同一高度取水，其中自动喷水灭火系统的消防水泵流量为30L/s，扬程为35m，两台同型号同规格的喷淋泵，一用一备，互为备用，均为自灌式吸水。消防水泵自灌式吸水和泵进出口附件如图2-13-1所示，该水池为生活和消防共用，在生活出水管上设有虹吸管及阀 16，当水位达到水位线 11 处时，生活泵已不能吸水，因此水位线 11 以下为消防不动用容积，水池的消防不动用容积已满足室内消火栓系统 2h 火灾延续时间和自动喷水灭火系统 1h 火灾延续时间内全部消防用水量，由于室外管网能保证室外消防用水，故水池只保证室内消防用水，而且水池的补水是按补水时间不超过 48h 并满足生活用水量的要求设置补水设施的，补水管一根，管径 DN50，湿式报警阀组设在水泵房内。

自动喷水灭火系统最不利点喷头的工作压力为 0.13MPa，采用 K80 喷头，喷头间距为 3.4m×3.4m，配水支管及配水管管径均符合《自动喷水灭火系统设计规范（2005 年版）》（GB 50084—2001）的要求。

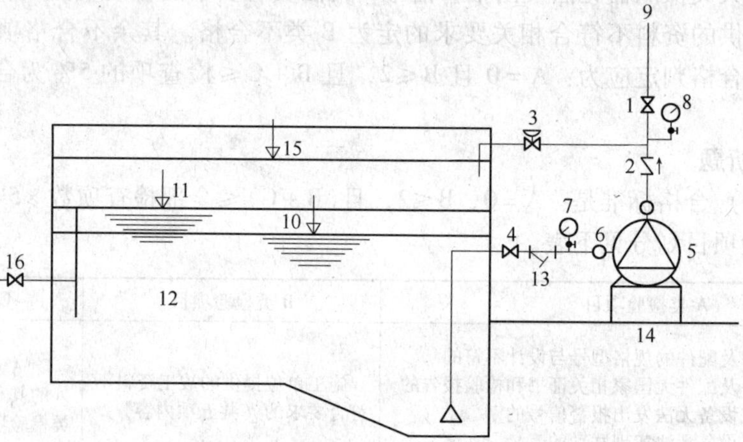

图 2-13-1 消防水泵自灌式吸水及泵进出口附件

1—泵出口控制阀；2—泵出口止回阀；3—超压泄压阀；4—泵入口阀；5—消防水泵；6—可挠曲接头；7—真空压力表；8—出口压力表；9—接系统管网；10，11—水位线；12—消防水池；13—过滤器；14—泵基础；15—最高水位；16—虹吸管及阀

泵出口控制阀 1 为明杆闸阀，泵入口阀 4 为对夹式蝶阀，超压泄压阀 3 的泄水口回流至水池，吸水管固定于池壁，吸水喇叭口置于支座上。

维保单位检查试验前，应业主要求利用本次试验的机会用消防水泵抽水将消防水池水体更换，并全面完成了消防水泵的试验工作，试验前首先检查校核了消防水池和消防水箱的有效容积，均符合设计要求；对消防水泵和气压给水设备进行了检查和试验，均能正常工作；湿式报警阀组工作正常；上下腔压力表显示正常，消防水泵出口压力表示值为 0.35MPa，符合要求。试验小组决定按以下方案实施试验：

第一步，利用喷淋泵轮换工作抽水，检验喷淋泵的手动启动、自动启动、电源切换、故障互投的性能，由于要通过试验来换水，故将水池补水管阀门关闭；第二步，测定喷淋泵的三点工况性能。

检查喷淋泵出水附件时发现由于超压泄压阀及管路无法进行排水，故将其拆除，另在各泵出水管处安装 DN65 试验放水阀，接上 DN65 消防水带至水坑，并将各泵的出口控制阀关闭，打开试验放水阀。另外也对消火栓泵进行同样整改。

在水泵房喷淋泵电气控制柜处手动启动 A 喷淋泵，泵能正常工作，压力表示值正常，消防水带出水压力稳定，运行5min后，更换B喷淋泵运行5min，接着作电源切换互投和故障互投的性能试验运行。共计运行5min后，又进入自动运行，在连续运行5min至需轮换A喷淋泵运行时，A喷淋泵尽管启动，但压力表示值为零，故停泵，立即启动B喷淋泵运行，但B喷淋泵运行情况同A喷淋泵。经检查所有电源、电气控制设备和水泵均无异样，为了排除故障又启动消火栓泵进行试验，结果同前，停止试验并测量此刻水池水位在图2-13-1中的水位线10处。

二、思考题

（一）单项选择题

1. 本案例中的歌舞娱乐放映游艺场所的自动喷水灭火系统设计时考虑的火灾危险等级是（　）。

A. 中危险级Ⅱ级　B. 中危险级Ⅰ级　C. 严重危险级Ⅰ级　D. 轻危险级

2. 标准喷头是指（　）。

A. 流量系数 $K=115$ 的洒水喷头　B. 流量系数 $K=80$ 的洒水喷头

C. 响应时间指数 $RTI\leqslant150$ 的喷头　D. 响应时间指数 $RTI\leqslant50$ 的喷头

3. 本案例中的气压给水设备的压力参数 PI 是按（　）为依据确定的。

A. 系统最不利点喷头喷水强度与喷头最低工作压力

B. 系统最不利点喷头最低工作压力

C. 报警阀的最不利点喷头工作压力

D. 报警阀的最不利点喷头喷水强度

4. 本案例中的喷淋泵在工作了20min后，当需轮换A喷淋泵运行时，A喷淋泵不能正常供水的原因是（　）。

A. 泵出现机械故障　B. 泵吸水口淹没深度不够

C. 泵启动时没有自灌式吸水的条件　D. 泵出水口阀门未打开

5. 泵铭牌所标出的额定流量是指（　）。

A. 轴功率最小时的流量　B. 泵的效率最高时的流量

C. 泵的扬程最小时的流量　D. 泵的扬程最大时的流量

（二）多项选择题

1. 消防水泵的填料函的作用是封闭泵轴与泵壳之间的间隙，除此以外还有（　）作用。

A. 压紧填料　B. 冷却润滑泵轴　C. 防止高压水渗出　D. 防止空气透入

E. 防止泵轴窜动

2. 需要采取减振措施的消防水泵应同时（　）。

A. 设进出口管路及附件支吊架减振装置

B. 设泵减振基础　C. 设泵出口弹簧吊架

D. 在进出口管路设可挠曲接头　E. 设泵进口弹簧吊架

3. 在现场按方案对消防水泵组进行试验时，应做的安全准备工作有（　）。

A. 制订试验计划　B. 检查供水和供电情况　C. 通知消防控制中心

D. 将泵电气控制柜、联动控制柜的相关控制钮置于手动状态

E. 通知消防部门

4. 湿式系统配水主立管上装设的自动排气阀的作用有（ ）。

A. 自动控制系统水压 B. 在系统充水或排水时发挥“呼吸”作用

C. 使系统充满水 D. 防止喷头喷气

E. 水流报警

（三）判断题

1. 消防水池的有效容积是指消防水泵能够取用的那部分水体容积。（ ）

2. 喷水强度是指喷头每分钟洒向保护区地面上的水量。（ ）

3. 气压给水设备必须保证报警阀所控制的最不利喷头所需的最低工作压力。（ ）

4. 在准工作状态下系统的工作压力就是系统的静水压力。（ ）

5. 泵的扬程（H）是指泵对流体所做的功。（ ）

6. 由于消防水泵在整个火灾延续时间内都存在启动的可能，所以消防水池的水位在整个火灾延续时间内都应保证消防水泵的自灌式吸水。（ ）

7. 干式系统的配水管网平时充有压气体，因此管网上不允许安装快速排气阀。（ ）

（四）填空题

1. 系统检修后应进行水压试验，试验前应记录下为试验而加设在系统管道上的（ ）的部位和数量。

2. 管网冲洗时当出口处水的（ ）与入口处的水基本一致时，可结束冲洗。

3. 调试湿式报警阀时，在试水阀处放水，当湿式报警阀的进口水压力大于（ ）MPa时，放水流量大于1L/s，报警阀应动作。

4. 自动喷水灭火系统是自动扑救（ ）火灾的有效灭火设施。

（五）分析题

1. 请指出本案例的检测维保单位在校核消防水池的有效容积时有什么疏忽之处。

2. 请指出本案例的图2-13-1中有什么不正确的地方。应如何正确设置，请画出图示。

【参考答案与解析】

（一）单项选择题

1. **答案**：B 【解析】见《实务》第三篇第三章第三节表3-3-1，影剧院、音乐厅和礼堂（舞台除外）及其他娱乐场所火灾危险等级为中危险级Ⅰ级，故选B。

2. **答案**：B 【解析】《自动喷水灭火系统设计规范（2005年版）》（GB 50084—2001）2.1.7条规定，标准喷头是指流量系数 $K=80$ 的洒水喷头。A项，流量系数 $K=115$ 的洒水喷头为边墙性扩展覆盖喷头；D项，响应时间指数 $RTI \leqslant 50$ 的喷头为快速响应喷头。

3. **答案**：A 【解析】本案例中商业建筑为民用建筑，气压给水设备的压力参数 PI 应按系统最不利点喷头喷水强度与喷头最低工作压力为依据确定，且系统最不利点处喷头的工作压力不应低于0.05MPa。

4. **答案**：C 【解析】见《实务》第三篇第二章第一节，为保证消防泵及时、可靠地启动，吸水管应采用自灌式吸水，即泵轴的高程要低于水源的最低可用水位。水池水位在

图 2-13-1 中的水位线 10 处时，喷淋泵叶轮未浸没在水中，故不能正常启动。

5. **答案：**B 【解析】消防泵铭牌上参数一般包括：额定流量、额定扬程、配管内径、额定功率、额定电压、额定电流、额定转速、额定频率等。其中，额定流量、额定扬程都指泵的效率最高时的流量和扬程。故选 B。

（二）多项选择题

1. **答案：**BCD 【解析】水泵填料函又名填料箱。水泵填料函的作用主要是为了封闭泵壳与泵轴之间的空隙，不让泵内的水流流到外面，也不让外面的空气进入到泵内，始终保持水泵内的真空。填料一般为油绳和石棉绳，用压盖压紧，填料中间安装水封环，通过水封冷却管，将泵壳内的压力水均匀分布在填料上，起到冷却润滑填料和泵轴的作用。

2. **答案：**BCD 【解析】见《综合》第三篇第二章第三节，当有减振要求时，水泵应配有减振设施，将水泵安装在减振台座上。减振台座是在水泵的底座下增设槽钢框架或混凝土板，框架或混凝土板通过地脚螺栓与基础紧固，减振台座下使用减振装置。常用的减振设施有橡胶隔振垫、橡胶剪切减振器、弹簧减振器。

3. **答案：**CD

4. **答案：**BC

（三）判断题

1. **答案：**× 【解析】见《实务》第三篇第二章第一节，消防水池的有效容积应按下式计算：

$$V_a = (Q_p - Q_b)t$$

式中 V_a——消防水池的有效容积，m^3；

Q_p——消火栓、自动喷水灭火系统的设计流量，m^3/h；

Q_b——在火灾延续时间内可连续补充的流量，m^3/h；

t——火灾延续时间，h。

火灾延续时间是指从消防车到达火场后开始出水时起，至火灾被基本扑灭的时间段。

2. **答案：**× 【解析】喷水强度是表示自动喷水灭火系统在单位时间内向保护区域的单位面积上，或保护对象的单位长度上所能喷洒的最小水量。就是在任何情况下只允许大于此量的喷水量。用 K 值表示。

3. **答案：**× 【解析】气压给水设备必须保证系统最不利点喷头喷水强度与喷头最低工作压力。

4. **答案：**×

5. **答案：**× 【解析】扬程是水泵所抽送的单位重量液体从泵进口处到泵出口处能量的增值，其单位是 $N \cdot m/N = m$，即泵抽送液体的液柱高度，习惯简称为米。

6. **答案：**√ 【解析】自灌式吸水能够保证水泵启动时，水轮充满水，使其正常启动。

7. **答案：**×

（四）填空题

1. **答案：**临时盲板 【解析】见《综合》第三篇第四章第三节，加设的临时盲板具有凸出于法兰的边耳，且有明显标志，并对临时盲板数量、位置进行记录。

2. **答案**：颜色和透明度 【解析】见《综合》第三篇第二章第三节，管网冲洗应连续进行。当出口处水的颜色、透明度与入口处水的颜色、透明度基本一致时，冲洗方可结束。

3. **答案**：0.14 【解析】见《综合》第三篇第四章第三节，湿式报警阀组调试时，从试水装置处放水，当湿式报警阀进水压力大于 0.14MPa、放水流量大于 1L/s 时，报警阀启动。

4. **答案**：初期 【解析】见《综合》第三篇第四章学习要求，自动喷水灭火系统是扑救、控制建筑物初期火灾的最为有效的自救灭火设施之一，是应用最为广泛、用量最大的自动灭火系统。

（五）分析题

1. **答案**：对采用自灌式充水的消防水泵，在校核消防水池的有效容积时，首先要以"在自灌式充水的条件下，消防水泵能取用的水体体积"作为有效容积来校核，《建筑给水排水设计规范（2009 年版）》(GB 50015—2003) 认为：消防水泵启动时，水池的水位线应淹没卧式离心泵的叶轮顶或立式离心泵的第一级叶轮，才能满足自灌式充水的条件，而消防水泵在整个火灾延续时间内都有启动的可能，因此，消防水池的水位线应在整个火灾延续时间内保持淹没条件，消防水泵才具备自灌式充水的条件而正常工作。图 2-13-1 中由于卧式离心泵的基础标高高于水池池底标高太多，致使泵顶标高超过水池深度的 1/2 以上，所以首台泵启泵水位 11 是淹没水泵叶轮顶的自灌式充水最低水位。低于此水位，由于不能淹没水泵叶轮顶，故水泵不能正常供水。例如喷淋泵工作 20min 后水位线降至水位线 10，该水位不能满足自灌式充水的条件，故泵不能正常供水。检测维保单位在校核消防水池的有效容积时忽略了复核消防水泵的自灌式充水最低水位线，只有该水位线以上的水体才能计入消防用水量，该水位线以下的水体是不能作为消防不动用容积的，否则应采取技术措施，保证消防水泵在整个火灾延续时间内的启动供水。又因要通过喷淋泵的试验来达到水池换水的目的，所以在试验中当水位线不能淹没泵顶时，不能再切换另外一台泵，而应由一台泵持续运行换水。

【解析】 本题考察内容为消防水泵的吸水方式以及工作原理，需要注意的是只有水池水位满足自灌式充水条件，保证消防泵启动时叶轮内充满水，才能正常启动。

2. **答案**：泵的进口阀不应采用对夹式蝶阀；泵的出口压力表应设在止回阀上游的泵的出口处：泵的出口试验放水装置应为能手动开启的 DN65 的试水阀，并且具有测试消防水泵流量的条件，正确的设置如图 2-13-2 所示。

图 2-13-2 中的水泵流量压力测试装置是利用泵出口的 DN65 试水管，并把它作为"预留测量用流量计的接口"来使用，它的快速接口 13 和 18 之间可以直接连接 DN65 的消防水带和流量计，并能完成消防水泵流量测定试验，并把水排回水池，也可以把消防水带的另一头不与快速接口 13 连接，而排向水池，这一装置可与压力表共同测试消防水泵的流量——扬程性能。

图 2-13-2 中的安全阀 17 的作用是防止消防水泵超压，通常用弹簧安全阀，当消防水泵超压时安全阀自动开启排泄水体降压，安全阀应与压力表靠近以便校验，压力表应安装在消防水泵出口与泵出口止回阀 2 之间的管段上，平时不受压，消防水泵启动后又能准确

反映泵的出水压力，操作人员一看压力表就能判断泵是否投入正常工作，图2-13-1所示的压力表不但不具有此功能，而且承受止回阀关闭时水锤的冲击。

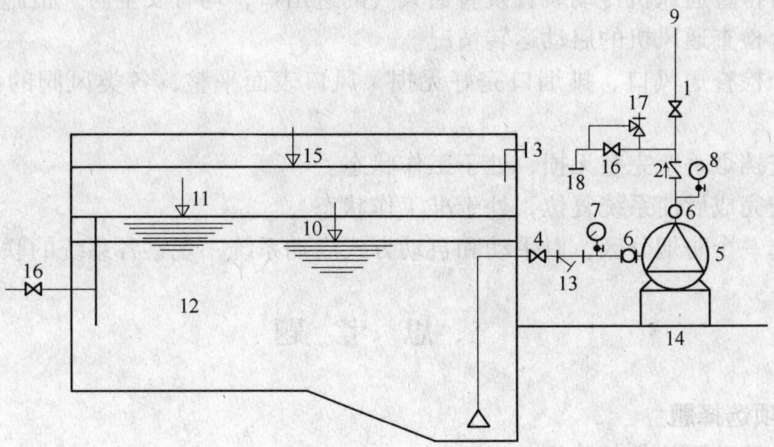

图2-13-2　消防水泵自灌式吸水及泵进出口附件

1—泵出口控制阀；2—泵出口止回阀；3—回流快速接头；4—泵入口阀；5—消防水泵；6—可挠曲接头；7—真空压力表；8—出口压力表；9—接系统管网；10，11—水位线；12—消防水池；13，18—快速接口；14—泵基础；15—最高水位；16—试水阀；17—安全阀

【解析】　本题考察内容为消防水泵的安装，见《综合》第三篇第二章第三节。

案例14　防烟和排烟设施检查与维护保养案例分析

一、情景描述（辅导教材案例38）

某大型商场地上4层，未开设外窗，设有机械排烟系统，防烟楼梯间设有正压送风系统，防排烟风机均布置在建筑的屋顶上。机械排烟系统的排烟风机排烟量按一个防烟分区面积500m²，单位排烟量不小于120m³/(h·m²)确定。系统为专用排烟系统，排烟口为常闭式，并按防火分区设补风系统，补风量为排烟量的50%，送风机与排烟风机联动。正压送风系统中，对防烟楼梯间，在首层及第四层设常开百叶风口，对合用前室每层设常闭多叶送风口，合用前室与楼梯间分别送风，送风要求是保证加压送风部位的余压值不小于规定：对楼梯间为40～50Pa，对前室、合用前室为25～30Pa，防烟楼梯间和合用前室均不具有自然排烟条件。

维保单位按合约对本商场进行定期检查，在检查前详细审核了设计图样，编制了维保方案，经征得业主同意后，在业主配合下实施维保方案：

（1）对本次维保使用的测试仪器仪表进行检查，其精度等级符合要求，计量仪器均在有效使用期内。

（2）检查风机的电源供应符合要求，供电线路保护符合规定，电气控制柜处于正常工作状态，对需要进行转动试验的风机，其电气控制柜应处于手动状态（但需要联动启动的补风机则应处于自动状态），并已向消防中心报告。

（3）逐台检查通风机传动装置及直通大气的进出口，均有安全防护措施。

（4）逐台检查通风机的启动运转情况。

（5）逐个检查送风口、排烟口完好无损，风口表面平整，各类风阀的使用功能符合要求。

（6）检查挡烟垂壁完整无损，处于工作状态。

（7）检查完成后使系统复位，处于准工作状态。

（8）任选一个防烟分区，以手动和自动方式启动系统，观察各系统的联动情况。

二、思 考 题

（一）单项选择题

1. 防烟分区分隔构件的作用是（ ）。

A. 在排烟时间内组织积蓄热烟气　　B. 阻挡热烟气蔓延

C. 有利于感温探测器和闭式喷头动作　　D. 有利于烟气排出

2. 防烟分区不应跨越（ ）。

A. 楼层　　B. 防火分区　　C. 房间　　D. 不同性质区域

3. 规范规定排烟口的排烟阀的手动控制装置是指（ ）。

A. 排烟阀的操作手柄　　B. 排烟阀的复位手柄

C. 由排烟阀的执行机构引出的远距离手动开启装置

D. 送风口开启按钮

（二）多项选择题

1. 下列设施属于防烟设施的是（ ）。

A. 送风机　　B. 送风口及送风管道　　C. 可开启外窗

D. 通风机　　E. 挡烟垂壁

2. 风机在启动运转时应注意检查的内容有（ ）。

A. 叶轮旋转方向是否正确　　B. 风机的风量

C. 运转平稳，无异常振动与声响　　D. 风机叶轮的动平衡　　E. 风机的外观

3. 防排烟系统中各类风阀使用功能的检查内容有（ ）。

A. 风阀的动作方向是否正确

B. 手动及电动操作装置是否灵活可靠，动作是否准确，开启和关闭是否到位

C. 联动关系是否正确，动作是否到位　　D. 安装位置是否便于操作和检修

E. 排烟阀及手控装置位置是否符合设计

（三）判断题

1. 设计图样是编制“维保方案”的重要依据。（ ）

2. 防烟楼梯间应划分到所在防烟分区内。（ ）

3. 火灾确认后应自动启动排烟风机，并联动打开相关部位的排烟口。（ ）

4. 当排烟口的排烟防火阀在280℃关闭时应联动排烟风机停运。（ ）

5. 为了确保排烟风机在整个火灾延续时间内排烟，排烟风机应具备能在280℃条件下连续运转30min的性能。（ ）

6. 在任何情况下消控中心都应设手动直接控制装置控制防排烟风机。（ ）

（四）填空题

1. 机械排烟系统排烟口的布置宜使气流方向与人员疏散方向（ ）。

2. 在地下室及地上密闭房间设机械排烟系统时，为排烟区域补风的风机应采用（ ）电源。

3. 专用机械排烟系统的排烟口平时应保持（ ）状态。

4. 排烟阀是指安装在排烟口处，平时常（ ）的，火灾时用于排烟的阀门。

（五）分析题

简述编制消防设施维修保养方案的主要依据有哪些。

【参考答案与解析】

（一）单项选择题

1. **答案**：A 【解析】见《实务》第二篇第五章第四节，防烟分区是在建筑内部采用挡烟设施分隔而成，能在一定时间内防止火灾烟气向同一防火分区的其余部分蔓延的局部空间。划分防烟分区的目的：一是为了在火灾时将烟气控制在一定范围内；二是为了提高排烟口的排烟效果。

2. **答案**：B 【解析】见《实务》第二篇第五章第四节，设置防烟分区应满足以下几个要求：①防烟分区应采用挡烟垂壁、隔墙、结构梁等划分。②防烟分区不应跨越防火分区。③每个防烟分区的建筑面积不宜超过规范要求。④采用隔墙等形成封闭的分隔空间时，该空间宜作为一个防烟分区。⑤储烟仓高度不应小于空间净高的10%，且不应小于500mm，同时应保证疏散所需的清晰高度；最小清晰高度应由计算确定。⑥有特殊用途的场所应单独划分防烟分区。

3. **答案**：C 【解析】见《综合》第三篇第十一章第三节，排烟口的排烟阀调试时，进行手动开启、复位试验，阀门动作应灵敏、可靠，远距离控制机构的脱扣钢丝连接应不松弛、不脱落。

（二）多项选择题

1. **答案**：ABC 【解析】见《综合》第三篇第十一章第一节，防烟系统包括：加压送风机、加压送风管道、加压送风口、可开启外窗等。排烟系统包括：排烟风机、排烟管道、排烟防火阀、排烟口、挡烟垂壁以及可开启外窗。

2. **答案**：AC 【解析】见《综合》第三篇第十一章第三节，送风机、排烟风机的调试：手动开启风机，风机应正常运转2.0h，叶轮旋转方向应正确、运转平稳、无异常振动与声响。

3. **答案**：ABC 【解析】见《综合》第三篇第十一章第三节，防排烟系统中各类风阀安装时应注意手动和电动装置应灵活、可靠，阀门关闭严密，故B正确。防火阀、排烟防火阀的调试：①进行手动关闭、复位试验。阀门动作应灵敏、可靠，关闭应严密；②模拟火灾，相应区域火灾报警后，同一防火区域内阀门应联动关闭；③阀门关闭后的状态信号应能反馈到消防控制室；④阀门关闭后应能联动相应的风机停止。故 A、C 正确。

（三）判断题

1. **答案：**×

2. **答案：**×　【解析】见《实务》第二篇第二章第三节，防烟分区划分时，有特殊用途的场所，如地下室、防烟楼梯间、消防电梯、避难层间等，必须独立划分防烟分区；不设排烟设施的部位（包括地下室）、净空高度大于 6m 的区域可不划分防烟分区。

3. **答案：**×　【解析】见《实务》第三篇第十章第三节，机械排烟工作原理：火灾确认后，由火场人员手动控制或由感烟探测将火灾信号传递给防排烟控制器，开启活动的挡烟垂壁将烟气控制在发生火灾的防烟分区内，并打开排烟口以及和排烟口联动的排烟防火阀，同时关闭空调系统和送风管道内的防火调节阀防止烟气从空调、通风系统蔓延到其他非着火房间，最后由设置在屋顶的排烟机将烟气通过排烟管道排至室外。

4. **答案：**×　【解析】见《实务》第三篇第十章第三节，排烟风机可采用离心式或轴流排烟风机（满足 280℃时连续工作 30min 的要求），排烟风机入口处应设置 280℃能自动关闭的排烟防火阀，该阀应与排烟风机连锁，当该阀关闭时，排烟风机应能停止运转。本题错在“排烟口的排烟防火阀”。

5. **答案：**×　【解析】错在“在整个火灾延续时间内排烟”。

6. **答案：**√

（四）填空题

1. **答案：**相反　【解析】见《实务》第三篇第十章第三节，排烟口的设置宜使烟流方向与人员疏散方向相反，排烟口与附近安全出口相邻边缘之间的水平距离不应小于 1.50m。

2. **答案：**消防　【解析】见《实务》第三篇第十四章第一节，消防电源是指在火灾时能保证消防用电设备继续正常运行的独立电源。

3. **答案：**关闭　【解析】见《实务》第三篇第十章第三节，单独设置的排烟口，平时应处于关闭状态，其控制方式可采用自动或手动开启方式

4. **答案：**闭　【解析】见《建筑通风和排烟系统用防火阀门》（GB 15930—2007），排烟阀是指安装在机械排烟系统各支管端部，平时呈关闭状态，并满足漏风量，火灾或需要排烟时手动或电动打开起排烟作用的阀门。

（五）分析题

答案：编制消防设施维修保养方案，建立维保制度和维保规程，都需要针对维保对象的具体情况，做到有的放矢，因此编制者必须掌握维护保养对象的全部真实现状。所以应以施工单位的竣工验收资料为依据，而不能以设计图为依据，因为施工中有许多技术变更，原设计图与现状已对应不上了，但施工单位的竣工验收资料中一定有竣工图，它能反映系统的最终面貌，竣工资料中还有产品说明书和质量合格证明，对了解设备性能很有帮助，只有认真地弄清现场情况，才能制定出符合实际的维保方案。

在审查了竣工资料后，应分专业进行现场踏勘，仔细了解现场系统现状、周围环境条件及业主的消防管理现状，才能做到情况明了，编制出针对性强、整体性好、操作性好的维保方案。

案例15　火灾自动报警设施检查与维护保养案例分析

一、情景描述（辅导教材案例39）

某办公楼建筑消防设备用电为一级负荷，所有消防用电设备总装机容量为1000kW。所有重要消防用电设备均采用双路电源供电并在末端设自动切换装置。消防控制室设置蓄电池作为备用电源。火灾自动报警系统接地利用大楼综合接地装置作为接地极，设专用接地干线，引线采用BV-1×25-FPC40，其综合接地电阻不大于1Ω。火灾自动报警系统采用二总线制，系统由光电感烟火灾探测器、感温火灾探测器、手动火灾报警按钮、火灾声光报警器、火灾显示盘和火灾报警控制器组成，如图2-15-1所示。消防控制室可显示消防水池和消防水箱的水位信息，显示消防水泵的电源状态及运行状况，并可以联动控制所有与消防有关的设备。

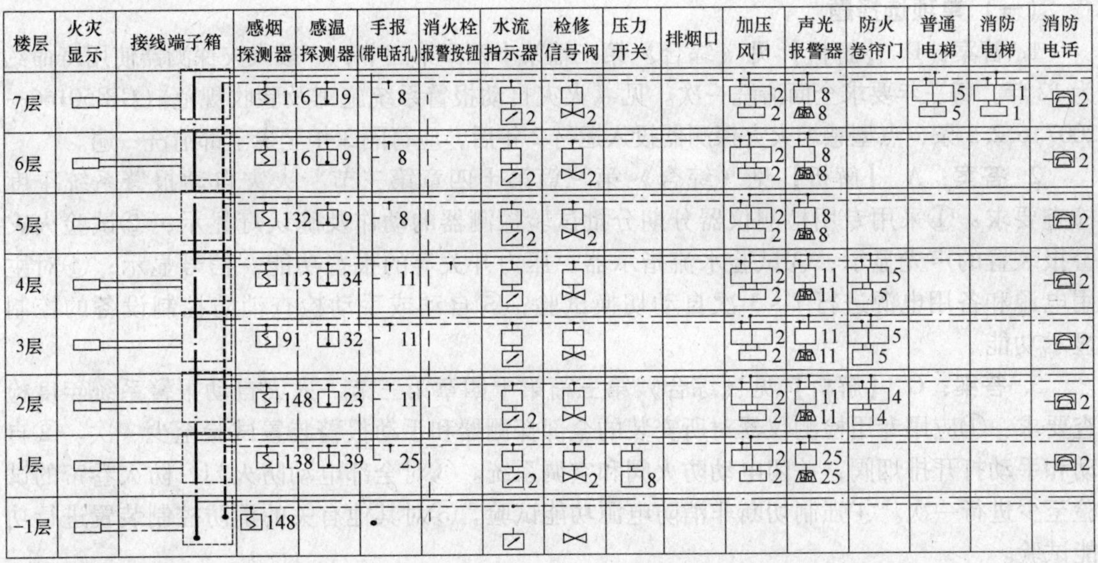

图2-15-1　火灾自动报警系统图

二、思　考　题

（一）单项选择题

1. 点型感烟火灾探测器应根据产品说明书的要求定期清洗、标定。产品说明书没有明确要求的，应每（　）清洗、标定一次。

A. 半年　　　　B. 一年　　　　C. 两年　　　　D. 三年

2. 每季度应对主电源和备用电源进行（　）次自动切换试验。

A. 1～3　　　　B. 2～3　　　　C. 2　　　　D. 4

3. 每（ ）应用专用检测仪器对安装的全部探测器进行至少1次试验。

A. 月　　B. 季度　　C. 年　　D. 2年

（二）多项选择题

每年应对火灾自动报警系统下列功能进行检查和试验，并填写相应的记录。（ ）

A. 采用专用检测仪器对所安装的全部火灾探测器和手动报警按钮进行至少1次试验

B. 用自动或手动方式检查室内消火栓、自动喷水灭火系统控制设备的控制显示功能

C. 对全部消防电话的通话进行至少1次试验

D. 对强制切断非消防电源功能进行试验

E. 对50%的消防电话的通话进行至少1次试验

（三）分析题

简述本案例中每季度应对火灾自动报警系统的哪些功能进行检查和试验。

【参考答案与解析】

（一）单项选择题

1. **答案：**D 【解析】见《综合》第三篇第十四章第三节，一般火灾探测器使用寿命约为12年，每三年要求全面清洗一次。见《火灾自动报警系统施工及验收规范》（GB 50166—2007）6.2.5条，点型感烟火灾探测器投入运行2年后，应每隔3年至少全部清洗一遍。

2. **答案：**A 【解析】见《综合》第三篇第十四章第三节，火灾自动报警系统季度检查要求：①采用专用检测仪器分期分批试验探测器的动作及确认灯显示；②试验火灾警报装置的声光显示；③试验水流指示器、压力开关等的报警功能、信号显示；④对主用电源和备用电源进行1~3次自动切换试验；⑤自动或手动检查消防控制设备的控制显示功能。

3. **答案：**C 【解析】见《综合》第三篇第十四章第三节，火灾自动报警系统年度检查要求：①应用专用检测仪器对所安装的全部探测器和手动报警装置试验至少一次。②自动和手动打开排烟阀，关闭电动防火阀和空调系统。③对全部电动防火门、防火卷帘的试验至少进行一次。④强制切断非消防电源功能试验。⑤对其他有关的消防控制装置进行功能试验。

（二）多项选择题

答案：ABCD 【解析】见《综合》第三篇第十四章第三节，火灾自动报警系统年度检查要求。

（三）分析题

答案：（1）采用专用检测仪器分期分批试验探测器的动作及确认灯显示。

（2）试验火灾警报装置的声光显示。

（3）试验水流指示器、压力开关等的报警功能、信号显示。

（4）对主用电源和备用电源进行1~3次自动切换试验。

（5）自动或手动检查下列消防控制设备的控制显示功能：①室内消火栓、自动喷水、泡沫、气体、干粉等灭火系统的控制设备。②抽验电动防火门、防火卷帘门，数量不少于总数的25%。③选层试验消防应急广播设备，并试验公共广播强制转入火灾应急广播的功

能，抽检数量不少于总数的 25%。④火灾应急照明与疏散指示标志的控制装置。⑤送风机、排烟机和自动挡烟垂壁的控制设备。⑥检查消防电梯迫降功能。⑦需抽取不少于总数 25% 的消防电话和电话插孔在消防控制室进行对讲通话试验。

【解析】 本题考察内容为火灾自动报警系统的维护管理，根据维护管理周期不同分为日检、季检和年检，具体检查要求见《综合》第三篇第十四章第三节。

案例 16　灭火器配置验收与检查案例分析

一、场景描述（辅导教材案例 41）

某寺庙为县一级文物保护单位，是一可能发生固体物质火灾为主的灭火器配置场所。其大雄殿配置有推车式干粉灭火器，周围过道和用房配置有 MFZ/ABC4 手提式磷酸铵盐（ABC）干粉灭火器。该寺庙大雄殿的计算单元最小需配灭火级别为 10A，有两个设置点，一个设置点配置了一具 MFTZ/ABC20 推车式磷酸铵盐（ABC）干粉灭火器，另一个设置点配置了一具 MFTZ/20 推车式碳酸氢钠（BC）干粉灭火器。灭火器最大保护距离符合消防规范要求。在 2013 年的一次现场检查时，发现所配置的灭火器中有 2000 年生产出厂的产品。灭火器配置现场的灭火器情况如图 2-16-1 和图 2-16-2 所示。

图 2-16-1　走道处配置的手提式灭火器

图 2-16-2　MFZ/ABC4 手提式干粉灭火器的压力指示器

二、思 考 题

（一）填空题

1. 不能扑灭固体物质火灾的干粉灭火器是（　）干粉灭火器。

2. 设置安装的手提式灭火器，其顶部离地面高度不应大于（　）m。

（二）单项选择题

1. 在 A 类火灾的中危险级场所，手提式灭火器的最大保护距离是（ ）m。

A. 30 B. 25 C. 20 D. 15

2. 灭火器的配置、外观等应按规范的要求（ ）进行一次检查。

A. 每半月 B. 每个月 C. 每半年 D. 每一年

（三）多项选择题

1. 存在（ ）或符合其他维修条件的灭火器应及时进行维修。

A. 机械损伤 B. 明显锈蚀 C. 灭火剂泄漏 D. 被开启使用过

E. 出厂期满 2 年

2. （ ）配置的灭火器，应按规范的要求每半月进行一次检查。

A. 候车（机、船）室 B. 歌舞娱乐放映游艺等人员密集的公共场所

C. 设有集中空调、电子计算机、复印机等设备的办公楼

D. 堆场、罐区、石油化工装置区 E. 加油站、锅炉房、地下室

（四）判断题

1. 严重危险级场所的计算单元的最小需配灭火级别应增大 1.3 倍。（ ）

2. 为了防止灭火器被盗窃或挪用，灭火器箱可以上锁。（ ）

3. 推车式灭火器的最大保护距离是相同火灾危险等级的手提式灭火器的 2 倍。（ ）

（五）分析题

请分别指出本案例中灭火器配置存在的问题。

【参考答案与解析】

（一）填空题

1. **答案：**BC（或答：碳酸氢钠） 【解析】见《实务》第三篇第十三章第三节，BC 干粉灭火器适用于扑灭 B 类或 C 类火灾，扑灭固体物质火灾可用 ABC 干粉灭火器。

2. **答案：**1.50 【解析】见《综合》第三篇第十章第一节，手提式灭火器顶部与地面距离不大于 1.50m，底部与地面距离不小于 0.08m。

（二）单项选择题

1. **答案：**C 【解析】见《实务》第三篇第十三章第四节表 3-13-8，在 A 类火灾的中危险级场所，手提式灭火器的最大保护距离是 20m。

2. **答案：**B 【解析】见《综合》第三篇第十章第三节，灭火器的配置、外观等全面检查每月进行一次，候车（机、船）室、歌舞娱乐放映游艺等人员密集的公共场所以及堆场、罐区、石油化工装置区、加油站、锅炉房、地下室等场所配置的灭火器每半月检查一次。

（三）多项选择题

1. **答案：**ABCD 【解析】见《综合》第三篇第十章第三节，日常检查中，发现存在机械损伤、明显锈蚀、灭火剂泄漏、被开启使用过，达到灭火器维修年限，或者符合其他报修条件的灭火器，建筑使用管理单位应及时按照规定程序报修。灭火器维修年限为：①手提式、推车式水基型灭火器出厂期满 3 年，首次维修以后每满 1 年；②手提式、推车式干粉灭火器、洁净气体灭火器、二氧化碳灭火器出厂期满 5 年，首次维修以后每满 2 年。

2. **答案：**ABDE 【解析】见《综合》第三篇第十章第三节，灭火器的配置、外观等全面检查每月进行一次，候车(机、船)室、歌舞娱乐放映游艺等人员密集的公共场所以及堆场、罐区、石油化工装置区、加油站、锅炉房、地下室等场所配置的灭火器每半月检查一次。

（四）判断题

1. **答案：**× 【解析】计算单元的最小需配灭火级别应根据下式计算：

$$Q = K\frac{S}{U}$$

式中 Q——计算单元的最小需配灭火级别（A 或 B）；

S——计算单元的保护面积，m^2；

U——A 类或 B 类火灾场所单位灭火级别最大保护面积，m^2/A 或 m^2/B。

灭火器配置场所的危险等级影响单位灭火级别最大保护面积，无需增大 1.3 倍。

2. **答案：**× 【解析】见《综合》第三篇第十章第一节，灭火器箱的安装要求：①灭火器箱不得被遮挡、上锁或者拴系。②灭火器箱箱门应开启方便灵活，开启后不得阻挡人员安全疏散。开门型灭火器箱的箱门开启角度不得小于 165°，翻盖型灭火器箱的翻盖开启角度不得小于 100°。③嵌墙式灭火器箱的安装高度，按照手提式灭火器顶部与地面距离不大于 1.50m，底部与地面距离不小于 0.08m 的要求确定。

3. **答案：**√ 【解析】见《实务》第三篇第十三章第四节表 3-13-8 与表 3-13-9，容易发现规律：推车式灭火器的最大保护距离是相同火灾危险等级的手提式灭火器的 2 倍。

（五）分析题

答案：本案例中灭火器配置存在的问题主要有：

（1）在同一灭火器配置单元内，采用了磷酸铵盐（ABC）干粉灭火器和碳酸氢钠（BC）干粉灭火器这两种灭火剂不相容的灭火器。

（2）在 A 类火灾场所配置了不能扑灭 A 类火灾的碳酸氢钠（BC）干粉灭火器。

（3）MFZ/ABC4 手提式磷酸铵盐（ABC）干粉灭火器的 A 类灭火级别为 2A，达不到 A 类火灾场所灭火器的最低配置基准中规定的严重危险级的单具灭火器最小配置灭火级别为 3A 的要求。

（4）现场的灭火器压力指示器指针处于红区范围内，应处于绿色区范围内方属正常。

（5）干粉灭火器出厂时间已超过 10 年报废期限，应予以报废。

（6）维保单位把维修合格证贴在铭牌上，难以识别灭火器的型号规格。

【解析】 进行灭火器的配置时，应注意：①灭火器选型及基本配置要求；②灭火器配置点设置、灭火器数量及其保护距离；③灭火器维护管理是否到位。具体内容参照《实务》第三篇第十三章第四节和《综合》第三篇第十章。

第三篇

消防安全评估案例分析考点总结及例题解析

第一章　建筑火灾风险评估

第一节　火灾风险评估概述

一、火灾风险评估相关概念

火灾风险评估相关概念包括：①火灾风险评估；②可接受风险；③消防安全；④火灾危险；⑤火灾隐患；⑥火灾风险；⑦火灾危险源；⑧火灾风险源；⑨火灾危险性。

二、火灾危险源

影响系统安全的因素统称为危险源，分为第一类危险源和第二类危险源。火灾中的第一类危险源包括可燃物、火灾烟气及燃烧产生的有毒、有害气体成分；第二类危险源包括火灾自动报警、自动灭火系统、应急广播及疏散系统等消防措施。

三、火灾风险源分析

（1）建筑防火包括：①被动防火；②主动防火。

（2）人员状况。

（3）消防安全管理包括：①单位内部管理；②消防监督管理。

（4）消防力量：①消防站；②消防队员；③消防装备；④到场时间；⑤预案完善；⑥后勤保障。

四、火灾风险评估方法

常见的火灾风险评估方法有：①安全检查表；②预先危险性分析法；③事件树分析法；④事故树分析法。

第二节　建筑火灾风险分析评估要求

一、建筑火灾风险评估目的

建筑火灾风险评估的目的是指通过各种手段和方法消除或减少建筑中存在的不安全因素，防止建筑发生火灾或在意外发生火灾时能够保证人员及时、安全地撤离，尽快扑救火灾，降低火灾损失，提高建筑的安全程度。按照建筑消防安全管理工作方式的不同，又可以分为一般目的和特定目的。

二、建筑火灾风险评估原则

风险评估的核心问题是建立评估指标体系问题，评估指标体系的构建是否科学、合理直接关系到评估的信度和效度，在建立建筑火灾风险评估指标体系时，一般遵循如下原则：①科学性；②系统性；③综合性；④适用性。

三、建筑火灾风险评估内容

（1）分析建筑内可能存在的火灾危险源，合理划分评估单元，建立全面的评估指标体系。

（2）对评估单元进行定性及定量分级，并结合专家意见建立权重系统。

（3）对建筑的火灾风险做出客观、公正的评估结论。

（4）提出合理可行的消防安全对策及规划建议。

四、建筑火灾风险评估流程

（1）信息采集。

（2）风险识别。

（3）评估指标体系建立。

（4）风险分析与计算。

（5）风险等级判断。

（6）风险控制措施。

五、建筑火灾风险评估注意事项

（1）做好与现行技术规范的衔接。

（2）确认特殊设计建筑的边界条件。

第二章　建筑性能化防火设计评估

第一节　性能化防火设计评估基本概念

一、建筑性能化防火设计评估的含义

所谓性能化防火设计，是指根据工程使用功能和消防安全要求，运用消防安全工程学原理，采用先进适用的计算分析工具和方法，通过对建筑环境中设定火灾场景的火灾风险量化和分析进而对建设工程消防设计、方案进行综合分析评估，判断建筑抵御火灾的性能指标是否满足预设的消防安全目标，从而优化消防设计方案的工作方法。

建设工程消防性能化设计评估是指根据建设工程使用功能和消防安全要求，运用消防安全工程学原理，采用先进适用的计算分析工具和方法，为建设工程消防设计提供设计参数、方案，或对建设工程消防设计方案进行综合分析评估，完成相关技术文件的工作过程。

二、性能化防火设计主要内容

（1）确定设计火灾场景与设定火灾。
（2）不同类型建筑的火灾荷载密度确定。
（3）烟气运动的分析方法。
（4）人员安全疏散分析。
（5）主动消防设施的对火反应特性分析。
（6）火灾危害和火灾风险的分析与评估。
（7）性能化设计与评估中所用方法的有效性分析。

第二节　火灾场景设计

一、火灾场景定义

火灾场景是对一次火灾整个发展过程的定性描述，该描述确定了反映该次火灾特征并区别于其他可能火灾的关键事件。火灾场景通常要定义火灾发生、增长、完全发展和衰退阶段以及影响火灾发展过程的各种消防措施和环境条件。

二、火灾场景确定的原则

（1）火灾场景的确定应根据最不利的原则确定。
（2）在设计火灾时，应分析和确定建筑物的以下基本情况：①建筑物内的可燃物；

②建筑的结构、布局；③建筑物的自救能力与外部救援力量。

三、确定火灾场景的方法

确定火灾场景可采用下述方法：故障类型和影响分析、故障分析、如果—怎么办分析、相关统计数据、工程核查表、危害指数、危害和操作性研究、初步危害分析、故障树分析、事件树分析、原因后果分析和可靠性分析等。

四、火灾增长模型

建筑物内的初期火灾增长模型：试验火灾模型、t^2 火灾模型、MRFC 火灾模型、按叠加原理确定火灾增长的模型。

五、火灾增长分析

可燃物的状况主要考虑可燃物的形状、分布、堆积密度、高度、含水率、可燃烧的类型或燃烧性能等。

建筑物内的火灾荷载密度用室内单位地板面积的燃烧热值表示，相关计算公式见《实务》公式5-4-2。

六、热释放速率测定方法

热释放速率测定方法包括：①实际火灾试验；②类似试验；③稳态火灾；④t^2 模型；⑤MRFC 模型；⑥热释放速率曲线叠加模型。

第三节 烟气流动与控制

一、烟气流动的驱动作用

烟气流动的驱动作用包括：①烟囱效应；②浮力作用；③气体热膨胀作用；④外部风向作用。

二、烟气流动的计算方法

烟气流动的计算方法包括：①经验模型；②区域模型；③场模型；④场区混合模型。

三、火灾的辐射蔓延

（1）造成火灾辐射蔓延的因素包括飞火、热对流、热辐射等。

（2）热辐射强度计算公式见《案例》公式3-44-2。

第四节 人员疏散分析

一、人员安全疏散分析的性能判定标准

（1）性能判定标准：可用疏散时间（ASET）必须大于必需疏散时间（RSET）。

(2) 在计算 RSET 时，可按以下三种情况考虑：①如果能够将火灾和烟气控制在着火房间内，则可只计算着火房间内人员的 RSET。②如果火灾及其产生的烟气只在着火楼层蔓延，则可只计算着火楼层内人员的 RSET。③如果火灾及其产生的烟气可能在垂直方向蔓延至其他楼层，则需计算整个建筑内人员的 RSET。

二、人员疏散时间计算方法

用于确定建筑内人员必需疏散时间 t_{RSET} 的基本公式如下：

$$t_{\text{RSET}} = t_{\text{det}} + t_{\text{warn}} + (t_{\text{pre}} + t_{\text{trav}})$$

式中 t_{RSET}——必需疏散时间；

t_{det}——探测时间；

t_{warn}——报警时间；

t_{pre}——预动作时间；

t_{trav}——运动时间。

三、人员疏散时间分析参数

人员疏散时间分析参数包括：①人员数量的确定；②人员的行走速度；③出口处人流的比流量；④通道的有效宽度。

四、人员疏散安全性评估

(1) 建筑内的消防安全性能判定的主要原则：可用疏散时间(ASET) > 必需疏散时间(RSET)。

(2) 人员疏散安全性评估方法及流程。

(3) 评估后的改进、提高。

五、人员耐受性指标的选取

人员的耐受性指标，是指计算危险来临时应考虑火灾建筑物内影响人员安全疏散的因素，包括烟气层高度、热辐射、对流热、烟气毒性、能见度。

第三章 建筑消防性能化设计方法与技术要求

第一节 消防性能化设计的适应范围

一、建筑消防性能化设计的适应范围

（1）对其全部或部分进行消防性能化设计的情况：

1）超出现行国家消防技术标准适用范围的。

2）按照现行国家消防技术标准难以满足工程项目特殊使用功能的。

（2）下列情况不应采用性能化设计评估方法：

1）国家法律法规和现行国家消防技术标准有强制性条文规定的。

2）国家现行消防技术标准已有明确规定，且无特殊使用功能的建筑。

3）居住建筑。

4）医疗建筑、教学建筑、幼儿园、托儿所、老年人建筑、歌舞娱乐游艺场所。

5）室内净高小于 8.0m 的丙、丁、戊类厂房和丙、丁、戊类仓库。

6）甲、乙类厂房，甲、乙类仓库，可燃液体、气体储存设施及其他易燃易爆工程或场所。

第二节 建筑消防性能化设计的基本程序与设计步骤

一、建筑消防性能化设计基本程序

（1）确定建筑的使用功能、用途和建筑设计的适用标准。

（2）确定需要采用性能化设计方法进行设计的问题。

（3）确定建筑的消防安全总体目标。

（4）进行消防性能化试设计和评估验证。

（5）修改、完善设计，并进一步评估验证，确定性能是否满足既定的消防安全目标。

（6）编制设计说明与分析报告，提交审查和批准。

二、消防安全总目标

（1）消防安全总目标定义。

（2）建筑的消防安全总目标内容。

（3）建筑的消防安全总目标确定。

三、性能判定标准

（1）生命安全标准。包括热效应、毒性和能见度等。

（2）非生命安全标准。包括热效应、火灾蔓延、烟气损害、防火分隔物受损、结构的完整性和对暴露于火灾中的财产所造成的危害等。

四、建筑消防性能化设计步骤

性能化设计过程可分为若干个步骤，各步骤相互联系，最终形成一个整体。其主要步骤包括：①确定性能化设计的内容和范围；②确定总体目标、功能要求和性能判据；③开展火灾危险源识别；④制订试设计方案；⑤设定火灾场景和疏散场景；⑥选择工程方法；⑦评估试设计方案；⑧确定最终设计方案；⑨完成报告，编写性能化设计评估报告。

五、从事性能化设计评估工作的单位和人员应具备的条件

（1）具有独立法人资格，有固定的办公地点。

（2）法定代表人具有大学本科以上学历、高级技术职称。

（3）具有高级技术职称的专业人员不少于 8 人，其中性能化设计评估专业技术人员不少于 4 人，建筑防火、消防给水、防烟排烟、消防电气专业技术人员各不少于 1 人。

（4）专业技术人员具有大学本科及以上学历，且从事本专业工作经历不少于 5 年。

（5）专业技术人员不同时被两家及以上从事性能化设计评估的单位聘用。

（6）具有满足性能化设计评估需要的计算软件及计算设备。

（7）不从事影响性能化设计评估工作公正性的业务。

六、性能化设计评估的管理流程

（1）建设单位提交申请材料。

（2）工程项目管辖地公安消防机构初审核。对经初审同意的，书面报送省级公安消防机构。省级公安消防机构做出是否同意进行性能化设计评估的复函。

（3）建设单位委托符合条件的性能化设计评估单位进行性能化设计评估。

（4）建设单位、设计单位、性能化设计评估单位和公安消防机构共同研究确定消防安全目标及性能判据。

（5）对于性质重要的工程项目的性能化设计评估，可根据需要由另一家性能化设计评估单位进行复核评估。

（6）性能化设计评估工作完成后，建设单位提交申请召开论证会的材料。

（7）工程项目管辖地公安消防机构初审。对经初审同意的，书面报送省级公安消防机构。

（8）省级公安消防机构做出是否组织专家论证的决定，如同意则由省级公安消防机构会同同级建设行政主管部门组织召开专家论证会。

（9）当专家组认为设计方案存在需进一步研究解决的关键问题或专家意见存在较大分歧时，应做进一步研究，修改完善后，由省级公安消防机构再次组织专家论证。

（10）专家论证会组织单位应将专家组论证意见形成专家论证会议纪要，并印发有关单位。

第三节 资料收集与安全目标设定

一、建筑消防性能化设计资料收集

设计资料包括建筑设计说明、建筑总平面图、消防设计专篇、建筑主要楼层平面图、建筑主要立面图和剖面图。此外，还包括结构、各设备专业的相关图样等。

二、高大空间中的高火灾荷载区域所采取的措施

高大空间中的高火灾荷载区域所采取的措施有：①防火单元；②防火舱；③燃料岛。

第四节 性能化防火设计文件编制

一、建筑消防性能化设计文件编制内容

(1) 建筑基本情况及性能化设计的内容。
(2) 分析目的及安全目标。
(3) 性能判定标准，即性能指标。
(4) 火灾场景设计。
(5) 所采用的分析方法及其所基于的假设。
(6) 计算分析与评估。
(7) 不确定性分析。
(8) 结论与总结。
(9) 参考文献。列出主要的设计图样、相关技术文献等技术资料。
(10) 设计单位和人员资质说明。

二、烟控系统的主要设计目标

(1) 为人员疏散提供一个相对安全的区域。
(2) 为消防救援提供一个救援和展开灭火作业的安全通道和区域。
(3) 及时排除火灾中产生的大量热量。

第四章 消防安全评估应用

第一节 区域消防安全评估方法与技术要求

一、区域消防安全评估目的

对区域进行火灾风险评估，是分析区域消防安全状况，查找当前消防工作薄弱环节的有效手段。从而可以根据不同的火灾风险级别，部署相应的消防救援力量，建设消防基础设施，使公众和消防员生命、财产的预期风险水平与消防安全设施、火灾及其他应急救援力量的种类和部署之间达到最佳平衡状态。

二、区域消防安全评估原则

区域消防安全评估原则包括：①系统性原则；②实用性原则；③可操作性原则。

三、区域消防安全评估内容及范围

区域消防安全评估内容包括：

（1）分析区域范围内可能存在的火灾危险源，合理划分评估单元，建立全标体系。

（2）对评估单元进行定性及定量分级，并结合专家意见建立权重体系。

（3）对区域的火灾风险做出客观、公正的评估结论。

（4）提出合理可行的消防安全对策及规划建议。

评估范围包括整个区域范围内的社会因素、建筑群和交通路网等。

四、区域消防安全评估流程

（1）信息采集。

（2）风险识别。

（3）评估指标体系建立。

（4）风险分析与计算。

（5）确定评估结论。

（6）风险控制。

五、区域消防基础设施安全评估

进行区域火灾风险评估时，应注意收集相关消防基础设施建设的情况，如消防站、消防水源等。

第二节 城乡规划消防安全评估

一、消防站的布局与选址

（1）消防站的布局一般应以接到出动指令后5min内消防队可以到达辖区边缘为原则确定。

（2）消防站的辖区面积按相关原则确定。

（3）消防站的选址应符合有关条件。

二、危险化学品生产、储存的规划

《危险化学品安全管理条例》规定：国家对危险化学品的生产、储存实行统筹规划、合理布局；国务院工业和信息化主管部门以及国务院其他有关部门依据各自职责，负责危险化学品生产、储存的行业规划和布局；地方人民政府组织编制城乡规划，应当根据本地区的实际情况，按照确保安全的原则，规划适当区域专门用于危险化学品的生产、储存。

三、城乡规划中消防规划的要求

《中华人民共和国消防法》规定：地方各级人民政府应当将包括消防安全布局、消防[illegible]信、消防车道、消防装备等内容的消防纳入城乡规划，并负责组织[illegible]局不符合消防安全要求的，应当调整、完善；公共消防设施、消防[illegible]适应实际需要的，应当增建、改建、配置或者进行技术改造。

第三节 乡村消防安全评估

一、农村消防规划

农村的消防规划应根据其区划类别，分别纳入镇总体规划、镇详细规划、乡规划和村庄规划，并应与其他基础设施统一规划、同步实施。村民委员会等基层组织应建立相应的消防安全组织，确定消防安全管理人，制定防火安全制度，进行消防安全检查，开展消防宣传教育，落实消防安全责任，配备必要的消防力量和消防器材装备。

二、乡村建筑物防火要求

（1）农村建筑的耐火等级不宜低于一、二级，建筑耐火等级的划分应符合现行国家标准《建筑设计防火规范》(GB 50016—2014）的规定。

（2）三、四级耐火等级建筑之间的相邻外墙宜采用不燃烧实体墙，相连建筑的分户墙应采用不燃烧实体墙。建筑的屋顶宜采用不燃材料，当采用可燃材料时，不燃烧体分户墙应高出屋顶不小于0.5m。

（3）一、二级耐火等级建筑之间或与其他耐火等级建筑之间的防火间距不宜小于4m，当符合有关规定时，其防火间距可相应减小。

（4）三、四级耐火等级建筑之间的防火间距不宜小于6m。当建筑相邻外墙为不燃烧体，墙上的门窗洞口面积之和小于等于该外墙面积的10%且不正对开设时，建筑之间的防火间距可为4m。

（5）既有建筑密集区的防火间距不满足要求时，应采取相应措施。

（6）存放柴草等材料和农具、农用物资的库房，宜独立建造；与其他用途房间合建时，应采用不燃烧实体墙隔开。

（7）建筑物的其他防火要求应符合现行国家标准《建筑设计防火规范》（GB 50016—2014）等的相关要求。

三、乡村消防设施要求

（1）消防站和消防点的设置应满足相关要求。

（2）农用设施作为消防装备的补充。

（3）农村应设置消防水源。

（4）室外消防给水管道和室外消火栓的设置应符合相关要求。

（5）消防水池应符合相关要求。

（6）农村未设消防站（点）时，应根据实际需要配备必要的灭火器、消防斧、消防钩、消防梯、消防安全绳等消防器材。

（7）农村应设火灾报警电话。

四、乡村消防整改措施

乡村消防整改措施包括：①实施“电改”；②实施“灶改”；③实施“水改”；④实施“寨改”；⑤加强管理，构建长效管理体系；⑥消防公共设施纳入总体规划。

第五章 本篇例题解析

案例 1 大型商业综合体消防性能化设计评估案例分析

一、情景描述（辅导教材案例 42）

某商业综合体地上 26 层、地下 3 层，建设用地面积 8.95 万平方米，总建筑面积 37.73 万平方米，其中地上建筑面积 27.08 万平方米、地下建筑面积 10.65 万平方米。该建筑地上一至三层设计为室内步行街，通过若干中庭互相连通。步行街建筑面积 $43411m^2$，其中首层建筑面积 $15922m^2$，步行街净宽度为 11～15m。

该建筑地下室主要使用性质为汽车库、机电设备用房、物业服务用房；首层（图 3-1-1）主要使用性质为百货、主力店、室内步行街和临街商铺；地上二、三层主要使用性质为室内步行街、百货、电玩、酒楼、歌舞厅；地上四至六层主要使用性质为百货、酒楼、电影院；地上七至地上二十六层主要使用性质为五星级酒店。该建筑除室内步行街的防火分区划分、安全疏散以及部分疏散楼梯间在首层需借助室内步行街进行疏散等问题以外，其他消防设计均满足现行有关国家工程消防技术标准的规定。

在消防性能化设计评估中，通过隔离室内步行街中的商业火灾荷载，限制室内步行街内部的火灾荷载，设置有效的火灾探测、自动灭火、防排烟等消防措施，将步行街设置为“临时安全区”，以解决步行街防火分区面积超大、借用步行街疏散等问题。

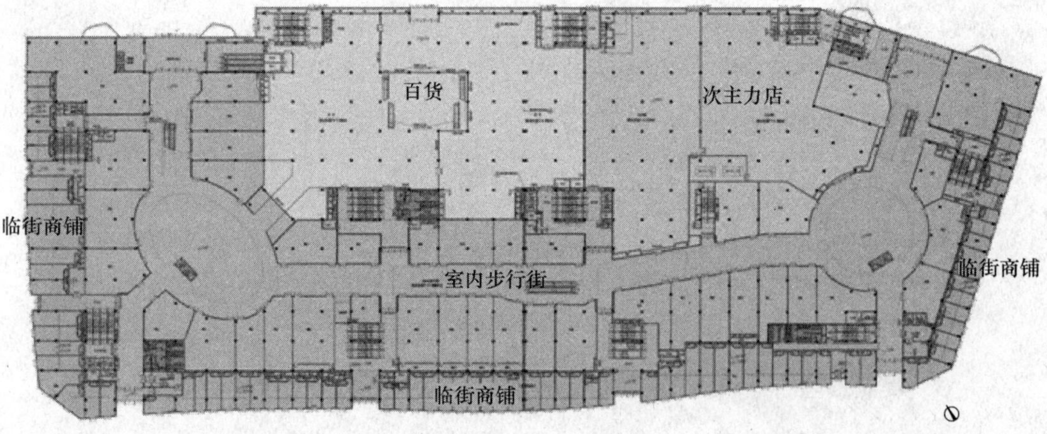

图 3-1-1 首层建筑平面图

二、思　考　题

（一）单项选择题

1. 在设计火灾场景时，应考虑建筑的空间几何特征，合理确定火源在建筑物内的位置。在对人员疏散设施有效性进行分析和评估时，依据火灾场景的选取原则，考虑建筑内可燃物较多、火灾危险性较大的场所，并同时考虑设定火灾对人员疏散产生的不利影响最大，主要考虑火源附近（　）无法使用情况下火灾对人员疏散的影响。

A. 安全出口　B. 防火卷帘　C. 消火栓　D. 灭火器

2. 对于 t^2 火灾包括四种类型，分别为慢速火、中速火、快速火和极快速火，它们分别代表了在一定时间内可达到 1MW 的火灾规模，其中中速火达到 1MW 的火灾规模所需时间为（　）s。

A. 600　B. 300　C. 150　D. 75

3. 对于从事性能化设计评估工作的单位和人员应当具备的条件描述错误的是（　）。

A. 具有独立法人资格，有固定的办公地点

B. 具有高级技术职称的专业人员不少于 5 人，其中性能化设计评估专业技术人员、建筑防火、消防给水、防烟排烟、消防电气专业技术人员各不少于 1 人

C. 专业技术人员具有大学本科及以上学历，且从事本专业工作经历不少于 5 年

D. 具有满足性能化设计评估需要的计算软件及计算设备

4. 极快速增长的火灾发展系数为（　）kW/s^2。

A. 0. 1876　B. 0. 0469　C. 0. 01172　D. 0. 00293

（二）多项选择题

对于此类商业综合体建筑，在进行消防性能化设计和火灾危险性评估时，火灾场景的设定应考虑的内容包括（　）。

A. 火源位置　B. 火灾的增长模型　C. 自动喷水灭火系统是否有效

D. 防排烟系统是否有效　E. 步行街顶棚的燃烧性能

（三）分析题

请简述针对本项目中室内步行街防火分区面积扩大、借用室内步行街进行疏散的消防问题，应当采取何种消防措施解决。

【参考答案与解析】

（一）单项选择题

1. **答案：**A 【解析】见《实务》第五篇第四章第二节/《综合》第四篇第三章第五节，火灾场景的确定应根据最不利的原则确定，选择火灾风险较大的火灾场景作为设定火灾场景，如火灾发生在疏散出口附近并令该疏散出口不可利用、自动灭火系统或排烟系统由于某种原因失效等。火灾风险较大的火灾场景应包括发生概率高，但火灾危害不一定最大，或者火灾危害大，但发生概率低的火灾场景。

2. **答案：**B 【解析】根据《实务》第五篇第四章第二节，表 5-4-1 火焰水平蔓延速

度参数值。中速火达到 1MW 的火灾规模所需时间为 300s，故选 B。

3. **答案**：B 【解析】见《案例》P157，从事性能化设计评估工作的单位和人员应当具备的条件为：

（1）具有独立法人资格，有固定的办公地点。

（2）法定代表人具有大学本科以上学历、高级技术职称。

（3）具有高级技术职称的专业人员不少于 8 人，其中性能化设计评估专业技术人员不少于 4 人，建筑防火、消防给水、防烟排烟、消防电气专业技术人员各不少于 1 人。

（4）专业技术人员具有大学本科及以上学历，且从事本专业工作经历不少于 5 年。

（5）专业技术人员不同时被两家及以上从事性能化设计评估的单位聘用。

（6）具有满足性能化设计评估需要的计算软件及计算设备。

（7）不从事影响性能化设计评估工作公正性的业务。

4. **答案**：A 【解析】根据《实务》第五篇第四章第二节，表 5-4-1 火焰水平蔓延速度参数值。极快速增长的火灾发展系数为 0.1876kW/s^2，故选 B。

（二）多项选择题

答案：ABCDE 【解析】见《实务》第五篇第二章第二节/《综合》第四篇第三章第五节，在设定火灾时，需要分析和确定建筑物的基本情况，包括建筑物内的可燃物、建筑结构、平面布置、建筑物的自救能力与外部救援力量等。

在进行建筑物内可燃物的分析时，应着重分析以下因素：①潜在的引火源；②可燃物的种类及其燃烧性能；③可燃物的分布情况；④可燃物的火灾荷载密度。

在分析建筑的结构和平面布置时，应着重分析以下因素：①起火房间的外形尺寸和内部空间情况；②起火房间的通风口形状及分布、开启状态；③房间与相邻房间、相邻楼层及疏散通道的相互关系；④房间的围护结构构件和材料的燃烧性能、力学性能、隔热性能、毒性性能及发烟性能。

在分析和确定建筑物的自救能力与外部救援力量时，应分析以下因素：①建筑物的消防供水情况和建筑物室内外的消火栓灭火系统；②建筑内部的自动喷水灭火系统和其他自动灭火系统（包括各种气体灭火系统、干粉灭火系统等）的类型与设置场所；③火灾报警系统的类型与设置场所；④消防队的技术装备、到达火场的时间和灭火控火能力；⑤烟气控制系统的设置情况。

在确定火灾发展模型时，应至少分析下列因素：①初始可燃物对相邻可燃物的引燃特征值和蔓延过程；②多个可燃物同时燃烧时热释放速率的叠加关系；③火灾的发展时间和火灾达到轰燃所需时间；④灭火系统和消防队对火灾发展的控制能力；⑤通风情况对火灾发展的影响；⑥烟气控制系统对火灾发展蔓延的影响；⑦火灾发展对建筑构件的热作用。

（三）分析题

答案：（1）解决室内步行街防火分区面积超大问题可以采取如下措施：①剥离危险源，将步行街两侧分隔为面积不超过 300m^2 的商铺，面向步行街一侧采用耐火极限不应低于 1.00h 的维护结构分隔。②室内步行街不应布置可燃物，应采用不燃烧或难燃材料。③室内步行街设置有效的排烟措施、自动灭火措施。

（2）借用室内步行街进行疏散，步行街应采取如下消防措施：①室内步行街应采取有效的自然排烟措施，自然排烟口的有效面积不应小于其地面面积的 25%。②通过步行街到

达最近室外安全地点的步行距离不应大于60m。③通过数值模拟确定人员疏散所需时间小于危险来临时间。

【解析】《建筑设计防火规范》(GB 50016—2014)5.3.6条。

案例2 大型会展建筑消防性能化设计评估案例分析

一、情景描述（辅导教材案例43）

某会展中心工程地上2层，建筑高度为24m，总建筑面积98000m²，钢桁架结构，耐火等级一级。该建筑一层层高12m，建筑面积85400m²，主要使用性质为登录大厅、主会议厅、展览厅、厨房及设备用房；二层建筑面积12600m²，主要使用性质为会议室及设备用房。该建筑根据使用功能的特殊需要，共划分为15个防火分区。首层有10个防火分区(图3-2-1)，二层有5个防火分区；每个防火分区均有两个以上安全出口，安全出口之间的距离均大于5m。本项目中除防火分区划分、疏散设计不符合现行规范的规定而采用消防性能化设计评估之外，室内外消火栓、自动喷水灭火系统、火灾自动报警系统等建筑消防设施、器材均满足现行有关国家工程建设消防技术标准的规定。

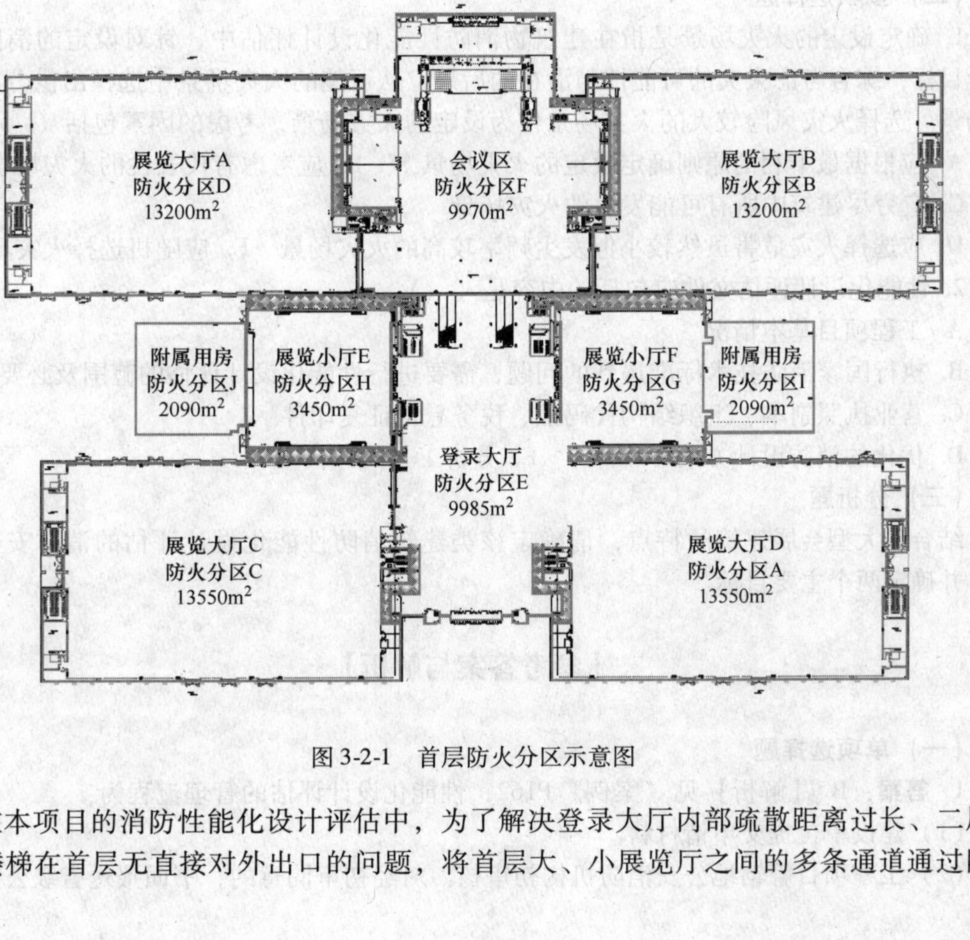

图3-2-1 首层防火分区示意图

在本项目的消防性能化设计评估中，为了解决登录大厅内部疏散距离过长、二层会议室楼梯在首层无直接对外出口的问题，将首层大、小展览厅之间的多条通道通过防火墙、防火卷帘分隔，火灾时自动加压送风构成安全疏散通道。针对展览厅防火分区面积扩大问题，通过提高烟控系统的设计水平，并经数值模拟确保火灾时人员能够安全疏散来解决。

二、思考题

（一）单项选择题

1. 专家论证会应当由（　）组织。

A. 当地公安消防机构会同同级建设行政主管部门

B. 省级公安消防机构会同同级建设行政主管部门

C. 建设单位　　D. 国家标准管理组

2. 展览厅内的可燃物包括可燃展览物品、宣传材料、电器缆线、布置展位的可燃家具器材等。可燃装饰材料也是潜在的火灾危险源。布置展位的材料基本为丙类固体可燃材料。在上述物品中最具火灾危险性的可燃物是某些展览物品，并且很难预料，因为展出的物品比较繁杂，可能包括衣服、书籍、食品等各式商品，而且展出物品的数量也不确定。当展出物品为家具及装饰时，展览厅的火灾荷载密度最大，一般为（　）MJ/m^2。

A. 500　　B. 400　　C. 300　　D. 200

（二）多项选择题

1. 确定设定的火灾场景是指在建筑物消防性能化设计评估中，针对设定的消防安全设计目标，综合考虑火灾的可能性与潜在的后果，从可能的火灾场景中选择出供分析的火灾场景。选择火灾风险较大的火灾场景作为设定的火灾场景，考虑的因素包括（　）。

A. 应根据最不利的原则确定设定的火灾场景　　B. 应考虑有代表性的火灾场景

C. 应穷尽建筑中所有可能发生的火灾场景

D. 应选择火灾危害虽然较小但发生频率较高的火灾场景　E. 应随机选择火灾场景

2. 性能化设计评估文件应包括的内容是（　）。

A. 工程项目基本情况

B. 执行国家消防技术标准遇到的问题，需要进行性能化设计评估的范围及必要性

C. 营业执照副本、组织结构代码证、税务登记证复印件

D. 优化的消防设计方案　　E. 分析工具的源代码

（三）分析题

结合该大型会展建筑的特点，请确定该类建筑消防性能化设计评估的消防安全总目标，并确定两个主要目标。

【参考答案与解析】

（一）单项选择题

1. **答案**：B 【解析】见《案例》P162，性能化设计评估的管理流程为：

（1）建设单位提交申请材料。

（2）工程项目管辖地公安消防机构初审核。对经初审同意的，书面报送省级公安消防

机构。省级公安消防机构做出是否同意进行性能化设计评估的复函。

(3) 建设单位委托符合条件的性能化设计评估单位进行性能化设计评估。

(4) 建设单位、设计单位、性能化设计评估单位和公安消防机构共同研究确定消防安全目标及性能判据。

(5) 对于性质重要的工程项目的性能化设计评估，可根据需要由另一家性能化设计评估单位进行复核评估。

(6) 性能化设计评估工作完成后，建设单位提交申请召开论证会的材料。

(7) 工程项目管辖地公安消防机构初审。对经初审同意的，书面报送省级公安消防机构。

(8) 省级公安消防机构做出是否组织专家论证的决定，如同意则由省级公安消防机构会同同级建设行政主管部门组织召开专家论证会。

(9) 当专家组认为设计方案存在需进一步研究解决的关键问题或专家意见存在较大分歧时，应做进一步研究，修改完善后，由省级公安消防机构再次组织专家论证。

(10) 专家论证会组织单位应将专家组论证意见形成专家论证会议纪要，并印发有关单位。

2. **答案**：A

（二）多项选择题

1. **答案**：ABD　【解析】见《实务》第五篇第二章第二节/《综合》第四篇第三章第五节，火灾场景确定的原则。

2. **答案**：ABD　【解析】见《综合》第四篇第三章第七节，建筑消防性能化设计文件编制应包含以下内容：

(1) 建筑基本情况及性能化设计的内容。如建筑特征、人员特征、原有的消防措施、来自各方面的对设计的限制条件，以及需要进行性能化设计的范围等。

(2) 分析目的及安全目标。该部分应包括建筑业主、建筑使用方、建筑设计单位、性能化消防设计咨询单位和消防主管部门共同认定的总体安全目标和性能目标，并说明性能目标是如何建立的。

(3) 性能判定标准即性能指标。该部分应该说明不同性能目标的性能指标是什么，是如何确定的，考虑了哪些不确定因素，采用了哪些假设条件。

(4) 火灾场景设计。该部分需要说明选择火灾场景的依据和方法，并对每一个火灾场景进行讨论，列出最终需要分析的典型火灾场景。

(5) 所采用的分析方法及其所基于的假设。分析评估采用的工具、方法和参考资料应科学合理，报告中列出选择该分析方法的依据，并描述清楚计算分析模型采用的边界条件和输入参数，并说明其合理性。

(6) 计算分析与评估。根据计算结果与性能判定标准的比较分析，说明设计方案是如何满足安全判定指标的。

（三）分析题

答案：该类建筑消防性能化设计评估的消防安全总目标应该包括以下内容：①减小火灾发生的可能性。②在火灾条件下，保证建筑内使用人员以及救援人员的人身安全。③建筑的结构不会因火灾作用而受到严重破坏或发生垮塌；或虽有局部垮塌，但不会发生连续垮塌而影响建筑结构的整体稳定性。④减少由于火灾造成商业运营、生产过程的中断。⑤保证建筑内财产的安全。⑥建筑发生火灾后，不会引燃其相邻建筑。⑦尽可能减少火灾对周围环境造成的污染。

本案例中，该建筑为人员聚集场所和会展类建筑，故两个主要目标为：①对于人员聚集场所和会展类建筑，主要目标是保证建筑结构安全，保护人员的生命安全，保证建筑物内财产的安全，同时为消防救援提供有利的条件。②次要目标是避免引燃相邻建筑物，减小火灾发生的可能性，减少商业运营中断，减少火灾对环境的污染。

【解析】见《综合》第四篇第三章第二节，建筑的消防安全总目标。

建筑的消防安全总目标视其使用功能、性质及建筑高度而有所区别，设计时应根据实际情况在上述7个目标中确定一个或者两个目标作为主要目标，并列出其他目标的先后顺序。例如，对于人员聚集场所或旅馆等公共建筑，其主要目标是保护人员的生命安全；对于仓库，则更注重于保护财产和建筑结构安全。

案例3 大型交通枢纽消防性能化设计评估案例分析

一、情景描述（辅导教材案例44）

某大型交通枢纽（图3-3-1）地上2层、地下3层，建筑高度为20m，由铁路综合站房、高架候车大厅、地下换乘大厅、地下汽车库和设备用房、地下地铁付费区五部分组成。铁路综合站房建筑面积96488m²，其中地上建筑面积63743m²，地下建筑面积32745m²；高架候车大厅（图3-3-2）建筑面积35000m²；地下换乘大厅建筑面积32969m²；地下汽车库和设备用房建筑面积90273m²；地下地铁付费区建筑面积5791m²。本案例中，除高大空间防火分区划分、人员疏散设计难以按照现行规范执行而采用消防性能化设计评估解决之外，其他消防设计均满足现行有关国家工程消防技术标准的规定。

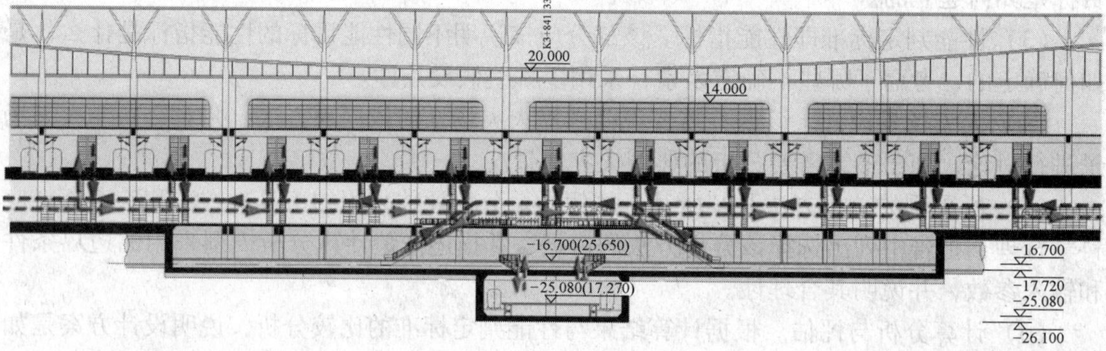

图3-3-1 交通枢纽剖面图

在消防性能化设计评估中，通过隔离火灾危险源、降低高大空间起火可能性、提高烟控系统设计水平、设置大空间探测灭火设备等，将高大空间设计为低火灾风险的区域，从而解决防火分区面积扩大、人员疏散距离超长的问题。

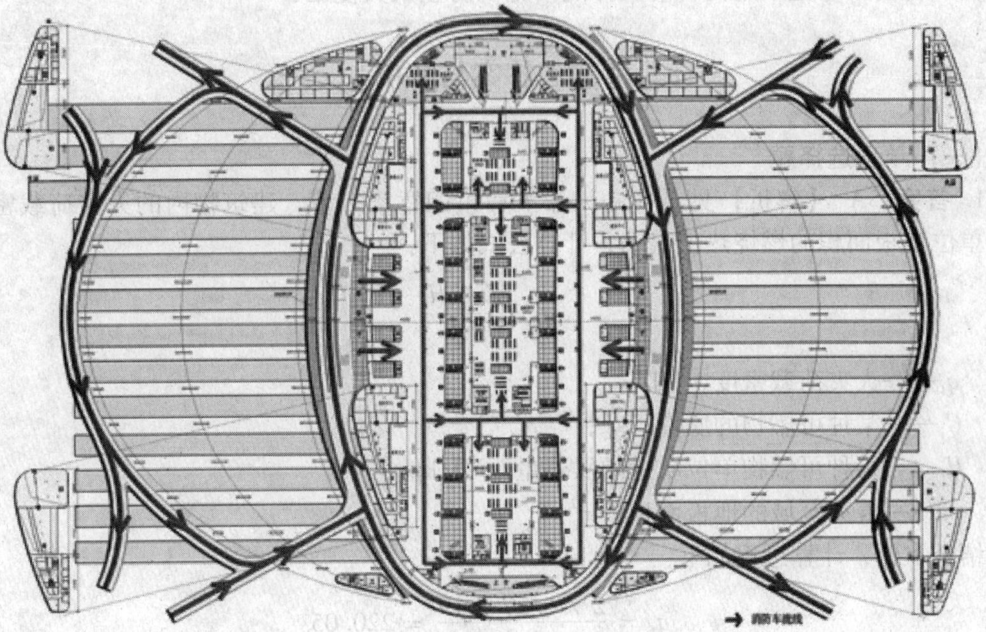

图 3-3-2 高架候车大厅建筑平面图

二、思 考 题

（一）单项选择题

1. 调查发现，乘坐火车的旅客多数携带大行李包和旅行箱，行李物品多为衣服和食品。根据统计，旅客携带行李的质量一般在 5 ~ 10kg，平均质量为 6.37kg。按照保守原则，假设站房候车区内旅客携带的行李均为衣服，质量为 2 × 6.37kg，衣服的单位热值约为 19MJ/kg，根据国家标准《铁路旅客车站建筑设计规范（2011 年版）》（GB 50226—2007）的规定，铁路客运站候车区的人员密度可按 1.1m²/人确定，因此计算得到候车区的火灾荷载密度为（ ）。

A. $220MJ/m^2$　　B. $242MJ/m^2$　　C. $121MJ/m^2$　　D. 无法确定

2. 如何避免火灾的辐射蔓延？（ ）

A. 减小火灾规模、减小分隔距离　　B. 减小火灾规模、增大分隔距离

C. 增大火灾规模、减小分隔距离　　D. 增大火灾规模、增大分隔距离

（二）多项选择题

高架候车大厅的火灾及烟气模拟计算应考虑的场景包括（ ）。

A. 小件行李寄存区火灾　B. 列车车厢火灾　C. 候车区域行李火灾

D. 餐饮区厨房火灾　E. 软席候车区座椅火灾

（三）分析题

简述交通枢纽高大空间内的办公用房、设备用房、商铺、餐厅、商务候车厅、小型零

售柜台、咨询台等应采用何种防火分隔措施以防止火灾蔓延？

【参考答案与解析】

（一）单项选择题

1. **答案**：A 【解析】见《实务》第五篇第四章第二节，建筑物内的火灾荷载密度用室内单位地板面积的燃烧热值表示，计算公式如下：

$$q_f = \frac{\sum G_i H_i}{A}$$

式中 q_f——火灾荷载密度，MJ/m²；

G_i——某种可燃物的质量，kg；

H_i——某种可燃物单位质量的发热量，MJ/kg；

A——着火区域的地板面积，m²。

结合本题，计算过程如下：

$$q_f = \frac{2 \times 6.37 \times 19}{1.1} = 220.05$$

故选 A。

2. **答案**：B 【解析】见《案例》P165，在性能化的分析中，是在一定的设定火灾规模下通过控制可燃物间距，或在一定间距条件下控制火灾的规模等方式来防止火灾的蔓延。

（二）多项选择题

答案：ACDE

（三）分析题

答案：（1）高大空间内的办公用房、设备用房、既有商业设施等应设置为防火单元。采用耐火极限不低于2.00h的不燃烧体防火隔墙和耐火极限不低于1.50h的不燃烧体屋顶与其他空间进行防火分隔。在隔墙上开设门、窗时，应采用甲级防火门、窗。

（2）商铺、餐厅、商务候车厅等应设置为防火舱。围护结构耐火极限不小于1.00h。

（3）对于小型零售柜台、咨询台等，当其面积在6~20m²时，可设置为燃料岛，与周围可燃物之间应当保持不小于9m的防火间距。

【解析】 见《案例》P166，高大空间中的高火灾荷载区域所采取的防火分隔措施包括：

（1）防火单元。“防火单元”的设计方法是解决高大空间难以进行物理防火分隔的有效手段。对于公共空间内设置的高火灾荷载、人员流动小、无独立疏散条件的区域（如厨房、为旅客服务的办公室、设备用房、既有商业设施等）应采用防火单元的处理方式，即采用耐火极限不低于2.00h的不燃烧体防火隔墙和耐火极限不低于1.50h的不燃烧体屋顶与其他空间进行防火分隔。在隔墙上开设门、窗时，应采用甲级防火门、窗。

（2）防火舱。对于站房内设置的为旅客服务的无明火作业的餐饮、商业零售网点、商务候车等场所，可采用“防火舱”的处理方式，以确保将火灾影响限制在局部范围内，最大限度地避免危及生命安全、财产安全和运营安全的事件发生，以满足高大空间开敞布局的需要。

所谓“防火舱”是指由坚实的有足够耐火极限的不燃围护结构（要求围护结构耐火极限不小于1.00h）构成，覆盖在整个火灾荷载相对较高的区域之上。顶棚下要求安装火灾自动报警系统、自动喷水灭火系统和排烟装置。这样，既可快速抑制火灾，又可防止烟雾蔓延到高大空间。防火舱可分为开放式防火舱和封闭式防火舱两种形式。

开放式防火舱是指其四周围护结构可局部开敞，要求储烟舱高度不小于1m，其内部必须设置机械排烟系统，以控制火灾烟气向大空间蔓延。不同防火舱间应保持一定的防火间距，防止火灾连续蔓延。当开放式防火舱连续设置时，应采取防止火灾连续蔓延的措施。

封闭式防火舱是指四周围护结构为全封闭的，或有一边局部敞开且局部敞开处应设置防火卷帘或防火门。要求四周围护结构的耐火极限均不应小于1.00h，对于防火卷帘，当探测器发出火警时防火卷帘应分两步下降关闭，保证舱内人员的及时疏散。

（3）燃料岛。燃料岛是指在开放大空间内设置的没有顶棚的小型陈列和零售服务设施。这些设施被要求控制在6～20m^{2}之内，火灾规模一般为3～5MW。燃料岛之间应保持足够的防火安全间距，一般不小于9m。

案例4　乡消防安全评估案例分析

一、情景描述（辅导教材案例50）

某乡总面积179km^2，其中林地面积113km^2，总人口13866人，辖8个村民委员会，84个自然屯，119个村民小组，居住着苗、瑶、侗、壮、汉、仫佬、水等民族，其中苗族占总人口的46.3%，少数民族占总人口的80%。该乡有丰富的竹木资源。当地群众依地取材，以木质结构住房为主，按风俗群居建寨，依山建房，沿坡群居，一个村寨一个群落。村寨规模大小不等，小则为十几户，大则上百户，且村寨之间距离很近。由于住房建造密集，一旦发生火灾，极易造成“火烧连营”的惨剧。

二、思 考 题

（一）单项选择题

1. 耐火等级较低的建筑密集区，占地面积不应超过3000m^2。当超过时，应在建筑密集区设置不小于（　）m的防火隔离带进行防火隔离。

A. 12　　B. 10　　C. 9　　D. 6

2. 村寨火灾隐患整治的首要和关键任务是（　）。

A. 开展水改、灶改、电改和寨改　　B. 加强宣传教育

C. 加强流动人员管理　　D. 配备简易消防器材

（二）多项选择题

1. 乡镇把江河、湖泊、水塘、水井、水窖等天然水源作为消防水源时，应符合的要

求是（ ）。

A. 能保证枯水期和冬季的消防用水

B. 应防止被可燃液体污染

C. 有取水码头及通向取水码头的消防车道

D. 供消防车取水的天然水源，最低水位时吸水高度不应超过 6m

E. 供消防车取水的天然水源，最低水位时吸水高度不应超过 9m

2. 农村设置在居住建筑内的厨房宜符合的规定是（ ）。

A. 靠外墙设置　　B. 与建筑内的其他部位采取防火分隔措施

C. 墙面采用不燃烧材料　　D. 顶棚或屋面采用不燃烧或难燃材料

E. 墙面采用不燃烧或难燃材料

（三）分析题

根据《农村防火规范》(GB 50039—2010）的规定，室外消防给水管道和室外消火栓的设置应符合哪些要求？

【参考答案与解析】

（一）单项选择题

1. **答案**：B 【解析】《农村防火规范》(GB 50039—2010)4.0.6 条规定，既有建筑密集区的防火间距不满足要求时，应采取下列措施：①耐火等级较高的建筑密集区，占地面积不应超过 $5000m^2$；当超过时，应在密集区内设置宽度不小于 6m 的防火隔离带进行防火分隔。②耐火等级较低的建筑密集区，占地面积不应超过 $3000m^2$；当超过时，应在密集区内设置宽度不小于 10m 的防火隔离带进行防火分隔。

2. **答案**：A 【解析】见《案例》P185，乡村消防整改措施主要包括：①电改、灶改、水改、寨改；②加强管理，构建长效管理体系；③将消防设施建设纳入乡经济和社会发展总体规划。其中，电改、灶改、水改、寨改对改善乡村消防状况最直接、有效，也是村寨火灾隐患整治的首要和关键任务。

（二）多项选择题

1. **答案**：ABCD 【解析】《农村防火规范》(GB 50039—2010)5.0.8 条规定，江河、湖泊、水塘、水井、水窖等天然水源作为消防水源时，应符合下列要求：①能保证枯水期和冬季的消防用水；②应防止被可燃液体污染；③有取水码头及通向取水码头的消防车道；④供消防车取水的天然水源，最低水位时吸水高度不应超过 6.0m。

2. **答案**：ABCD 【解析】《农村防火规范》(GB 50039—2010)6.1.1 条规定，设置在居住建筑内的厨房宜符合下列规定：①靠外墙设置；②与建筑内的其他部位采取防火分隔措施；③墙面采用不燃材料；④顶棚和屋面采用不燃或难燃材料。

（三）分析题

答案：《农村防火规范》(GB 50039—2010)5.0.7 条规定，室外消防给水管道和室外消火栓的设置应符合下列要求：

（1）当村庄在消防站（点）的保护范围内时，室外消火栓栓口的压力不应低于 0.1MPa；当村庄不在消防站（点）保护范围内时，室外消火栓应满足其保护半径内建筑最不利点灭火的压力和流量的要求。

（2）消防给水管道的管径不宜小于100mm。

（3）消防给水管道的埋设深度应根据气候条件、外部荷载、管材性能等因素确定。

（4）室外消火栓间距不宜大于120m；三、四级耐火等级建筑较多的农村，室外消火栓间距不宜大于60m。

（5）寒冷地区的室外消火栓应采取防冻措施，或采用地下消火栓、消防水鹤或将室外消火栓设在室内。

（6）室外消火栓应沿道路设置，并宜靠近十字路口，与房屋外墙距离不宜小于2m。

第四篇

消防安全管理案例分析
考点总结及例题解析

第一章　社会单位消防安全管理

第一节　消防安全重点单位

消防安全重点单位的界定标准

消防安全管理将社会单位分为消防安全重点单位和一般单位。消防安全重点单位是指发生火灾可能性较大以及一旦发生火灾可能造成重大的人身伤亡或者财产重大损失的单位。一般单位是指除消防安全重点单位以外的单位。

消防安全重点单位的界定标准：

(1) 商场（市场）、宾馆（饭店）、体育场（馆）、会堂、公共娱乐场所等公众聚集场所。

(2) 医院、养老院和寄宿制的学校、托儿所、幼儿园。

(3) 国家机关。

(4) 广播、电视和邮政、通信枢纽。

(5) 客运车站、码头、民用机场。

(6) 公共图书馆、展览馆、博物馆、档案馆以及具有火灾危险性的文物保护单位。

(7) 发电厂（站）和电网经营企业。

(8) 易燃易爆化学物品的生产、充装、储存、供应、销售单位。

(9) 劳动密集型生产、加工企业。

(10) 重要的科研单位。

(11) 高层公共建筑、地下铁道、地下观光隧道，粮、棉、木材、百货等物资仓库和堆场，重点工程的施工现场。

(12) 其他发生火灾可能性较大以及一旦发生火灾可能造成人身重大伤亡或者财产重大损失的单位。

第二节 消防安全组织和职责

一、消防安全组织组成

消防安全组织由消防安全委员会或消防工作领导小组、消防安全归口管理部门和其他部门组成。多产权单位或大型的企业应成立消防安全委员会。成立消防安全组织的目的是：贯彻"预防为主、防消结合"的消防工作方针，制定科学合理的、行之有效的各种消防安全管理制度和措施，落实消防安全自我管理、自我检查、自我整改、自我负责的机制，做好火灾事故和风险的防范，确保本单位消防安全。

二、消防队的建立

（1）县级以上地方人民政府应当按照国家规定建立公安消防队、专职消防队，并按照国家标准配备消防装备，承担火灾扑救工作。

（2）单位应当根据消防法规的有关规定，建立专职消防队、义务消防队，配备相应的消防装备、器材，并组织开展消防业务学习和灭火技能训练，提高预防和扑救火灾的能力。

三、专职消防队的执勤人员

专职消防队的执勤人员，由执勤队长、战斗（班）员、驾驶员和电话员组成，执勤队长由队长、指导员轮流担任。每辆水罐消防车或泡沫消防车，执勤战斗员不少于5名，每辆轻便消防车执勤战斗员不少于3名；特种消防车（艇）的执勤战斗员根据需要配备。

四、单位消防安全管理职责

《中华人民共和国消防法》第十六条、第十七条规定了单位应当履行的消防安全职责，公安部61号令要求单位应当落实逐级消防安全责任制和岗位消防安全责任制，明确逐级和岗位消防安全职责，确定各级、各岗位的消防安全责任人，对本级、本岗位的消防安全负责，层层落实消防安全责任。

五、单位完善消防行政许可或者备案的职责

作为工程项目建设的总负责方，单位应当承担依法向公安机关消防机构申请建设工程消防设计审核、消防验收或者备案，并接受监督检查，以合同约定设计、施工、工程监理单位执行消防法律法规和国家工程消防技术标准的责任。公众聚集场所在投入使用、营业前，建设单位或者使用单位应当向场所所在地的县级以上地方人民政府公安机关消防机构申请消防安全检查。经消防安全检查合格后，方可使用或者开业。

六、消防安全重点单位职责

消防安全重点单位除了消防安全责任人对本单位的消防安全工作全面负责之外，还应当明确消防安全管理人，并将单位信息上报县级以上地方人民政府公安机关消防机构备

案。同时履行相关消防安全职责。

七、多产权建筑消防安全管理职责

多产权建筑的产权方、使用方应协商确定或委托统一管理单位，明确消防安全管理职责，对多产权建筑的消防安全实行统一管理。多产权建筑的产权方、使用方、统一管理单位应制定统一的消防安全管理规章制度并认真遵守有关消防安全管理规定。多产权建筑的产权人、产权单位的法定代表人或主要负责人均应为消防安全责任人。实行承包、租赁或委托经营、管理时，承包租赁场所的承包人是其承包租赁范围的消防安全责任人。多产权建筑消防安全管理职责可分为：

（1）产权方的职责。

（2）使用方的职责。

（3）统一管理单位的职责。

八、活动场地产权单位

活动场地产权单位应当向大型群众性活动的承办单位提供符合消防安全要求的建筑物、场所和场地。对于承包、租赁或者委托经营、管理的，当事人在订立的合同中要依照有关规定明确各方的消防安全责任；消防车通道、涉及公共消防安全的疏散设施和其他建筑消防设施应当由产权单位或者委托管理的单位统一管理。对于有两个以上产权单位和使用单位的建筑物，各产权单位及使用单位对消防车道、涉及公共消防安全的疏散设施和其他建筑消防设施应当明确管理责任，可以委托统一管理。

九、各类人员职责

消防安全组织人员基本分为消防安全责任人、消防安全管理人、专（兼）职消防管理人员、自动消防系统操作人员、部门消防安全负责人等。单位可以根据实际需要成立由内部人员组成的志愿消防队，定期组织开展使用灭火器材、引导员工疏散演习等方面的训练，发挥其开展防火检查、消防宣传的作用，提高单位的自防自救能力。重点掌握以下三类：

（1）消防安全责任人职责。

（2）消防安全管理人职责。

（3）专（兼）职消防安全管理人员职责。

第三节　消防安全制度和落实

一、消防安全制度的主要内容

（1）消防安全责任制。

（2）消防安全教育、培训制度。

（3）防火检查、巡查制度。

（4）消防安全疏散设施管理制度。

(5) 消防设施器材维护管理制度。

(6) 消防（控制室）值班制度。

(7) 火灾隐患整改制度。

(8) 用火、用电安全管理制度。

(9) 灭火和应急疏散预案演练制度。

(10) 易燃易爆危险物品和场所防火防爆管理制度。

(11) 专职（志愿）消防队的组织管理制度。

(12) 燃气和电气设备的检查和管理（包括防雷、防静电）制度。

(13) 消防安全工作考评和奖惩制度。

二、防火检查、巡查制度

主要包括：确定防火检查及巡查的责任部门和责任人；确定防火检查的时间、频次和方法；确定防火检查和防火巡查的内容；确定检查部位、内容和方法；确定处理火灾隐患和报告程序、防范措施及防火检查记录管理等要点。

(1) 消防巡查。消防安全重点单位依据《机关、团体、企业、事业单位消防安全管理规定》应当进行每日防火巡查，并确定巡查的人员、内容、部位和频次。

(2) 消防检查。企业依据《机关、团体、企业、事业单位消防安全管理规定》每月至少进行一次防火检查。

三、单位消防安全教育与培训

各单位应当根据自身特点，建立健全消防安全教育培训制度，明确机构和人员，保障教育培训工作经费，按照下列规定对职工进行消防安全教育培训：

(1) 对新上岗和进入新岗位的职工进行上岗前消防教育培训。

(2) 对在岗的职工每年至少进行一次消防教育培训。

(3) 消防安全重点单位每半年至少组织一次、其他单位每年至少组织一次灭火和应急疏散演练。

(4) 定期开展全员消防教育培训，落实从业人员上岗前消防安全培训制度；组织全体从业人员参加灭火、疏散、逃生演练，到消防教育场馆参观体验，确保人人具备检查和消除火灾隐患能力、扑救初期火灾能力、组织人员疏散逃生能力。

(5) 各单位应设置消防宣传阵地，配备消防安全宣传教育资料，经常开展消防安全宣传教育活动；单位广播、闭路电视、电子屏幕、局域网等应经常宣传消防安全知识。

第四节 消防安全重点部位的确定和管理

消防安全重点部位的确定

确定消防安全重点部位不仅要根据火灾危险源的辨识来确定，还应根据本单位的实际，即物品储存的多少、价值的大小、人员的集中量以及隐患的存在和火灾的危险程度等情况确定。通常可从以下几个方面来考虑：①容易发生火灾的部位；②发生火灾后对消防安全有重大影响的部位；③性质重要、发生事故影响全局的部位；④财产集中的部位；⑤人员集中的部位。

第五节 火灾隐患及重大火灾隐患的判定

一、可不判定为重大火灾隐患的情况

（1）可以立即整改的。

（2）因国家标准修订引起的（法律法规有明确规定的除外）。

（3）对重大火灾隐患依法进行了消防技术论证，并已采取相应技术措施的。

（4）发生火灾不足以导致火灾事故或严重社会影响的。

二、重大火灾隐患直接判定

符合下列情况之一的，可以直接判定为重大火灾隐患：

（1）生产、储存和装卸易燃易爆化学物品的工厂、仓库和专用车站、码头、储罐区，未设置在城市的边缘或相对独立的安全地带。

（2）甲、乙类厂房设置在建筑的地下、半地下室。

（3）甲、乙类厂房与人员密集场所或住宅、宿舍混合设置在同一建筑内。

（4）公共娱乐场所、商店、地下人员密集场所的安全出口、楼梯间的设置形式及数量不符合规定。

（5）旅馆、公共娱乐场所、商店、地下人员密集场所未按规定设置自动喷水灭火系统或火灾自动报警系统。

（6）易燃可燃液体、可燃气体储罐（区）未按规定设置固定灭火、冷却设施。

三、重大火灾隐患综合判定要素

重大火灾隐患综合判定要素包括：①总平面布置；②防火分隔；③安全疏散及灭火救援；④消防给水及灭火设施；⑤防烟排烟设施；⑥消防电源；⑦火灾自动报警系统；⑧其他。

四、重大火灾隐患综合判定规则

（1）人员密集场所存在重大火灾隐患的判定要素中，“安全疏散及灭火救援”中的1）~9）项；未按规定设置防烟排烟设施，或已设置但不能正常使用或运行；违反规定在公共场所使用可燃材料装修。存在上述要素2条（含本数，下同）以上，判定为重大火灾隐患。

（2）易燃易爆化学物品场所存在重大火灾隐患的判定要素中，“总平面布置”中的1）~4）项；“消防给水及灭火设施”中的5）、6）项规定。存在上述要素2条以上，判定为重大火灾隐患。

（3）人员密集场所、易燃易爆化学物品场所、重要场所存在“综合判定要素”中任

意3条以上，判定为重大火灾隐患。

(4) 其他场所存在“综合判定要素”中任意4条以上，判定为重大火灾隐患。

五、重大火灾隐患判定步骤

单位应按以下步骤判定是否存在重大火灾隐患：

(1) 确定建筑或场所类别。

(2) 确定该建筑或场所是否存在“综合判定要素”的情形及其数量。

(3) 符合“直接判定”和“综合判定规则”判定为重大火灾隐患的，单位应及时上报辖区公安机关消防机构。

六、火灾隐患整改

防火检查与巡查发现的火灾隐患应及时予以消除，主要包括以下三类：

(1) 应当当场改正的火灾隐患。

(2) 限期改正的火灾隐患。

(3) 重大火灾隐患。

第六节 消防档案

一、消防档案的内容

消防档案主要包括两个方面的内容，即消防安全基本情况和消防安全管理情况。

消防安全基本情况是消防档案的主要内容，它包含了重点单位与消防安全有关的内容，是单位自身实行规范化消防安全管理的基本要求，是单位落实消防安全责任制的具体体现。

消防安全管理情况主要有两项内容：一是公安机关消防机构依法填写制作的各类法律文书，主要有消防监督检查记录表、责令改正通知书以及涉及消防行政处罚的有关法律文书。二是有关工作记录。

二、消防档案统一保管、备查

消防档案实行集中统一管理，对消防安全重点单位是非常必要的。消防档案应由单位确定或设立的专门机构来统一集中保管、备查，不得由承办机构或个人分散保存，这样才能克服档案分散保管和各自为政带来的局限性，更大限度地发挥档案的作用。

第二章 应急预案的编制

一、应急预案的编制内容

应急预案的基本内容应包括单位的基本情况、应急组织机构、火情预想、报警和接警处置程序、扑救初期火灾的程序和措施、应急疏散的组织程序和措施、通信联络、安全防护救护的程序和措施、灭火和应急疏散计划图、注意事项等。

二、应急组织机构

应急组织机构的设置应结合本单位的实际情况，遵循归口管理、统一指挥、讲究效率、权责对等和灵活机动的原则，包括火场指挥部、灭火行动组、疏散引导组、安全防护救护组、火灾现场警戒组、后勤保障组和机动组。

第三章　施工消防安全管理

第一节　施工现场的火灾风险及管理职责

施工现场管理职责

根据《中华人民共和国建筑法》《中华人民共和国消防法》《建设工程安全生产管理条例》、公安部《机关、团体、企业、事业单位消防安全管理规定》，以及一些地方法规、规章规定的要求，施工现场的消防安全管理应由施工单位负责。施工现场实行施工总承包的，由总承包单位负责。

施工单位应根据建设项目规模、现场消防安全管理的重点，在施工现场建立消防安全管理组织机构及义务消防组织，并应确定消防安全负责人和消防安全管理人，同时应落实相关人员的消防安全管理责任。

第二节　施工现场总平面布局

一、重点区域的布置原则

施工现场重点区域包括以下三类：

（1）施工现场设置出入口的基本原则。

（2）固定动火作业场的布置原则。

（3）危险品库房的布置原则。

二、施工现场防火间距要求

（1）临建用房与在建工程的防火间距：

1）人员住宿、可燃材料及易燃易爆危险品储存等场所严禁设置于在建工程内。

2）易燃易爆危险品库房与在建工程的防火间距不应小于15m。

3）可燃材料堆场及其加工场、固定动火作业场与在建工程的防火间距不应小于10m。

4）其他临时用房、临时设施与在建工程的防火间距不应小于6m。

（2）临建用房之间的防火间距：

1）施工现场主要临时用房、临时设施的防火间距不应小于相关规定。

2）当办公用房、宿舍成组布置时，其防火间距可适当减小，但应符合相关要求。

三、临时消防车通道设置要求

（1）施工现场内应设置临时消防车通道。

（2）施工现场周边道路满足消防车通行及灭火救援要求时，施工现场内可不设置临时消防车通道。

（3）临时消防车通道宜为环形，如设置环形车道确有困难，应在消防车通道尽端设置尺寸不小于 12m×12m 的回车场。

（4）临时消防车通道的净宽度和净空高度均不应小于 4m。

（5）临时消防车通道的右侧应设置消防车行进路线指示标志。

（6）临时消防车通道路基、路面及其下部设施应能承受消防车通行压力及工作荷载。

四、临时消防救援场地的设置

（1）需设临时消防救援场地的施工现场：①建筑高度大于 24m 的在建工程；②建筑工程单体占地面积大于 $3000m^2$ 的在建工程；③超过 10 栋，且为成组布置的临时用房。

（2）临时消防救援场地的设置要求：①临时消防救援场地应在在建工程装饰装修阶段设置；②临时消防救援场地应设置在成组布置的临时用房场地的长边一侧及在建工程的长边一侧；③场地宽度应满足消防车正常操作要求且不应小于 6m，与在建工程外脚手架的净距不宜小于 2m，且不宜超过 6m。

第三节　施工现场内建筑的防火要求

一、宿舍、办公用房的防火要求

对临时搭建的宿舍、办公用房提出下列防火要求：

（1）建筑构件的燃烧性能等级应为 A 级。

（2）建筑层数不应超过 3 层，每层建筑面积不应大于 $300m^2$。

（3）建筑层数为 3 层或每层建筑面积大于 $200m^2$ 时，应设置不少于 2 部疏散楼梯，房间疏散门至疏散楼梯的最大距离不应大于 25m。

（4）单面布置用房时，疏散走道的净宽度不应小于 1.0m；双面布置用房时，疏散走道的净宽度不应小于 1.5m。

（5）疏散楼梯的净宽度不应小于疏散走道的净宽度。

（6）宿舍房间的建筑面积不应大于 $30m^2$，其他房间的建筑面积不宜大于 $100m^2$。

（7）房间内任一点至最近疏散门的距离不应大于 15m，房门的净宽度不应小于 0.8m，房间建筑面积超过 $50m^2$ 时，房门的净宽度不应小于 1.2m。

（8）隔墙应从楼地面基层隔断至顶板基层底面。

二、组合建造功能用房的防火要求

施工现场的临时用房较多，且其布置受现场条件制约多，不同使用功能的临时用房可按以下规定组合建造。组合建造时，两种不同使用功能的临时用房之间应采用不燃材料进行防火分隔，其防火要求应以等级要求较高的临时用房为准。一般应满足以下要求：

（1）宿舍、办公用房不应与厨房操作间、锅炉房、变配电房等组合建造。

（2）现场办公用房、宿舍不宜组合建造。如果现场办公用房与宿舍的规模不大，两者的建筑面积之和不超过300m²，可组合建造。

（3）发电机房、变配电房可组合建造；厨房操作间、锅炉房可组合建造；餐厅与厨房操作间可组合建造。

（4）会议室与办公用房可组合建造；文化娱乐室、培训室与办公用房或宿舍可组合建造；餐厅与办公用房或宿舍可组合建造。

（5）施工现场人员较为密集的用房，如会议室、文化娱乐室、培训室、餐厅等房间应设置在临时用房的第一层，其疏散门应向疏散方向开启。

三、外脚手架、支模架防火要求

外脚手架既是在建工程的外防护架，也是施工人员的外操作架。支模架既是混凝土模板的支撑架体，也是施工人员操作平台的支撑架体。为保护施工人员免受火灾伤害，外脚手架、支模架的架体宜采用不燃或难燃材料搭设。其中，高层建筑和既有建筑改造工程的外脚手架、支模架的架体应采用不燃材料搭设。

四、安全网防火要求

下列安全防护网应采用阻燃型安全防护网：

（1）高层建筑外脚手架的安全防护网。

（2）既有建筑外墙改造时，其外脚手架的安全防护网。

（3）临时疏散通道的安全防护网。

第四节　施工现场临时消防设施设置

一、临时消防设施设置原则

临时消防设施的设置需要遵循以下原则：

（1）同步设置原则。

（2）合理设置原则。

（3）其他设置原则。

二、施工现场灭火器设置场所

施工现场内的在建工程及临时用房根据其危险性，应在适当位置配置灭火器，以保证初期消防扑救的需要。应配置灭火器的场所见《综合》第五篇第五章第四节。

三、临时室内消防给水系统设置要求

临时室内消防给水系统设置包括：

（1）设置条件。

（2）室内消防用水量。

（3）设置要求：①管网设置要求；②水泵接合器设置要求；③室内消火栓快速接口及消防软管设置的基本要求；④消防水带、消防水枪及软管的配置要求；⑤中转水池及加压

水泵的配置要求。

四、临时应急照明设置场所

施工现场的下列场所应配备临时应急照明：①自备发电机房及变、配电房；②水泵房；③无天然采光的作业场所及疏散通道；④高度超过100m的在建工程的室内疏散通道；⑤发生火灾时仍需坚持工作的其他场所。

五、临时消防用电

施工现场供用电设施的设计、施工、运行、维护应符合现行国家标准《建设工程施工现场供用电安全规范》(GB 50194—2014)的要求。为避免火灾发生时，为施工现场临时消防给水系统使用的消火栓泵因电力中断而无法运行，导致消防用水难以保证的情况发生，要求施工现场的消火栓泵采用专用消防配电线路。专用消防配电线路应自施工现场总配电箱的总断路器上端接入，且应保持不间断供电。

第五节 施工现场的消防安全管理要求

一、施工现场消防安全管理的内容

施工现场消防安全管理的内容包括：①消防安全管理制度；②防火技术方案；③施工现场灭火及应急疏散预案；④消防安全教育与培训；⑤消防安全技术交底；⑥消防安全检查；⑦消防管理档案。

二、施工现场灭火及应急疏散预案

施工单位应编制施工现场灭火及应急疏散预案，并依据预案，定期开展灭火及应急疏散的演练。灭火及应急疏散预案应包括下列主要内容：①应急灭火处置机构及各级人员应急处置职责；②报警、接警处置的程序和通信联络的方式；③扑救初期火灾的程序和措施；④应急疏散及救援的程序和措施。

三、用火管理

(1) 动火作业管理。

(2) 其他用火管理。

1) 施工现场存放和使用易燃易爆物品的场所。

2) 施工现场不应采用明火取暖。

3) 厨房操作间炉灶使用完毕后，应将炉火熄灭，排油烟机及油烟管道应定期清理油垢。

第四章 本篇例题解析

案例1 消防安全组织、制度案例分析

一、情景描述（辅导教材案例51）

某石油储备库，有10万立方米浮项原油储罐30座。单位设有专职消防队，配备泡沫消防车两台、高喷消防车一台、水罐消防一台，并有专职消防员30人。单位成立了消防安全委员会，安全环保部是该单位消防安全工作归口管理部门，每层确定了消防安全责任人和消防安全管理人员。该单位还成立了义务消防队，并在灭火预案中明确了灭火行动组、通信联络组、疏散引导组、安全防护救护组的职责。单位建立健全了包括消防安全教育、培训，防火巡查、检查，安全疏散设施管理，消防（控制室）值班，消防设施、器材维护管理，火灾隐患整改，用火、用电安全管理，易燃易爆危险物品和场所的防火防爆，专职和义务消防队的组织管理，灭火和应急疏散预案演练，燃气和电气设备的检查和管理（包括防雷、防静电），消防安全工作考评和奖惩等在内的必要的消防安全管理制度和保障消防安全的操作规程。

二、思 考 题

（一）单项选择题

1. 生产、储存易燃易爆危险品的大型企业应建立（ ）。

A. 单位专职消防队　B. 公安消防队　C. 单位义务消防队　D. 自愿消防队

2. 县级以上地方人民政府应当按照国家规定建立公安消防队、（ ），并按照国家标准配备消防装备，承担火灾扑救工作。

A. 自愿消防队　B. 专职消防队　C. 义务消防队　D. 企业消防队

（二）多项选择题

（ ）单位应当建立单位专职消防队，承担本单位的火灾扑救工作。

A. 大型核设施单位、大型发电厂、民用机场、主要港口

B. 生产和储存易燃易爆危险品的大型企业

C. 储备可燃的重要物资的大型仓库、基地

D. 火灾危险性较大、距离公安消防队较远的其他大型企业

E. 距离公安消防队较远、被列为全国重点文物保护单位的古建筑群的管理单位

（三）分析题

单位消防安全制度主要包括哪些内容？

【参考答案与解析】

（一）单项选择题

1. **答案**：A 【解析】见《中华人民共和国消防法》第三十六条。

2. **答案**：B 【解析】见《中华人民共和国消防法》第三十六条。

（二）多项选择题

答案：ABCDE 【解析】见《中华人民共和国消防法》第三十六条。

（三）分析题

答案：应包括消防安全教育、培训，防火巡查、检查，安全疏散设施管理，消防（控制室）值班，消防设施、器材维护管理，火灾隐患整改，用火、用电安全管理，易燃易爆危险物品和场所的防火防爆，专职和义务消防队的组织管理，灭火和应急疏散预案演练，燃气和电气设备的检查和管理（包括防雷、防静电），消防安全工作考评和奖惩等消防安全内容。

【解析】 见《综合》第五篇第二章第三节，消防安全制度的种类和主要内容。

案例2 建设工程施工现场消防安全管理案例分析

一、情景描述（辅导教材案例52）

某酒店施工现场（图4-2-1）内，酒店主体设计层数为地上17层、地下2层，建筑高度77.9m，建筑占地面积3250m^2，地上部分建筑面积42477.3m^2，地下部分建筑面积5300.24m^2，在建酒店东侧9m处为配电房，北侧10m处为可燃材料堆场及可燃材料库房，西北角15m处为固定动火场所，西侧9m处为宿舍办公区（共分2组，每组10栋，第1组均为2层建筑，每层建筑面积200m^2；第2组均为3层建筑，每层建筑面积300m^2），距离宿舍办公区5m处为厨房操作间。在酒店施工现场，周围设有净宽度均为4m且净空高度均不小于4m的环形临时消防车道，并在宿舍办公区设有12m×12m回车场。该市常年吹东南风。

该施工现场设室外消火栓，由市政给水管网供水，并在现场设置了60m^3的临时储水池及两台消火栓泵为施工现场的临时室内消火栓供水。该施工现场还设有消防水泵接合器、灭火器、应急照明、疏散指示标志等消防设施。

该酒店的施工单位在施工现场建立了消防安全管理组织及义务消防队，制定了消防安全管理制度、防火技术方案、灭火疏散预案并定期开展灭火及应急疏散演练。监理单位对施工现场的消防安全管理进行监理。

二、思考题

（一）单项选择题

1. 施工现场出入口的设置应满足消防车通行的要求，并宜布置在不同方向，其数量不宜少于（ ）个。

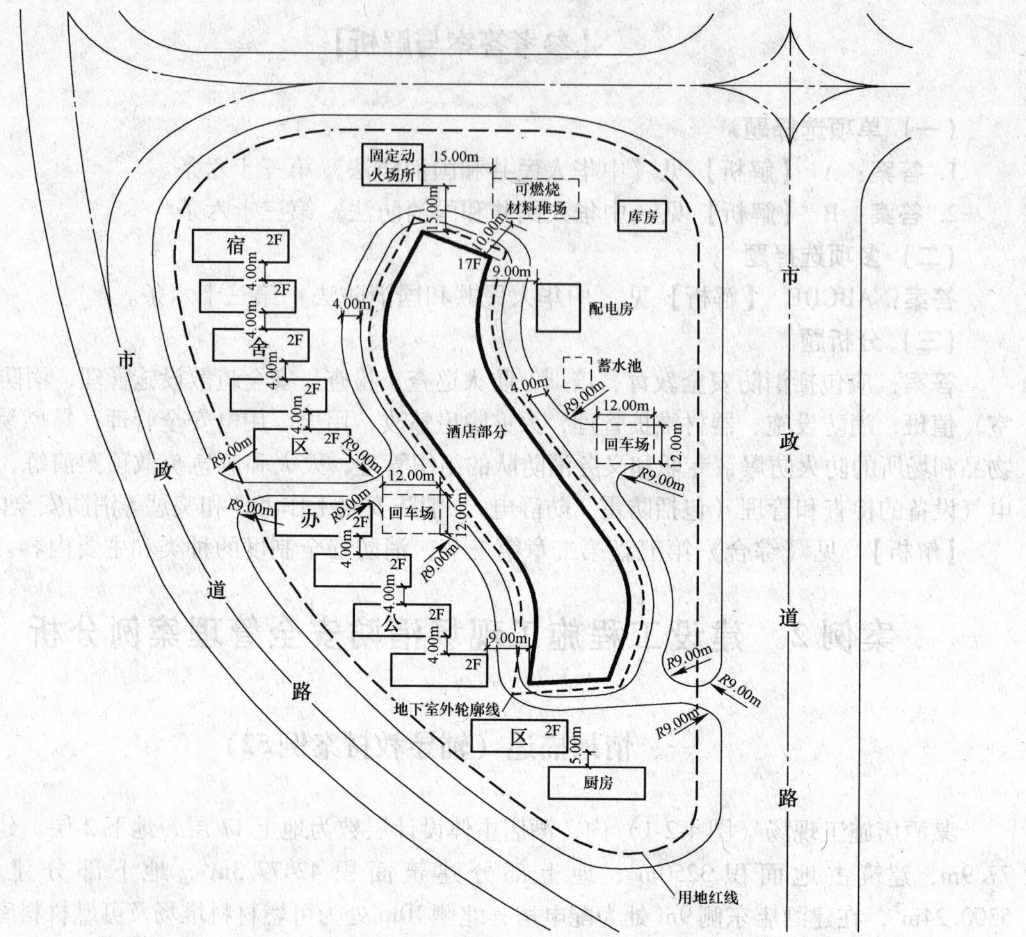

图 4-2-1　施工现场平面布置图

A. 1　　　　B. 2　　　　C. 3　　　　D. 4

2. 易燃易爆危险品库房与在建工程的防火间距不应小于（　）m。

A. 6　　　　B. 9　　　　C. 10　　　　D. 15

3. 可燃材料堆场及其加工场、固定动火作业场与在建工程的防火间距不应小于（　）m。

A. 6　　　　B. 9　　　　C. 10　　　　D. 15

4. 施工现场内应设置临时消防车道，临时消防车道与在建工程、临时用房、可燃材料堆场及其加工场的距离，宜在（　）m 之间。

A. 5 ~ 30　　　　B. 5 ~ 40　　　　C. 10 ~ 30　　　　D. 10 ~ 40

5. 施工现场内设置的临时消防车道宜为环形，如设置环形车道确有困难，应在消防车道尽端设置尺寸不小于（　）的回车场。

A. 18m × 18m　　　　B. 15m × 15m　　　　C. 13m × 13m　　　　D. 12m × 12m

6. 施工现场内设置的临时消防救援场地的宽度应满足消防车正常操作要求且不应小于（　）m。

A. 4　　　　B. 5　　　　C. 6　　　　D. 8

7. 在施工现场中，办公用房、宿舍的临时用房建筑构件的燃烧性能等级应为 A 级。当采用金属夹芯板材时，其芯材的燃烧性能等级应为（　）。

A. A 级　　B. 不低于 B1 级　　C. 不低于 B2 级　　D. 不低于 B3 级

8. 施工现场中，用于办公、宿舍的临时用房的每层建筑面积不应大于（　）m^2。

A. 200　　B. 250　　C. 300　　D. 400

9. 在建的高层建筑外脚手架应采用（　）安全防护网。

A. 不燃型　　B. 难燃型　　C. 不燃型或难燃型　　D. 阻燃型

（二）多项选择题

1.下列哪些建筑应设置临时消防救援场地？（　）

A. 建筑高度大于 24m 的在建工程

B. 建筑高度大于 32m 的在建工程

C. 超过 10 栋且为成组布置的临时用房

D. 建筑工程单体占地面积大于 3000m^2 的在建工程

E. 建筑高度大于 20m 的在建工程

2.（　）工程的外脚手架、支模架的架体应采用不燃材料搭设。

A. 居住建筑　　B. 公共建筑　　C. 高层建筑

D. 既有建筑改造　　E. 公寓建筑

3. 在建工程及临时用房的（　）应配置灭火器。

A. 易燃易爆危险品存放及使用场所　　B. 动火作业场所

C. 可燃材料存放、加工及使用场所

D. 厨房操作间、锅炉房、发电机房、变（配）电房、设备用房、办公用房、宿舍等临时用房

E. 水泥存放场所

4. 施工现场的（　）应配备临时应急照明。

A. 自备发电机房及变（配）电房　　B. 水泵房

C. 无自然采光的作业场所及疏散通道

D. 高度超过 100m 的在建工程的室内疏散通道

E. 库房

（三）分析题

1. 某建设工程施工现场，主体建筑高度大于 24m，是否需要设置临时室内消防给水系统？如需设置，应符合哪些规定？

2. 某市某办公综合楼施工现场，施工现场灭火及应急疏散预案应由哪家单位负责编制？灭火及应急疏散预案应包括哪些主要内容？

【参考答案与解析】

（一）单项选择题

1. **答案**：B 【解析】见《综合》第五篇第五章第二节，重点区域的布置原则。

2. **答案**：D 【解析】《建设工程施工现场消防安全技术规范》(GB 50720—2011) 3.2.1 条易燃易爆危险品库房与在建工程的防火间距不应小于 15m，可燃材料堆场及其加工场、固定动火作业场与在建工程的防火间距不应小于 10m，其他临时用房、临时设施与在建工程的防火间距不应小于 6m。

3. **答案**：C 【解析】见《综合》第五篇第五章第二节，临建用房与在建工程的防火间距：可燃材料堆场及其加工场、固定动火作业场与在建工程的防火间距不应小于 10m。

4. **答案**：B 【解析】见《综合》第五篇第五章第二节，临时消防车通道设置要求：工现场内应设置临时消防车通道。同时，考虑灭火救援的安全以及供水的可靠，临时消防车通道与在建工程、临时用房、可燃材料堆场及其加工场的距离不宜小于 5m，且不宜大于 40m。

5. **答案**：D 【解析】见《综合》第五篇第五章第二节，临时消防车通道设置要求：临时消防车通道宜为环形，如设置环形车道确有困难，应在消防车通道尽端设置尺寸不小于 12m × 12m 的回车场。

6. **答案**：C 【解析】见《综合》第五篇第五章第二节，临时消防救援场地的设置：场地宽度应满足消防车正常操作要求且不应小于 6m，与在建工程外脚手架的净距不宜小于 2m，且不宜超过 6m。

7. **答案**：A 【解析】见《综合》第五篇第五章第三节，宿舍、办公用房的防火要求：建筑构件的燃烧性能等级应为 A 级。当临时用房是金属夹芯板房时，其芯材的燃烧性能等级应为 A 级。

8. **答案**：C 【解析】见《综合》第五篇第五章第三节，宿舍、办公用房的防火要求：建筑层数不应超过 3 层，每层建筑面积不应大于 $300m^2$。

9. **答案**：D 【解析】见《综合》第五篇第五章第三节，安全网——下列安全防护网应采用阻燃型安全防护网：①高层建筑外脚手架的安全防护网；②既有建筑外墙改造时，其外脚手架的安全防护网；③临时疏散通道的安全防护网。

（二）多项选择题

1. **答案**：ABCD 【解析】见《综合》第五篇第五章第二节，需设临时消防救援场地的施工现场：①建筑高度大于 24m 的在建工程；②建筑工程单体占地面积大于 $3000m^2$ 的在建工程；③超过 10 栋，且为成组布置的临时用房。

2. **答案**：CD 【解析】见《综合》第五篇第五章第三节，外脚手架、支模架：高层建筑和既有建筑改造工程的外脚手架、支模架的架体应采用不燃材料搭设。

3. **答案**：ABCD 【解析】见《综合》第五篇第五章第三节，灭火器设置：施工现场内的在建工程及临时用房根据其危险性，在适当位置配置灭火器，以保证初期消防扑救的需要。

下列场所应配置灭火器：①易燃易爆危险品存放及使用场所；②动火作业场所；③可燃材料存放、加工及使用场所；④厨房操作间、锅炉房、发电机房、变配电房、设备用房、办公用房、宿舍等临时用房；⑤其他具有火灾危险的场所。

4. **答案**：ABCD 【解析】见《综合》第五篇第五章第四节，为保证火灾情况下，能够满足火灾初期扑救和人员疏散的要求，施工现场的下列场所应配备临时应急照明：①自备发电机房及变、配电房；②水泵房；③无天然采光的作业场所及疏散通道；④高度超过 100m 的在建工程的室内疏散通道；⑤发生火灾时仍需坚持工作的其他场所。

（三）分析题

1. **答案**：需要设置临时室内消防给水系统。应符合下列规定：

（1）消防竖管的设置位置应便于消防人员操作，其数量不应少于两根，当结构封顶时，应将消防竖管设置成环状。

（2）消防竖管的管径应根据在建工程临时消防用水量、竖管内水流速度计算确定，且不应小于 DN100。

【解析】 见《综合》第五篇第五章第四节，临时室内消防给水系统设置要求。

2. **答案**：应由施工单位负责编制。应包括下列主要内容：

（1）应急灭火处置机构及各级人员的应急处置职责。

（2）报警、接警处置的程序和通信联络方式。

（3）扑救初起火灾的程序和措施。

（4）应急疏散及救援的程序和措施。

【解析】 见《综合》第五篇第五章第五节，施工现场灭火及应急疏散预案。

案例 3 高层民用建筑消防安全管理案例分析

一、情景描述（辅导教材案例 53）

某高层民用建筑始建于 1996 年，1999 年投入使用，建筑面积 14093.78m^2，地上 16 层，地下 1 层，高度 60m，属一类高层建筑，未经消防审核、验收。大楼内现有行政办公、旅馆住宿、民企公司、普通住户、网吧、商铺等多种用途的用房，含商住业主 20 户、办公业主 4 户。大楼屋顶设置有 1 个容量为 80m^3 的生活、消防共用水箱，地下室设置有 2 个容量分别为 100m^3 的消防水池，楼内仅在消防电梯合用的前室设置有 1 根室内消火栓系统立管。大楼内的消防安全由某物业服务企业进行管理。

消防监督人员在检查中发现，大楼共 16 层却仅有一处安全出口，且长期上锁；大楼东侧袋形走道尽端两侧的房间距最近楼梯间超过 20m；地下一层的网吧安装了火灾自动报警系统和自动喷水灭火系统；大楼室内消火栓系统仅有一根竖管，且未设置双阀双出口型消火栓；室内消火栓管径不符合消防技术标准，15 层和 16 层未安装室内消火栓；防烟楼梯间与消防电梯合用前室未用乙级防火门进行分隔；大楼西侧疏散楼梯在大部分楼层设置铁门并上锁；部分楼层的办公室隔断、顶棚和墙面采用了大量可燃、易燃的材料装修；大楼内部电气线路明敷，未使用阻燃套管；防烟楼梯间及各楼层走道内未设置应急照明灯及疏散指示标志；未按一级负荷要求供电，消防用电未采用单独的供电回路；物业服务企业未履行消防安全管理责任，消防管理混乱。

二、思 考 题

（一）单项选择题

下列应直接判定为重大火灾隐患的选项是（ ）。

A. 旅馆、公共娱乐场所、商店、地下人员密集场所未按规定设置自动喷水灭火系统或火灾自动报警系统

B. 甲、乙类仓库或丙类厂房与人员密集场所或住宅、宿舍混合设置在同一建筑内

C. 擅自改变原有防火分区，造成防火分区面积超过规定的50%

D. 设有人员密集场所的高层建筑的封闭楼梯间、防烟楼梯间的门的损坏率超过20%，其他建筑的封闭楼梯间、防烟楼梯间的门的损坏率超过50%

（二）多项选择题

下列哪些选项属于重大火灾隐患的综合判定要素的是（ ）。

A. 未按规定设置消防车道，或消防车道被堵塞、占用

B. 擅自改变原有防火分区，造成防火分区面积超过规定的50%

C. 生产、储存和装卸易燃易爆化学物品的工厂、仓库和专用车站、码头、储罐区，未设置在城市的边缘或相对独立的安全地带

D. 擅自改变建筑内的避难走道、避难间、避难层与其他区域的防火分隔设施，或避难走道、避难间、避难层被占用、堵塞而无法正常使用

E. 未按规定设置消防水源

（三）分析题

目前，多产权高层民用建筑的消防安全管理主要存在哪些问题？请你谈谈你打算如何解决这些问题。

【参考答案与解析】

（一）单项选择题

答案：A 【解析】见《综合》第五篇第二章第五节，重大火灾隐患直接判定：符合下列情况之一的，可以直接判定为重大火灾隐患：

（1）生产、储存和装卸易燃易爆化学物品的工厂、仓库和专用车站、码头、储罐区，未设置在城市的边缘或相对独立的安全地带。

（2）甲、乙类厂房设置在建筑的地下、半地下室。三合一场所是指住宿与生产、仓储、经营等一种或几种使用功能违章混合设置在同一空间内的建筑。

（3）甲、乙类厂房与人员密集场所或住宅、宿舍混合设置在同一建筑内。

（4）公共娱乐场所、商店、地下人员密集场所的安全出口、楼梯间的设置形式及数量不符合规定。

（5）旅馆、公共娱乐场所、商店、地下人员密集场所未按规定设置自动喷水灭火系统或火灾自动报警系统。

（6）易燃可燃液体、可燃气体储罐（区）未按规定设置固定灭火、冷却设施。

（二）多项选择题

答案：ABDE 【解析】见《综合》第五篇第二章第五节，重大火灾隐患综合判定要素：

（1）总平面布置。

1）未按规定设置消防车道或消防车道被堵塞、占用。

2）建筑之间的既有防火间距被占用。

3）城市建成区内的液化石油气加气站、加油加气合建站的储量达到或超过 GB 50156—2012 对一级站的规定。

4）丙类厂房或丙类仓库与集体宿舍混合设置在同一建筑内。

5）托儿所、幼儿园的儿童用房及儿童游乐厅等儿童活动场所，老年人建筑，医院、疗养院的住院部分等与其他建筑合建时，所在楼层位置不符合规定。

6）地下车站的站厅乘客疏散区、站台及疏散通道内设置商业经营活动场所。

（2）防火分隔。

1）擅自改变原有防火分区，造成防火分区面积超过规定的 50%。

2）防火门、防火卷帘等防火分隔设施损坏的数量超过该防火分区防火分隔设施数量的 50%。

3）丙、丁、戊类厂房内有火灾爆炸危险的部位未采取防火防爆措施，或这些措施不能满足防止火灾蔓延的要求。

（3）安全疏散及灭火救援。

1）擅自改变建筑内的避难走道、避难间、避难层与其他区域的防火分隔设施，或避难走道、避难间、避难层被占用、堵塞而无法正常使用。

2）建筑物的安全出口数量不符合规定，或被封堵。

3）按规定应设置独立的安全出口、疏散楼梯而未设置。

4）商店营业厅内的疏散距离超过规定距离的 25%。

5）高层建筑和地下建筑未按规定设置疏散指示标志、应急照明，或损坏率超过 30%；其他建筑未按规定设置疏散指示标志、应急照明，或损坏率超过 50%。

6）设置人员密集场所的高层建筑的封闭楼梯间、防烟楼梯间门的损坏率超过 20%；其他建筑的封闭楼梯间、防烟楼梯间门的损坏率超过 50%。

7）民用建筑内疏散走道、疏散楼梯间、前室室内的装修材料燃烧性能低于 B1 级。

8）人员密集场所的疏散走道、楼梯间、疏散门或安全出口设置栅栏、卷帘门。

9）除旅馆、公共娱乐场所、商店、地下人员密集场所的其他场所，其安全出口、楼梯间的设置形式及数量不符合规定。

10）设有人员密集场所的建筑既有外窗被封堵或被广告牌等遮挡，影响逃生和灭火救援。

11）高层建筑的举高消防车作业场地被占用，影响消防扑救作业。

12）一类高层民用建筑的消防电梯无法正常运行。

（4）消防给水及灭火设施。

1）未按规定设置消防水源。

2）未按规定设置室外消防给水设施，或已设置但不能正常使用。

3）未按规定设置室内消火栓系统，或已设置但不能正常使用。

4）除旅馆、公共娱乐场所、商店、地下人员密集场所等以外的其他场所未按规定设置自动喷水灭火系统。

5）未按规定设置除自动喷水灭火系统外的其他固定灭火设施。

6）已设置的自动喷水灭火系统或其他固定灭火设施不能正常使用或运行。

（三）分析题

答案：存在的主要问题有：

（1）消防主体责任不落实，消防管理组织不到位。

（2）业主的消防安全意识不强，物业管理部门的消防安全管理能力薄弱。

（3）消防设施欠缺或设备不符合要求。

（4）消防设施设备不符合要求，无法完好有效地运行。

（5）业主私自改建，改变使用性质，破坏防火分隔，堵塞疏散设施。

（6）大量使用高分子装修材料及可燃外保温材料。

主要对策：

（1）明确消防安全主体责任，为高层民用建筑消防安全管理提供有力的组织保障。

（2）强化消防审核、验收、监理、灭火演练等环节，为高层民用建筑消防安全管理提供保障。

（3）落实消防设施维护保养经费的来源。

（4）使消防安全意识及培训工作常态化。

（5）强化对内外装修、装饰材料的监管，为高层民用建筑消防安全管理提供源头保障。

案例4 易燃易爆生产、储运单位消防安全管理案例分析

一、情景描述（辅导教材案例55）

某大型石油化工生产企业，原油加工能力1000万立方米/年。厂区外设有原油储罐区，在厂区内设有成品油和液化石油气储罐区，油品通过输油管道、铁路及公路运输，并将生产区、辅助生产区、储存区和生活区分开设置，厂区内外设置了环形消防车道、消防水源、消火栓给水系统、泡沫灭火系统等；为了预防火灾的发生，确保消防安全，企业采取了下列消防安全管理措施：成立了消防安全工作领导小组，明确了由公司董事长兼总经理为消防安全责任人，分管生产的副总经理为消防安全管理人，安环部为消防安全工作归口管理部门；该企业厂内和厂外储油罐区、液化石油气储罐区、厂内所有甲乙类生产装置或厂房、变（配）电站、易燃可燃材料仓库等均被确定为消防安全重点部位，并设立了明显的消防安全标志，配置了专职消防安全管理人员；企业建立健全了各项消防安全规章制度以及保障消防安全的逐级岗位责任制；开展经常性的消防安全检查与巡查，及时发现和消除火灾隐患并定期检查、维护和保养消防设施、器材，确保其完好有效；单位对进厂的每一个员工均进行消防安全培训，并开展经常性的消防安全教育；设立了企业专职消防队，并在各个消防安全重点部位成立了义务消防队，制定了灭火预案，适时开展消防演习和演练；对开展消防工作有功或有过的人员及时予以奖惩。

二、思 考 题

（一）单项选择题

1. 法人单位的法定代表人或者非法人单位的主要负责人是单位的消防安全（ ），对本单位的消防安全工作全面负责。

A. 管理人　　B. 责任人　　C. 灭火人员　　D. 消防安全检查人

2. 单位应当落实逐级消防安全（　）和岗位消防安全责任制，明确逐级和岗位消防安全职责，确定各级、各岗位的消防安全责任人。

A. 巡查员　　B. 检查员　　C. 责任制　　D. 灭火员

（二）多项选择题

1.（　）单位应当加强自身的消防安全管理，预防火灾和减少火灾危害，认真贯彻落实《中华人民共和国消防法》。

A. 机关　　B. 团体　　C. 企业　　D. 事业

E. 在中国国境以外施工的企业

2. 单位应当遵守国家有关规定，对易燃易爆危险品的（　）实行严格的消防安全管理。

A. 生产　　B. 使用　　C. 储存　　D. 销售　　E. 运输或者销毁

【参考答案与解析】

（一）单项选择题

1. **答案：** B 【解析】见《综合》第五篇第二章：法人单位的法定代表人或者非法人单位的主要负责人是单位的消防安全责任人，应对本单位的消防安全工作全面负责。

2. **答案：** C 【解析】见《综合》第五篇第二章第二节，消防安全职责：《消防法》第十六条、第十七条规定了单位应当履行的消防安全职责，公安部61号令要求单位应当落实逐级消防安全责任制和岗位消防安全责任制，明确逐级和岗位消防安全职责，确定各级、各岗位的消防安全责任人，对本级、本岗位的消防安全负责，层层落实消防安全责任。

（二）多项选择题

1. **答案：** ABCD 【解析】《机关、团体、企业、事业单位消防安全管理规定》第一条：为了加强和规范机关、团体、企业、事业单位的消防安全管理，预防火灾和减少火灾危害，根据《中华人民共和国消防法》，制定本规定。

2. **答案：** ABCDE 【解析】《机关、团体、企业、事业单位消防安全管理规定》第二十二条：单位应当遵守国家有关规定，对易燃易爆危险物品的生产、使用、储存、销售、运输或者销毁实行严格的消防安全管理。

第五篇

2015 一级注册消防工程师试题及详解

《消防安全案例分析》试题

第一题（20 分）

某信息中心大楼内设有自动喷水灭火系统、气体灭火系统、火灾自动报警系统等自动消防设施和灭火器。2015 年 2 月 5 日，该单位安保部对信息中心的消防设施进行了全面检查测试，部分检查情况如下：

（一）建筑灭火器检查情况（详见表 1）

表 1　建筑灭火器检查情况

灭火器型号	出厂日期	数量（具）	上次维修时间	外观检查存在问题的灭火器			
				压力表指针位于红区	筒体锈蚀面积与筒体面积之比		筒体严重变形
					<1/3	≥1/3	
MFZ/ABC4	2010 年 1 月	82	无	2	5	2	0
	2010 年 7 月	82	无	3	3	2	0
MT5	2003 年 1 月	18	2014 年 1 月	0	0	0	2
	2003 年 7 月	18	2014 年 7 月	0	0	0	1

（二）湿式自动喷水灭火系统功能测试情况

打开湿式报警阀组上的实验阀，水力警铃动作，按规定方法测量水力警铃声强为 65dB，火灾报警控制器（联动型）接受到报警阀组压力开关动作信号，自动喷水给水泵未启动。

（三）七氟丙烷灭火系统检查情况

信息中心的通信机房设有七氟丙烷灭火系统（如图 1 所示），系统设置情况如表 2 所示，检查发现，储瓶间 2 号灭火剂储瓶的压力表显示压力为设计储存压力的 85%，系统存在组件缺失的问题。

检查结束后，该单位安保部委托专业维修单位对气体灭火设备进行了维修。维修单位派人到现场，焊接了缺失组件的底座，并安装了缺失组件，对 2 号灭火剂储瓶补压至设计压力。

表 2　七氟丙烷灭火系统设置情况

防护区	防护区容积/m^3	灭火设计浓度/%	灭火剂用量/kg	灭火剂钢瓶容积/L	灭火剂储存压力/MPa	灭火剂钢瓶数量/只
A	600	8	398	120	4. 2	4
B	450		298			3
C	300		199			2

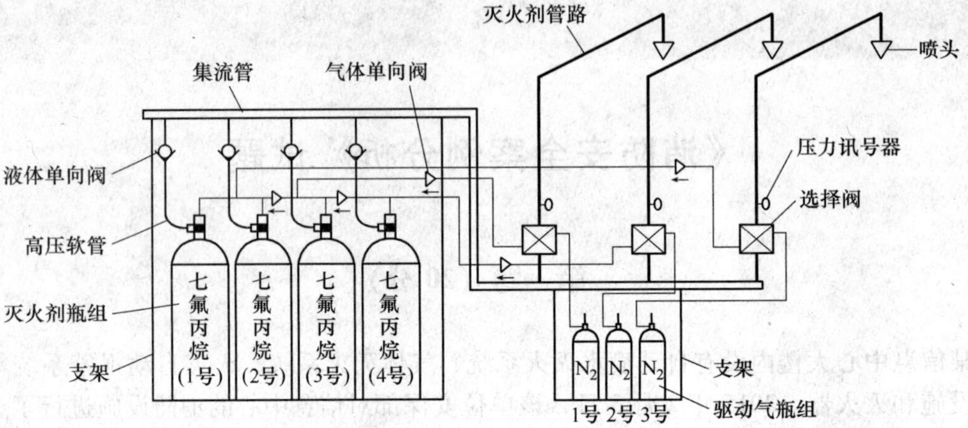

图 1　七氟丙烷灭火系统组成示意图

根据以上材料，回答问题：

1. 根据建筑灭火器检查情况，简述哪些灭火器需要维修报废。

2. 指出素材（二）的场景中存在的问题及自动喷水给水泵未启动的原因，并简述湿式自动喷水灭火系统联动功能检查测试的方法。

3. 七氟丙烷灭火系统在储瓶间内未安装哪种组件？最大防护区对应的驱动装置为几号驱动气瓶？

4. 简析维修单位对储瓶间气体灭火设备维修时存在的问题。

第二题（20 分）

某购物中心地下 2 层，地上 4 层，建筑高度 24m，耐火等级二级，地下二层室内地面与室外出入口地坪高差为 11. 5m。

地下每层建筑面积 15200m^2。地下二层设置汽车和变配电房、消防水泵房等设备用房及建筑面积 5820m^2 的建材商场（经营五金、洁具、瓷砖、桶装油漆、香蕉水等）；地下一层为家具、灯饰商场，设有多部自动扶梯与建材商场连通，自动扶梯上下层相连通的开口部位设置防火卷帘。地下商场部分的每个防火分区面积不大于 2000m^2，采用耐火极限为 1. 5h 的不燃性楼板和防火墙及符合规定的防火卷帘进行分隔，在相邻防火分区的防火墙上均设有向疏散方向开启的甲级防火门。

地上一层至三层为商场，每层建筑面积 12000m^2，主要经营服装、鞋类、箱包和电器等商品。四层建筑面积5600m²，主要功能为餐厅、游艺厅、儿童游乐厅和电影院。电影院有8个观众厅，每个观众厅建筑面积在186～390m²之间；游艺厅有2个厅室，建筑面积分别为216m²、147m²。游艺厅和电影院候场区均采用不到顶的玻璃隔断、玻璃门与其他部位分隔，安全出口符合规范规定。

每层疏散照明的地面水平照度为1.0lx，备用电源连续供电时间0.6h。

购物中心外墙外保温系统的保温材料采用塑膜聚苯板，保温材料与基层墙体、装饰层之间有0.17～0.6m的空腔，在楼板处每隔一层用防火封堵材料对空腔进行防火封堵。

购物中心按规范配置了室内外消火栓系统、自动喷水灭火系统和火灾自动报警系统等消防设施。

（提示：商店营业厅人员密度及百人宽度指标分别见表3、表4）

表3 商店营业厅内的人员密度 （人/m²）

楼层位置	地下第二层	地下第一层	地上第一、二层	地上第三层	地上第四层及以上各层
人员密度	0.50	0.60	0.43～0.60	0.39～0.54	0.30～0.42

表4 疏散楼梯、疏散出口和疏散走廊的每百人净宽度 （m）

建筑层数		耐火等级		
		一、二级	三级	四级
地上层数	1～2层	0.65	0.75	1.00
	3层	0.75	1.00	—
	≥4层	1.00	1.25	—
地下层数	与地面出入口地面的高差≤10m	0.75	—	—
	与地面出入口地面的高差>10m	1.00	—	—

根据以上材料，回答问题：

1. 指出地下二层，地上四层平面布置方面存在的问题。
2. 指出地下商场防火分区方面存在的问题，并提出消防规范的整改措施。
3. 分别列式计算购物中心地下一、二层安全出口的最小总净宽度，地下一层安全出口最小总净宽度应为多少？（以m为单位，计算结果保留1位小数）
4. 判断购物中心的疏散照明设置是否正确，并说明理由。
5. 指出购物中心外墙外保温系统防火措施存在的问题。

第三题（20分）

某公司投资建设的大型商业综合体由商业区和超高层写字楼、商品住宅楼及五星级酒店组成。除酒店外，综合体由建设单位下属的物业公司统一管理。建设单位明确了物业公司经理为消防安全管理人，建立了消防安全管理制度，成立了志愿消防组织；明确了专（兼）职消防人员及其职责。在物业管理合同中，约定了产权人、承租人的消防安全管理职责，明确了物业公司有权督促落实；确定了公共区域、未销售（租赁）区域的消防安全管理、室外消防设施（场地）以及建筑消防设施改造与维护管理等由物业公司统一组织实施，各方按照相关合同出资。

某天营业期间，商业区二层某商铺装修时电焊引发火灾。起火后，装修工人慌乱中碰翻了正在使用的油漆桶，火势迅速扩大；在寻找灭火器无果后，悉数逃离火场。消防控制室（共2名值班人员）接到保安报警，向经理报告后，2人均赶往现场灭火；此时，火灾已向相邻商铺蔓延，值班人员这才向公安消防队报警。公安消防队到场时，火灾已蔓延至相邻防火分区，有多部楼梯间因防火门未关闭，大量进烟。

灾后倒查，起火点的装修现场采用木质胶合板与相邻区域隔离，现场无序堆放了大量的木质装修材料、油漆桶及有机溶剂等；现场的火灾探测器因频繁误报在火灾报警控制器上屏蔽，二层的自动喷水灭火器系统配水管控制阀因喷头漏水被关闭；动火现场安全监护人员脱岗。防火档案记载，保安在营业期间每3小时防火巡查1次，防火巡查记录均为"正常"；火灾前52天组织的最近一次防火检查，载录了商业区存在"楼梯间防火门未常闭"、"有的商铺装修现场管理混乱，无消防安全防护措施"、"二层多个商铺装修现场火灾探测器误报，喷头损坏漏水"等3项火灾隐患。

根据以上材料，回答问题：

1. 简述该大型商业综合体对多个产权（使用）单位的消防安全管理是否合理，并说明原因。

2. 简述消防控制室值班人员在此次火灾应急处置中存在的问题。

3. 结合装修工人初起火灾处置行为，简述需要加强对装修工人消防安全教育培训的主要内容。

4. 指出起火点装修现场存在的火灾隐患。

5. 简析物业管理公司在防火巡查、防火检查及火灾隐患整改过程中存在的问题。

第四题（20分）

某电厂调度楼共6层，设置了火灾自动报警系统、气体灭火系统等消防设施。火灾自动报警控制每个总线回路最大负载能力为256个报警点，每层有70个报警点，共分2个总线回路，其中一层至三层为第一回路，四层至六层为第二回路。每个楼层弱电井中安装1只总线短路隔离器，在本楼层总线出现短路时保护其他楼层的报警设备功能不受影响。

二层一个设备间布置了28台电力控制柜，顶棚安装了点型光电感烟探测器。控制柜内火灾探测采用管路式吸气感烟火灾探测器。设备间共设有1台单管吸气式感烟火灾探测器。其采样主管长45m。载设在电力控制柜上方，通过毛细采样管进入每个电路控制柜。采样孔直径为3mm。消防控制室能够接收管路吸气式感烟火灾探测器的报警及故障信号。

四层主控室为一个气体式灭火防护区，安装了4台柜式预测七氟丙烷灭火装置，充压压力为4.2MPa。自动联动模拟喷气检测时，有2台气体灭火装置没有启动，启动的2台灭火装置动作时差为4s。经检查确认，气体灭火控制器功能正常。

使用单位拟对一层重新装修改造。走道（宽1.5m）采用通透面积占吊顶面积12%的格栅吊顶，在部分房间增加空调送风口，将一个房间改为吸烟室。

根据以上材料，回答问题：

1. 对该生产综合楼火灾自动报警系统设置问题进行分析，提出改进措施。

2. 简述主控室气体灭火系统充压压力和启动时间存在的问题。

3. 简述主控室2套气体灭火装置未启动的原因及解决措施。

4. 按使用单位的改造要求，提出探测器设置和安装应该注意的问题。

第五题（20分）

某建筑地下2层，地上40层，建筑高度137m，总面积116000m^2，设有相应的消防设施。

地下二层设有消防水泵房和540m^3 的室内消防水池，屋顶设置有效容积为40m^3 的高位消防水箱，其最低有效水位为141.000m，屋顶水箱间内分别设置消火栓系统和自动喷水灭火系统的稳压装置。

消防水泵房分别设置2台（一用一备）消火栓给水泵和自动喷水给水泵。室内消火栓系统和自动喷水灭火系统均分为高、中、低三个分区，中、低区由减压阀减压供水。

地下二层自动喷水灭火系统报警阀室集中设置8个湿式报警阀组，在此8个报警阀组前安装了1个比例式减压阀组，减压阀组前无过滤器。

2015年6月，维保单位对该建筑室内消火栓系统和自动喷水灭火系统进行了检测，情况如下：

（1）检查40层屋顶试验消火栓时，其栓口静压为0.1MPa，打开试验消火栓放水，消火栓给水泵自动启动，栓口压力为0.65MPa。

（2）检查发现，地下室8个湿式报警阀组前的减压阀不定期出现超压现象。

（3）检查自动喷水灭火系统，打开40层末端试水装置，水流指示器报警，报警阀组的水力警铃未报警；消防控制室未收到压力开关动作信号，5min内未接收到自动喷水给水泵启动信号。

根据以上材料，回答问题：

1. 简析高位消防水箱有效容积是否符合消防规范规定。

2. 屋顶试验消火栓静压和动压是否符合要求？如不符合要求，应如何解决？

3. 简述针对该消火栓系统的检测方案。

4. 简述地下室湿式报警阀组前安装的减压阀组存在的问题及解决方法。

5. 指出40层末端试水装置放水时，报警阀组的水力警铃、压力开关未动作的原因。

第六题（20分）

某单层木器厂房为砖木结构，屋顶承重构件为难燃性构件，耐火极限为0.5h。柱子采用不燃性构件，耐火极限为2.50h。木器厂房建筑面积为4500m^2，其总平面布局和平面布置如图2所示；木器厂房周边的建筑，面向木器厂房一侧的外墙上均设有门和窗。该木器厂房采用流水线连续生产，工艺不允许设置隔墙。厂房内东侧设有建筑面积500m^2 的办公、休息区，采用耐火极限2.50h的防火隔墙与车间分隔，防火隔墙上设有双扇弹簧门；南侧分别设有建筑面积为150m^2 的油漆工段（采用封闭喷漆工艺）和50m^2 的中间仓库，中间仓库内储存3昼夜喷漆生产需要量的油漆、稀释剂（甲苯和香蕉水，$C=0.11$），采用防火墙与其他部位分隔，油漆工段通向车间的防火墙上设有双扇弹簧门。该厂房设置了消防给水及室内消火栓系统、建筑灭火器、排烟设施和应急照明及疏散指示标志。

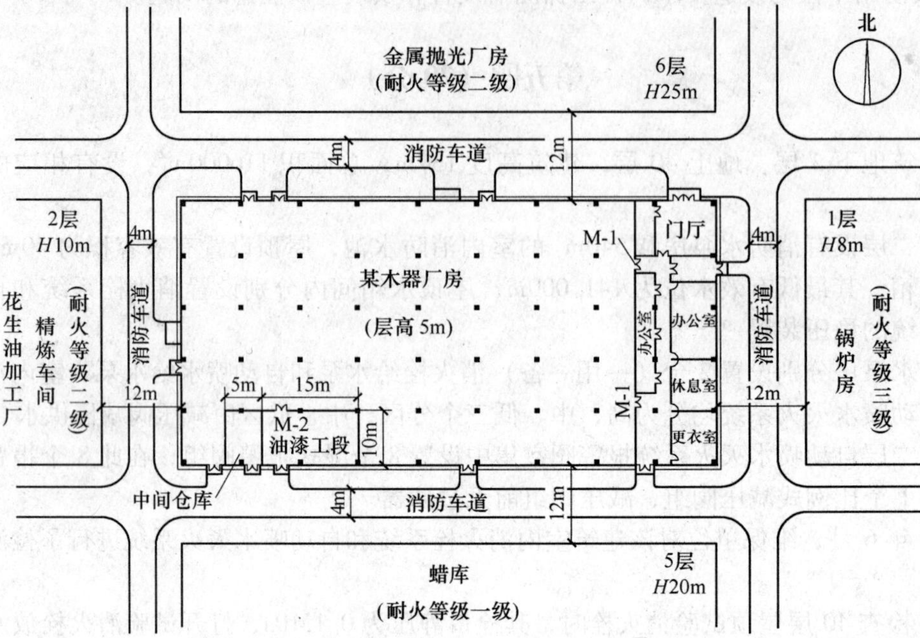

图 2　总平面布局、平面布置示意图

（提示：$150^{2/3}=28.24$；$200^{2/3}=34.20$；$750^{2/3}=82.55$）

根据以上材料，回答问题：

1. 检查防火间距、消防车道是否符合消防安全规定，提出防火间距不足时可采取的相应技术措施。

2. 简析厂房平面布置和油漆工段存在的消防安全问题，并提出整改意见。

3. 计算油漆工段的泄压面积，并分析利用外窗作泄压面的可行性。

4. 中间仓库存在哪些消防安全问题？应采取哪些防火防爆技术措施？

5. 该房内还应配置哪些建筑消防设施？

《消防安全案例分析》参考答案与解析

第一题（20分）

1. **答案**：（1）需送检维修的灭火器：①2010年1月出厂的82具MFZ/ABC4干粉灭火器超过5年维修年限，需全部送检维修；②2010年7月出厂的MFZ/ABC4干粉灭火器中3具压力表指针位于红区的以及3具锈蚀面积与筒体面积之比小于1/3的需要维修。

（2）需要报废的灭火器：①2010年1月以及2010年7月出厂的MFZ/ABC4干粉灭火器中各2具锈蚀面积与筒体面积之比大于1/3的需报废；②2003年1月出厂的18具MT5二氧化碳灭火器超过12年报废年限，需全部报废；③2003年7月出厂的MT5二氧化碳灭火器筒体严重变形的1具应予报废。

【解析】（1）见《综合》第三篇第十章第三节，日常检查中，发现存在机械损伤、明显锈蚀、灭火剂泄漏、被开启使用过，达到灭火器维修年限，或者符合其他报修条件的灭火器，建筑使用管理单位及时按照规定程序报修。

使用达到下列规定年限的灭火器，建筑使用管理单位需要分批次向灭火器维修企业送修：①手提式、推车式水基型灭火器出厂期满3年，首次维修以后每满1年；②手提式、推车式干粉灭火器、洁净气体灭火器、二氧化碳灭火器出厂期满5年，首次维修以后每满2年。因此2010年1月的全部灭火器以及2010年7月的压力指针位于红区、锈蚀面积小于1/3的灭火器需要维修。

（2）见《综合》第三篇第十章第三节，手提式、推车式灭火器出厂时间达到或者超过下列规定期限的，均予以报废处理：①水基型灭火器出厂期满6年；②干粉灭火器、洁净气体灭火器出厂期满10年；③二氧化碳灭火器出厂期满12年。因此2003年1月出厂的18具MT5需全部报废。同时灭火器存在下列情形之一的，予以报废处理：①筒体严重锈蚀（漆皮大面积脱落，锈蚀面积大于筒体总面积的1/3，表面产生凹坑者）或者连接部位、筒底严重锈蚀的；②筒体明显变形，机械损伤严重的；③器头存在裂纹、无泄压机构等缺陷的；④筒体存在平底等不合理结构的；⑤手提式灭火器没有间歇喷射机构的，没有生产厂名称和出厂年月的（包括铭牌脱落，或者铭牌上的生产厂名称模糊不清，或者出厂年月钢印无法识别的）；⑥筒体、器头有锡焊、铜焊或者补缀等修补痕迹的；⑦被火烧过的。因此2010年1月和7月中锈蚀面积大于1/3的各2具灭火器、2003年1月中筒体严重变形的2具灭火器、2003年7月中筒体严重变形的1具灭火器均需报废。

2. **答案**：（1）存在的问题：素材（二）中水力警铃的声强为65dB，实际应为70dB。

（2）自动喷水给水泵未启动的原因：①消防联动控制设备中的控制模块损坏；②水泵控制柜、联动控制设备的控制模式未设定在“自动”状态等。

（3）联动功能检查测试方法：①系统控制装置设置为“自动”方式，启动1只喷头或者开启末端试水装置，流量保持在0.94~1.5L/s，水流指示器、报警阀、压力开关、水力警铃和消防水泵等及时动作，并有相应组件的动作信号反馈到消防联动控制设备。②打开阀门放水，使用流量计、压力表核定流量、压力，目测观察系统动作情况。

【解析】（1）见《综合》第三篇第四章第四节，湿式报警阀组检查要求有报警阀动作后，测量水力警铃声强，不得低于70dB。

（2）见《综合》第三篇第四章第四节，开启测试阀，消防水泵不能正常启动原因包括：①压力开关设定值不正确；②消防联动控制设备中的控制模块损坏；③水泵控制柜、联动控制设备的控制模式未设定在“自动”状态。因火灾报警控制器（联动型）已接受到报警阀组压力开关动作信号，因此压力开关不存在问题。

（3）见《综合》第三篇第四章第三节，湿式系统联动调试及检测内容与方法。

3. **答案**：（1）未安装的组件：驱动气体瓶组上的电磁阀、灭火器瓶组上的容器阀、低泄高封阀、安全阀。

（2）根据表2，最大防护区A需要的灭火剂钢瓶数量为4只，从图1中可知只有2号驱动气瓶连接4只灭火剂钢瓶，因此对应驱动装置为2号驱动气瓶。

【解析】见《综合》第三篇第七章第一节，气体灭火系统的构成：气体灭火系统一般由灭火剂瓶组、驱动气体瓶组、单向阀、选择阀、减压装置、驱动装置、集流管、连接管、喷嘴、信号反馈装置、安全泄放装置、控制盘、检漏装置、低泄高封阀、管路管件等部件构成。不同的气体灭火系统其结构形式和组成部件的数量也不完全相同。

4. **答案**：①组件应厂外焊接、场内安装；②应到专门补压房间进行补压，并测试；③应查明气罐压力不足的原因并维修；④维修单位维修完以后，未进行试运行，不符合维修规范；⑤对2号灭火剂储瓶补压至设计压力，且不得超过设计压力的5%。

第二题（20分）

1. **答案**：（1）地下二层存在的问题：①消防水泵房不得设置在地下室地面与室外地坪高差大于10m的楼层内，本题高差为11.5m，故存在问题。②地下二层建材市场不应经营桶装油漆、香蕉水等甲、乙类火灾危险性物品。

（2）地上四层存在的问题：①游艺厅布置在地上4层及以上楼层时，厅室的建筑面积不得大于200m²，题中为216m²，错误。②游艺厅及电影院采用不到顶的玻璃隔断，玻璃门与其他部位分隔，错误。游艺厅厅、室之间及与建筑的其他部位之间，应采用耐火极限不低于2.00h的防火隔墙和1.0h的不燃性楼板分隔。电影院应采用耐火极限不低于2.00h的防火隔墙和甲级防火门与其他区域分隔。③儿童游乐厅设置在一、二级耐火等级的建筑内时，应布置在首层、二层或三层，本题为二级耐火等级建筑，儿童游乐厅设置在四层，存在问题。

【解析】（1）见《实务》第二篇第四章第三节，消防设备用房布置：附设在建筑内的消防水泵房，不应设置在地下三层及以下，或地下室内地面与室外出入口地坪高差大于10m的地下楼层中；《建筑设计防火规范》(GB 50016—2014)5.4.3条地下或半地下营业厅、展览厅不应经营、储存和展示甲、乙类火灾危险性物品。

（2）见《实务》第二篇第四章第三节人员密集场所与特殊场所布置相关要求。

1）歌舞娱乐放映游艺场所平面布置：歌舞厅、卡拉OK厅（含具有卡拉OK功能的餐厅）、夜总会、录像厅、放映厅、桑拿浴室（除洗浴部分外）、游艺厅（含电子游艺厅）、网吧等歌舞娱乐放映游艺场所，宜布置在建筑的首层或二、三层的靠外墙部位，不宜布置在袋形走道的两侧和尽端，并应采用耐火极限不低于 2.00h 的防火隔墙和不低于 1.00h 的不燃性楼板与其他场所隔开，设置在厅、室墙上的门和该场所与建筑内其他部位相通的门应采用乙级防火门。确需设置在其他楼层时，应符合下列规定：①不应设置在地下二层及二层以下，设置在地下一层时，地下一层地面与室外出入口地坪的高差不应大于10m。②布置在地下或四层及以上楼层时，一个厅、室的建筑面积不应超过 $200m^2$。③布置在地下或四层及以上楼层时，一个厅、室的出口不应少于两个，当一个厅、室的建筑面积小于 $50m^2$ 时，且经常停留人数不超过 15 人时，可设置一个出口。④应设置火灾自动报警系统和自动喷水灭火系统及防排烟设施等。

2）剧场、电影院、礼堂确需设置在其他民用建筑内时，应采用耐火极限不低于 2.00h 的防火隔墙和甲级防火门与其他区域分隔。

3）老年人建筑及儿童活动场所布置：老年人建筑及托儿所、幼儿园的儿童用房和儿童游乐厅等儿童活动场所宜设置在独立的建筑内，且不应设置在地下或半地下。当设置在一、二级耐火等级的建筑内时，应设置在建筑物的首层或二、三层；不应超过三层；当设置在三级耐火等级建筑内时，应设置在首层及二层；当设置在四级耐火等级的建筑内时，应设置在首层。

2. **答案：**（1）地下商场部分的每个防火分区面积不大于 $2000m^2$，存在问题。整改措施：对整个地下商场部分要设置自动灭火系统和火灾自动报警系统并采用不燃或难燃装修材料，以达到情景描述中每个防火分区面积不大于 $2000m^2$ 的设置要求。

（2）采用耐火极限为 1.5h 的不燃性楼板和防火墙及符合规定的防火卷帘进行分隔，存在问题。整改措施：应采用无门、窗、洞口的防火墙，耐火极限不低于 2.00h 的楼板分隔为多个建筑面积不大于 $20000m^2$ 的区域；相邻区域确需局部连通时，应采用下沉式广场等室外开敞空间、防火隔间、避难走道、防烟楼梯等方式进行连通。

【解析】（1）见《实务》第二篇第五章第一节防火分区相关设置要求。

1）根据表 2-5-3 不同耐火等级民用建筑防火分区最大允许建筑面积，设置自动灭火系统的地下商场部分每个防火分区的最大允许建筑面积应为 $1000m^2$。

2）一、二级耐火等级建筑内的营业厅、展览厅，当设置自动灭火系统和火灾自动报警系统并采用不燃或难燃装修材料时，每个防火分区的最大允许建筑面积可适当增加，并应符合下列规定：①设置在高层建筑内时，不应大于 $4000m^2$。②设置在单层建筑内或仅设置在多层建筑的首层内时，不应大于 $10000m^2$。③设置在地下或半地下时，不应大于 $2000m^2$。

（2）见《实务》第二篇第五章第一节，总建筑面积大于 $20000m^2$ 的地下或半地下商店，应采用无门、窗、洞口的防火墙、耐火极限不低于 2.00h 的楼板分隔为多个建筑面积不大于 $20000m^2$ 的区域。相邻区域确需局部连通时，应采用符合规定的下沉式广场等室外开敞空间、防火隔间、避难走道、防烟楼梯间等方式进行连通。本案例地下营业厅总面积 $15200+5820=21020>20000$，因此采用耐火极限为 1.5h 的不燃性楼板进行分隔存在问题。

3. **答案：**（1）地下一层安全最小总净宽度：疏散人数 $=0.6$ 人$/m^2 \times 0.3 \times 15200m^2 =$ 2736 人（建材商店、家具和灯饰展示建筑，其人员密度可按表 3 规定值的 30% 确定）。

疏散宽度 = 2736 人 × 0.75m/100 人 = 20.6m

（2）地下二层安全最小总净宽度：疏散人数 = 0.56 人/m^2 × 0.3 × 5820m^2 = 977.76 人

疏散宽度 = 977.76 人 × 1.0m/100 人 = 9.8m

地下二层亦经过地下一层疏散，地下建筑内上层楼梯的总净宽度应该按该层及以下疏散人数最多一层的人数计算，地下一层人数最多，则地下一层安全出口的最小净宽度为 20.6m。

【解析】 见《实务》第二篇第六章第一节，①人员密度计算：商店的疏散人数应按每层营业厅的建筑面积乘以表 2-6-1 规定的人员密度计算。对于建材商店、家具和灯饰展示建筑，其人员密度可按表 2-6-1 中规定值的 30% 确定。②疏散宽度：除剧场、电影院、礼堂、体育馆外的其他公共建筑的房间疏散门，安全出口、疏散走道和疏散楼梯的各自总宽度，应按表 2-6-8 的要求计算确定。当疏散人数不等时，疏散楼梯总净宽度应按该层及以上各楼层人数最多的一层人数计算，地下建筑中上层楼梯的总净宽度应按该层及以下人数最多一层的人数计算。

4. **答案**："每层疏散照明的地面水平照度为 1.0lx，备用电源连续供电时间 0.6h" 不正确。正确的应为：（1）建筑内疏散照明的地面最低水平照度应符合下列规定：①疏散走道，不应低于 1.0lx；②人员密集场所，不应低于 3.0lx；③楼梯间、前室或合用前室、避难走道，不应低于 5.0lx；

（2）备用电源的连续供电时间，总建筑面积大于 20000m^2 的地下建筑，不应少于 1.0h。

【解析】 （1）见《实务》第二篇第六章第六节，建筑内消防应急照明灯具的照度设置要求。（2）《建筑设计防火规范》(GB 50016—2014) 10.1.5 条建筑内消防应急照明和灯光疏散指示标志的备用电源的连续供电时间应符合下列规定：①建筑高度大于 100m 的民用建筑，不应小于 1.5h；②医疗建筑、老年人建筑、总建筑面积大于 100000m^2 的公共建筑和总建筑面积大于 20000m^2 的地下、半地下建筑，不应少于 1.0h；③其他建筑，不应少于 0.5h。总建筑面积：$12000 \times 3 + 5600 + 15200 \times 2 = 72000 < 100000$，地下室总面积：$15200 \times 2 = 30400 > 20000$，综合判定备用电源连续供电时间不应小于 1.0h。

5. **答案**：（1）设置人员密集场所的建筑，其外墙外保温材料的燃烧性能应为 A 级。本题模塑聚苯板保温板的燃烧性能等级为 B3 级，不满足规范要求。

（2）建筑外墙外保温系统与基层墙体、装饰层之间的空腔，应在每层楼板处采用防火封堵材料封墙。本题为隔层封堵，不满足规范要求。

【解析】 《建筑设计防火规范》(GB 50016—2014) 6.7.4、6.7.9 条。

第三题（20 分）

1. **答案**：不合理。（1）大型商业综合体属于消防安全重点单位，单位应明确法人代表为消防安全负责人，建立消防安全管理档案，确立消防安全重点部位。单位应建立保障消防安全的操作规程、消防应急方案，定期进行防火巡查，并对单位人员进行消防培训教育。

（2）本案例中的酒店与其他部分有共用的疏散通道、安全出口、建筑消防设施、消防车道等，所以这些共用部分均应同其他部分一样明确各方的安全消防责任并确定责任人对共用部分统一管理。

【解析】 见《综合》第五篇第二章第二节，消防安全重点单位职责、多产权建筑消防安全管理职责。

2. **答案：**存在问题：消防控制室值班人员接到保安报警，向经理报告后，2 人均赶往现场灭火。

正确的应为：（1）接到火灾报警后，值班人员立即以最快方式确认火灾。

（2）火灾确认后，值班人员立即确认火灾报警联动控制开关处于自动控制状态，同时拨打“119”报警电话准确报警，报警时需说明着火单位地点、起火单位、着火物种类、火势大小、报警人姓名和联系电话等。

（3）值班人员立即启动单位应急疏散和初期火灾扑救灭火预案，同时报告单位消防安全负责人。

【解析】 见《综合》第三篇第一章第三节，消防控制室应急处置程序。

3. **答案：**施工人员进场前，施工现场的消防安全管理人员应向施工人员进行消防安全教育和培训。防火安全教育和培训应包括下列内容：

（1）施工现场消防安全管理制度、防火技术方案、灭火及应急疏散预案的主要内容。

（2）施工现场临时消防设施的性能及使用、维护方法。

（3）扑灭初起火灾及自救逃生的知识和技能。

（4）报火警、接警的程序和方法。

【解析】 见《综合》第五篇第五章第五节，消防安全教育与培训。

4. **答案：**起火点装修现场存在火灾隐患包括：

（1）起火点的装修现场采用木质胶合板与相邻区域隔离。

（2）现场无序堆放了大量的木质装修材料、油漆及有机溶剂等。

（3）现场的火灾探测器因频繁误报在火灾报警控制器上屏蔽。

（4）二层的自动喷水灭火系统配水管控制阀因喷头漏水被关闭。

（5）防火巡查、防火检查、防火隐患整改不到位。

（6）动火现场监护人员脱岗；动用明火应经过审批，施工中应有监护人在场监护。

【解析】 查背景资料灾后倒查发现的问题即为现场存在的火灾隐患。

5. **答案：**（1）防火巡查中存在的问题：保安在营业期间每 3 小时防火巡查 1 次应改为“每 2 小时巡查 1 次”。

（2）防火检查中存在的问题：火灾前 52 天组织的最近一次防火检查，应改为“每月进行一次检查”。

（3）火灾隐患整改过程中存在的问题：对于巡查和检查中发现的问题并未及时进行整改。本案中楼梯间防火门未常闭，有的商铺装修现场管理混乱，无消防安全保护措施，在此次火灾中已发现的问题均未整改。

【解析】 见《综合》第一篇第一章第三节，加强防火检查，落实火灾隐患整改：消防安全重点单位应当每日进行防火巡查，并确定巡查的人员、内容、部位和频次。其他单位可以根据需要组织防火巡查。公众聚集场所在营业期间的防火巡查应当至少每两小时一次；营业结束时应当对营业现场进行检查，消除遗留火种。医院、养老院、寄宿制的学校、托儿所、幼儿园应当加强夜间防火巡查，其他消防安全重点单位可以结合实际组织夜间防火巡查。机关、团体、事业单位应当至少每季度进行一次防火检查，其他单位应当至少每月进行一次防火检查。消防设施、器材应当依法进行维修保养检测。对发现的火灾隐患要按照规定进行及时、坚决的整改。

第四题（20分）

1. **答案**：（1）设置问题：1）因为“火灾自动报警系统每一总线回路连接设备总数不宜超过200点，且应留有不少于额定容量10%的余量”；题干中每个回路管3层，每层有70个报警点，每个回路实际控制点数为210个报警点，不符合规定。

2）“系统总线上应设置总线短路隔离器，每只总线短路隔离器保护的火灾探测器、手动火灾报警按钮和模块等消防设备的总数不应超过32点，总线穿越防火分区时，应在穿越处设置总线短路隔离器”，题干每个隔离器保护70个点，超过了32个。

（2）改进措施：①该控制器分为3个总线回路（每2层一个，每个控制回路控制140个点）；②每个楼层弱电井安装3只总线短路隔离器（3×32>70）。

【解析】《火灾自动报警系统设计规范》3.1.5条任一台火灾报警控制器所连接的火灾探测器、手动火灾报警按钮和模块等设备总数和地址总数，均不应超过3200点，其中每一总线回路连接设备的总数不宜超过200点，且应留有不少于额定容量10%的余量；任一台消防联动控制器地址总数或火灾报警控制器（联动型）所控制的各类模块总数不应超过1600点，每一联动总线回路连接设备的总数不宜超过100点，且应留有不少于额定容量10%的余量。

3.1.6条系统总线上应设置总线短路隔离器，每只总线短路隔离器保护的火灾探测器、手动火灾报警按钮和模块等消防设备的总数不应超过32点；总线穿越防火分区时，应在穿越处设置总线短路隔离器。

2. **答案**：（1）充压压力为4.2MPa过高，充压压力不应大于2.5MPa。

（2）启动的2台灭火装置动作时差4s过长，启动的2台灭火装置动作时差不得大于2s。

【解析】 见《综合》第三篇第七章第四节，预制灭火装置检测与验收。

（1）直观检查要求：①有出厂合格证及法定机构的有效证明文件；②现场选用产品的数量、规格、型号应符合设计文件要求，且一个防护区设置的预制灭火系统，其装置数量不宜超过10台。

（2）安装检查要求：①同一防护区设置多台装置时，其相互间的距离不得大于10m；②防护区内设置的预制灭火系统的充压压力不得大于2.5MPa。

（3）功能检查要求：同一防护区内的预制灭火系统装置多于1台时，必须能同时启动，其动作响应时差不得大于2s。

3. **答案**：（1）开关位置不正确，连线松动。解决办法：开关位置设置正确，重新正确连接。

（2）储存容器内的压力不足。解决办法：对储存容器充压。

（3）灭火剂重量不足。解决办法：储存容器逐个进行称重检查，使灭火剂净重符合要求。

(4) 灭火剂输送管道有损伤与堵塞。解决办法：应按相关规范规定的管道强度试验和气密性试验方法进行严密性试验和吹扫。

4. **答案**：点型感烟、感温火灾探测器的设置和安装要求如下：

(1) 探测器至墙壁、梁边的水平距离，不应小于0.5m；探测器周围水平距离0.5m内，不应有遮挡物；探测器至空调送风口最近边的水平距离，不应小于1.5m；至多孔送风顶棚孔口的水平距离，不应小于0.5m。

(2) 在宽度小于3m的内走道顶棚上安装探测器时，宜居中安装。点型感温火灾探测器的安装间距，不应超过10m；点型感烟火灾探测器的安装间距，不应超过15m。探测器至端墙的距离，不应大于安装间距的一半。

(3) 探测器宜水平安装，当确实需倾斜安装时，倾斜角不应大于45°。

【解析】 见《综合》第三篇第十四章第二节，火灾探测器的安装要求。

第五题（20分）

1. **答案**：(1) 当本建筑为住宅时，符合消防规范规定。

(2) 当本建筑为公共建筑时，消防水箱容积不应小于50m^3，故不符合要求。

【解析】 见《实务》第三篇第二章第一节，临时高压消防给水系统的高位消防水箱的有效容积应满足初期火灾消防用水量的要求，其具体设置要求如下：①一类高层公共建筑，不应小于36m^3；但当建筑高度大于100m时，不应小于50m^3；当建筑高度大于150m时，不应小于100m^3。②多层公共建筑、二类高层公共建筑和一类高层住宅，不应小于18m^3；当一类高层住宅建筑高度超过100m时，不应小于36m^3。③二类高层住宅，不应小于12m^3。④建筑高度大于21m的多层住宅，不应小于6m^3。⑤工业建筑室内消防给水设计流量当小于或等于25L/s时，不应小于12m^3，大于25L/s时，不应小于18m^3。⑥总建筑面积大于10000m^{2}且小于30000m^{2}的商店建筑，不应小于36m^3；总建筑面积大于30000m^{2}的商店，不应小于50m^3，当与本条第①款规定不一致时应取其较大值。

2. **答案**：不符合。当建筑高度超过100m时，高层建筑最不利点消火栓静水压力不应低于0.15MPa，不能满足时，设稳压泵。而该案例中栓口静压为0.1MPa，应设稳压泵。

消火栓口出水压力不应大于0.5MPa，而该案例中栓口压力为0.65MPa，消火栓应设减压装置。

【解析】 见《实务》第三篇第二章第一节，高位消防水箱的设置位置应高于其所服务的水灭火设施，且最低有效水位应满足水灭火设施最不利点处的静水压力，其具体设置要求如下：①一类高层公共建筑，不应低于0.10MPa，当建筑高度超过100m时，不应低于0.15MPa。②高层住宅、二类高层公共建筑、多层公共建筑，不应低于0.07MPa；多层住宅不宜低于0.07MPa。③工业建筑，不应低于0.10MPa，当建筑体积小于20000m^{3}时，不宜低于0.07MPa。④自动喷水灭火系统等自动水灭火系统应根据喷头灭火需求压力确定，但最小不应小于0.10MPa。⑤当高位消防水箱不能满足本条①~④款的静压要求时，应设稳压泵。

见《实务》第三篇第二章第三节，室内消火栓栓口压力：消火栓栓口动压力不应大于

0.50MPa，当大于0.70MPa时，必须设置减压装置。

3. **答案**：该室内消火栓检测方案为：①室内消火栓的选型、规格应符合设计要求。②同一建筑物内设置的消火栓应采用统一规格的栓口、水枪和水带及配件。③试验用消火栓栓口处应设置压力表。④室内消火栓处应设置直接启动消防水泵的按钮，并设按钮保护设施，与按钮相连接的控制线应穿管保护。⑤当消火栓设置减压装置时，减压装置应符合设计要求。⑥室内消火栓应设置明显的永久性固定标志。

【解析】 见《综合》第三篇第三章第三节，室内消火栓检测验收。

4. **答案**：（1）存在问题：①报警阀组前1个比例式减压阀组不够以致不定期出现超压现象。②减压阀组前未设过滤器，按规范减压阀的进口处应设置过滤器。

（2）措施：①过滤器安装在报警水流管路上，其位置在延迟期前，且便于操作。②每一供水分区应设不少于2个减压阀，并应满足消防给水的要求，减压阀应根据消防给水设计流量和压力选择。

【解析】 见《实务》第三篇第二章第一节，减压阀的设置应符合：①减压阀应设置在报警阀组入口前，当连接两个及以上报警阀组时，应设置备用减压阀。②减压阀的进口处应设置过滤器，过滤器的孔网直径不宜小于4~5目/cm^2，过流面积不应小于管道截面面积的4倍。③过滤器和减压阀前后应设压力表，压力表的表盘直径不应小于100mm，最大量程宜为设计压力的2倍。④过滤器前和减压阀后应设置控制阀门。⑤减压阀后应设置压力试验排水阀。⑥减压阀应设置流量检测测试接口或流量计。⑦垂直安装的减压阀，水流方向宜向下。⑧比例式减压阀宜垂直安装，可调式减压阀宜水平安装。⑨减压阀和控制阀门宜有保护或锁定调节配件的装置。⑩接减压阀的管段不应有气堵、气阻。

5. **答案**：（1）水力警铃不工作的原因：①产品质量问题或者安装调试不符合要求。②控制口阻塞或者铃锤机构被卡住。

（2）压力开关不工作的原因：①高压球阀渗漏；②高压球阀未关闭到位；③压力开关未复位；④压力开关损坏。

【解析】 见《综合》第三篇第四章第四节，湿式报警阀组常见故障分析、处理。

见《综合》第三篇第六章第四节，压力开关报警。

第六题（20分）

1. **答案**：该木器厂房火灾危险性为丙类；厂房屋顶承重构件为难燃性构件，耐火极限为0.5h，柱子采用不燃性构件，耐火极限为2.50h，故耐火等级为三级。

该木器厂房与周围建筑的防火间距如下表所示：

防火间距/m	锅炉房（三级）（1层/H8）	蜡库（一级）（5层/H20）	花生油加工厂（二级）（2层/H10）	金属抛光厂房（二级）（6层/25m）
火灾危险性	丁类厂房	丙类仓库	丙类厂房	乙类厂房
建筑类别	单、多层	多层	多层	高层
木器厂房（三级）（1层/H5）	14	12	12	15

（1）由上表可知，该木器厂房与锅炉房、金属抛光厂房的防火间距不满足要求。

（2）该厂房占地面积大于 $3000m^2$，应设环形消防车道，图示厂房四周均有 4m 的消防车道，满足要求。

（3）防火间距不足，可采取下列技术措施：

1）对木器厂房进行结构改造，提高至耐火等级不低于二级，则间距为 12m，满足与锅炉房的间距要求。

2）对锅炉房进行结构改造，至耐火等级不低于二级，则间距为 12m，满足要求。

3）将锅炉房面对木器厂房的外墙改造为不开设门窗洞口的防火墙，则间距不限。

4）将金属抛光厂房面对木器厂房的外墙改造为不开设门窗洞口的防火墙，则间距不限。

5）对木器厂房进行结构改造，使其耐火等级不低于二级，且将金属抛光车间面对木器厂房外墙的门窗洞口改造为甲级防火门窗或设水幕保护，达到规范要求，则最小间距为 6m，满足要求。

6）对木器厂房进行结构改造，使其耐火等级不低于二级，且屋顶承重结构耐火极限不低于 1.0h，无天窗，则最小间距为 6m，满足要求。

7）对锅炉房、金属抛光厂房拆除，重建，使其符合间距要求。

【解析】（1）见《实务》第二篇第二章第一节，依据表 2-2-1 生产的火灾危险性分类及举例可知木工厂房生产危险性为丙类。见《实务》第二篇第三章第四节，查表 2-3-7 不同耐火等级厂房和仓库建筑构件的燃烧性能和耐火极限（单位：h），可知该厂房的耐火等级为三级。见《实务》第二篇第四章第二节，查表 2-4-1 厂房之间及与乙、丙、丁、戊类仓库、民用建筑等的防火间距（m）可知该木器厂房与周边建筑的防火间距要求。

（2）见《实务》第二篇第十一章第一节，环形消防车道设置要求：高层厂房、占地面积大于 $3000m^2$ 的甲、乙、丙类厂房和占地面积大于 $1500m^2$ 的乙、丙类仓库，应设置环形消防车道，确有困难时，应沿建筑物的两个长边设置消防车道。

（3）见《实务》第二篇第四章第二节，防火间距不足时的消防技术措施。《建筑设计防火规范》(GB 50016—2014) 3.4.1 条。

2. **答案**：（1）“办公、休息区，采用耐火极限 2.50h 的防火隔墙与车间分隔，防火隔墙上设有双扇弹簧门”不符合要求。整改意见：在丙类厂房内设置的办公室、休息室，应采用耐火极限不低于 2.50h 的防火隔墙和 1.00h 的楼板与厂房隔开，并应至少设置一个独立的安全出口。如隔墙上需开设相互连通的门时，应采用乙级防火门。

（2）“南侧设有建筑面积为 $150m^2$ 的油漆工段（采用封闭喷漆工艺），油漆工段通向车间的防火墙上设有双扇弹簧门”不符合要求。整改意见：防火墙上不应开设门、窗、洞口，确需开设时，应设置不可开启或火灾时能自动关闭的甲级防火门、窗。

（3）“中间仓库内储存 3 昼夜喷漆生产需要量的油漆、稀释剂”不符合要求。整改意见：厂房内设置甲、乙类中间仓库时，其储量不宜超过一昼夜的需要量。

【解析】见《实务》第二篇第四章第三节，工业建筑附属用房布置。见《实务》第二篇第五章第三节，防火墙：防火墙上不应开设门、窗、洞口，确需开设时，应设置不可开启或火灾时能自动关闭的甲级防火门、窗。

3. **答案**：（1）计算油漆工段长径比 $=15\times(10\times2+5\times2)/(4\times10\times5)=2.25<3$；因

此不用分段计算。油漆工段的泄压面积 $A=10\times0.110\times(150\times5)^{\frac{2}{3}}=90.8\text{m}^2$

（2）油漆工段外墙长 15m，高 5m，外墙面积为 $15\times5=75\text{m}^2$，小于泄压面积，故不能采用外窗为泄压面。

【解析】 见《实务》第二篇第八章第三节，泄压面积计算：厂房的泄压面积宜按下式计算，但当厂房的长径比大于 3 时，宜将建筑划分为长径比不大于 3 的多个计算段，各计算段中的公共截面不得作为泄压面积：$A=10CV^{\frac{2}{3}}$。式中，A 为泄压面积，m^2；V 为厂房的容积，m^3；C 为泄压比。

4. **答案**：（1）“中间仓库内储存 3 昼夜喷漆生产需要量的油漆稀释剂”不符合要求。中间仓库储量不宜超过 1 昼夜的需要量并应靠外墙布置，还应采用防火墙和耐火极限不低于 1.50h 的不燃性楼板与其他部位分隔，中间仓库最好设置直通室外的出口。

（2）应采用的防火防爆技术措施：①设置防止液体流淌的设施；②采用不发火花的地面，地面下不宜设置地沟，确需设置时，其盖板严密，并采用不燃烧材料紧密填实。

【解析】 见《实务》第二篇第八章第二节，平面和空间布置（中间仓库）。

见《综合》第二篇第五章第一节，防爆措施。

5. **答案**：还应设置室外消火栓给水系统、自动喷水灭火系统、火灾自动报警系统。

【解析】《建筑设计防火规范》(GB 50016—2014) 8.1.2、8.3.1、8.4.1 条。